高等职业教育“十四五”规划教材

宠物外科手术

张晓远　主编

中国农业大学出版社
·北京·

内 容 简 介

宠物外科手术是动物医学相关专业的一门核心课程，是动物医院工作中最重要的诊疗项目，更是目前发展最迅速的学科。

本教材将外科手术中所需掌握技能分为：麻醉技术、无菌技术、手术器械认知与使用、外科手术基本操作、外科手术基本流程和犬猫常见外科手术 6 个不同项目，每个项目根据工作流程分解成若干任务，并整合了动物医院诊疗中最常见的 10 项外科操作，以工作单形式进行实践锻炼。教材中还配套了数字资源，既有与教学相关的课程标准、实训指导等，又有与每个项目对应的 PPT、视频等内容。

本教材适用于高等职业教育动物医学相关专业学生，同时也可为动物医院初级医生提供学习参考。

图书在版编目(CIP)数据

宠物外科手术 / 张晓远主编. --北京：中国农业大学出版社，2023.3(2024.11 重印)
ISBN 978-7-5655-2640-4

Ⅰ.①宠… Ⅱ.①张… Ⅲ.①宠物-外科手术-高等职业教育-教材 Ⅳ.①S857.12

中国版本图书馆 CIP 数据核字(2021)第 214587 号

书　名 宠物外科手术
作　者 张晓远　主编

策划编辑 张　玉　　**责任编辑** 许晓婧
封面设计 郑　川　中通世奥图文设计
出版发行 中国农业大学出版社
社　址 北京市海淀区圆明园西路 2 号　　**邮政编码** 100193
电　话 发行部 010-62733489,1190　　编辑部 010-62732617,2618
出版部 010-62733440　　读者服务部 010-62732336
网　址 http://www.caupress.cn　　**E-mail** cbsszs@cau.edu.cn
经　销 新华书店
印　刷 运河(唐山)印务有限公司
版　次 2023 年 3 月第 1 版　2024 年 11 月第 2 次印刷
规　格 185 mm×260 mm　16 开本　10.5 印张　280 千字
定　价 32.00 元

编审人员

主　编　张晓远（北京农业职业学院）

副主编　张永东（北京农业职业学院）

杨雪松（北京瑞派京华动物医疗科技有限公司）

田　超（河南农业职业学院）

参　编　迟万怡（北京农业职业学院）

邓位喜（遵义职业技术学院）

黄渭超（瑞派关忠动物医院）

高毓敏（北京瑞诚动物医院）

审　稿　谢富强（中国农业大学动物医学院）

顾　强（北京十里堡关忠动物医院）

前　言

党的二十大报告明确提出"深化教育领域综合改革，加强教材建设和管理"，体现了对教材建设的高度重视。职业教育教材是落实职业教育教学任务的知识载体，对于培养具备实践能力的技术技能型人才起着重要的支撑作用。

外科手术是动物医学相关专业的一门核心课程，也是动物医院工作中最重要的诊疗项目，更是目前发展最迅速的一门学科。

为了适应企业岗位的需求，本书由北京农业职业学院、遵义职业技术学院、河南农业职业学院等院校联合瑞派关忠动物医院、北京瑞城动物医院等企业共同设计编写。在编写过程中，笔者参考世界小动物兽医协会（WSAVA）、美国动物医院协会（AAHA）、国际猫病协会（AAFP）等共识与指南，并结合"世界兽医经典译丛"中小动物外科系列等内容，力求书中技能、知识点适应行业发展需要。

书中将所有技能分为麻醉技术、无菌技术、手术器械认知与使用、外科手术基本操作、外科手术基本流程和犬猫常见外科手术6个项目，每个项目又分解成若干个任务，并将动物医院中最常见的10项外科手术作为任务单进行实践训练。其中，张晓远负责项目一任务1至任务3、项目五的编写，田超负责项目一任务4至任务7的编写，迟万怡负责项目二的编写和全书图片的整理，邓位喜负责项目三的编写、张永东负责项目四的编写和试题库的统稿工作，杨雪松和高毓敏负责项目六的编写、黄渭超负责工作任务单的编写。全书由张晓远进行统稿，并邀请中国农业大学动物医学院谢富强教授和北京十里堡关忠动物医院顾强院长进行审稿。

为了便于读者自主学习，本书还配套了数字资源，既有与教材相关的课程标准、实训指导手册、技能库、试题库等，还有与每个项目配套授课用幻灯片、推荐阅读的文献、高清图片、相关视频等内容。

书中可能存在一些内容的滞后或者错误，还请阅读者进行指正。

编　者

2024年10月

目　　录

绪　论

外科手术是借助手和器械对动物进行清除病变、改变结构或者进行植入物操作等处理的过程。外科手术既可用于疾病的治疗，也可作为疾病的辅助诊断方法，同时一些生理手术可以改变动物的特征。在宠物临床医疗中，外科手术占有相当重要的地位，据统计可占临床病例的6%左右。

(一)外科手术的基本步骤

在手术实施前应做好手术方案，包括手术过程的参与人员，保定方法与麻醉方法，手术切口位置和大小，主手术术式及术后护理等相关内容。外科手术操作主要概括为三个步骤：打开手术通路、行主手术和闭合切口。

打开手术通路是为主手术服务的，切口的大小要有利于主手术的操作，而且又要恰到好处，如果手术通路位置不正、切口过大或过小都会对主手术的进行产生不利影响。

主手术是指为完成手术任务而进行的操作。

闭合切口是指主手术完成后将切口进行闭合。但有些污染手术切口或创口不一定需要闭合，应促进净化，防止感染。

(二)外科手术的分类

(1)根治手术与姑息手术：以根治疾病和消除疾病为目的手术，称为根治手术。以缓解疾病的症状而实施的手术，称姑息手术。

(2)紧急手术与非紧急手术：对于急需抢救生命的手术称紧急手术。如剖宫产术、膀胱破裂修补术等。对于非危及生命的手术称非紧急手术，如良性肿瘤摘除、疝气修补术等。

(3)无菌手术与非无菌手术：对于手术来讲应都是无菌的过程，但有些手术如脓肿、蜂窝织炎、肠切开术、肿瘤切开术等，在手术过程中会引起污染，但是最后处理手术创口时，也是需要无菌处理创口。因此污染手术阶段与无菌手术阶段应严格区分开。

(4)生理手术与病理手术：动物在非疾病状态下进行的手术称为生理手术，包括健康动物的绝育术，出于美容目的的立耳术等；病理性手术是为了进行治疗而采取的手术，比如膀胱结石取出术、幽门狭窄成形术等。

(三)外科医师的基本素养

目前，在部分兽医外科医师中，存在着一些错误认识，认为手术就是一种技术，只要技术熟练、速度快，就能显示出水平，而忽视无菌观念，造成不必要的术后感染；忽视基本操作原则，导致不必要的术后并发症；忽视爱护活组织观念，使术后组织器官失去正常的功能。外科水平的高低是衡量一个医疗单位医疗水平的重要指标，外科医师具备良好的素养，是手术成功的关键，同时也是减少术后并发症的必要保证。

无菌素养是外科手术中最重要的一项内容。微生物普遍存在于机体及周围环境，一旦皮肤、黏膜的完整性遭到破坏，微生物就会侵入机体内，生长繁殖而致病。为了避免术后感染，必须在术前和术中有针对性地采取一些措施，即无菌技术。无菌素养就是把无菌操作作为一种习惯来加以重视，其主要包括手术用品的准备、手术室管理的基本要求，以及手术进行中的无菌操作。

操作技术素养是指在操作过程中，规范使用各种器械、合理进行手术操作、熟练掌握操作技术，这些是做好手术的必备条件。组织的分离、缝合、止血、打结及器械的使用等，都包括在手术基本操作技术素养的范畴内，必须牢固掌握，熟练运用。

爱护活组织素养就是在对机体正常生理机能干扰最小情况下，以最小的创伤为机体去除疾病的一种技术养成。要做到这一点并不容易，外科医师除应对患病动物整体状况进行仔细评价、对所治疗的疾病进行深刻地了解、对局部解剖要熟悉外，在手术操作过程中，还应遵循微创原则。

（四）外科手术的学习方法

外科手术的进步是建立在解剖学、生理学、病理学、药理学和微生物学的基础上。解剖学和应用解剖学对手术通路的选择，除去病变组织关系密切，手术时只有熟悉病变部位的结构，合理地切除患病组织，保护健康组织，才能使手术成功；生理学是保证全身机能正常运转，和对不同组织再生能力的认识，离开生理学就失去对生命的了解，没有生命，更谈不上手术的成功；病理学是对炎症及其理解，如变质、渗出、增生等构成了外科病的基础理论；无菌和无痛是外科手术的基本组成，无菌术和麻醉技术的发展和成就不断推动手术的前进与发展，没有无菌术和镇痛就没有现代的外科手术学。当然，手术的进步同样推动着其他生物学和医学的发展。

外科手术学是一门实践性极强的学科，全靠书本不能真正掌握。所以要求学习者多接触临床案例，不断参加实践方能有所收获。但在实践时决不要单纯依靠经验，因为有时经验可能导致外科兽医师错误的判断。如果简单地参加实践，仅能成为一名熟练的技匠，而在科学上是贫乏者。

正确的学习，应该结合实际，学习书本知识，使理论与实践紧密结合，在理论的指导下去实践，才能不断改进外科手术技术，并不断提高外科医生的综合判断力，只有这样，对临床上遇到的问题才会做出较为可靠的判断，并能提出合乎逻辑的手术方法，创造条件付诸行动。即使出现解决不了的难题，也能提出探索途径，设法推动学科前进。

二维码 0-1　课程标准

项目一

麻醉技术

麻醉(anesthesia)一词源于希腊文 narkosis,顾名思义,麻为麻木、麻痹,醉为酒醉昏迷。因此,麻醉是指利用化学药物或其他手段,使动物知觉或意识暂时消失,或局部痛觉暂时迟钝或消失,以便顺利进行外科手术的方法。

麻醉的目的在于安全有效地消除手术动物的疼痛感觉,并保证动物安全;避免动物的骚动,使无菌操作和手术能安全顺利地进行。美国动物医院协会(American Animal Hospital Association,AAHA)发布的"2020 年犬猫麻醉与监护指南"中指出:"麻醉"并不局限于动物失去知觉的时期,而是一个连续的过程,包括以下四个阶段:麻醉前、诱导、维持和恢复。在整个过程中,提供镇痛和客户、员工交流与教育至关重要。

任务 1　麻醉前检查与评估

在进行麻醉操作之前,需进行尽可能完善的临床检查,并根据检查结果进行评估而制定麻醉方案。只有这样,才有可能提高麻醉的安全性,减少麻醉不良事件的发生,将麻醉风险降到最低,提高麻醉动物的安全和福利。

(一)麻醉前检查的主要项目

1.病史调查

详尽病史的获得有利于兽医师决定何时手术、手术前检查项目、如何用药及判断术后可能的并发症等问题。例如,一公猫尿路堵塞病例,初步检查后决定导尿,仔细询问后发现动物主人并不能确定该猫何时出现尿闭,且该猫已经两天精神状态较差,进行肾功能检查后发现患有尿毒症,这时导尿有一定风险且不能保证术后肾功能的恢复。如果术前没有进行详细的病史调查,一味地认为尿闭是急症手术而忽略肾功能检查,一旦手术出现动物死亡及术后无法恢复,医生将处于尴尬境地。

病史的调查包括:症状(最初发病时间、最初症状、疾病的发展、现在的症状等),生活状况(如饮食、排泄、生活习惯等),免疫状况,以往病史(如糖尿病史、癫痫病史等),药物反应,近期治疗(抗生素治疗、最近化验结果等)。

2.体格检查

无论是急症手术或择期手术,体格检查必不可少,完整的体格检查有利于医生对动物整体状况进行评估，并能发现动物的其他问题，降低手术风险。

体格检查主要包括：动物精神状态、营养状况、姿势、行走、体温、呼吸次数、脉搏、血压、肺部听诊、心脏听诊、皮肤状况、可视黏膜颜色、外周循环状况（毛细血管再充盈时间）、腹部触诊、四肢检查、耳眼口腔排泄口检查、生殖器检查、神经学检查等。体格检查项目繁多，最好将所有检查项目统一表格，手术前逐项进行并记录，以免漏过检查项目。

3. 实验室检查

实验室检查可以更深入地判定动物的健康状况，也能发现动物的潜在问题，并可在手术前及时进行调整和治疗，降低麻醉和手术风险，预防手术并发症。

实验室检查一般包括以下几个方面：

（1）全血细胞计数检查（CBC） 又称血常规检查。该检查方便迅速，任何手术无论轻重缓急都应进行术前全血细胞计数检查。全血细胞计数检查包括：红细胞、白细胞计数，血细胞百分比（HCT），血红蛋白（HB）、白细胞分类计数，血小板计数（PLT）等。现在这些项目可以由血细胞计数仪来完成，但最好还应做一血涂片，观察红细胞、白细胞形态及血液寄生虫等。术前全血细胞计数检查有利于发现动物是否脱水、贫血、炎症、恶病质、血小板减少、血液寄生虫等，并据此进行输液、输血、抗生素治疗，防止出血，并评估手术风险，判断预后及并发症。

（2）电解质检查和血气分析 主要指血清 K^+、Na^+、Cl^- 等离子的浓度，血液 pH 和 HCO_3^- 的浓度，术前据此纠正动物电解质紊乱和酸碱平衡，可降低麻醉风险。

（3）血液生化检查 推荐的术前生化检查项目包括：血糖（GLU）、总蛋白（TP）、谷丙转移酶（ALT）、碱性磷酸酶（ALP）、血液尿素氮（BUN）和肌酐（CRE），也可以根据动物年龄和所患疾病选择更多的生化检查项目。如果动物年龄大于 5 岁，预期手术时间超过 2 h，术前应进行生化检查。术前生化检查可显示动物肝功、肾功、营养状况、是否存在高血糖或低血糖，并可以此评估动物的麻醉风险，判断手术并发症。

4. 其他检查

包括心电图检查，内窥镜检查，动脉血氧饱和度（SpO_2）检测，脑电图检查，内分泌检测、影像学检查等，根据手术项目选择进行。其中影像学检查包括 X 线，B 超，断层扫描技术（CT）和核磁共振（MRI）。影像学检查不应局限于病变部位，还应进行全身的检查，发现潜在的问题，避免漏诊。例如：车祸创伤犬猫，不应只局限在创伤、骨折部位，还应进行全身影像学检查，是否有膀胱破裂、腰椎损伤、膈疝等潜在病因；肿瘤切除手术，除考虑局部肿瘤外，还应考虑肿瘤是原发肿瘤还是其他部位的转移，或是已转移到其他部位，也应进行全身影像学检查，尤其是肝脏、肾脏、肺脏、淋巴结等。

（二）麻醉风险分级

兽医在术前应结合病史和相关检查结果进行麻醉风险评估和预后评估。兽医麻醉风险参照美国麻醉师协会（ASA）的分级，分为 6 级（表 1-1）。手术预后评估根据术后功能恢复情况和有无并发症分为 6 种（表 1-2）。

表 1-1 ASA 麻醉风险分级

分类	体况	年龄	病例
ASA Ⅰ	健康无潜在疾病	6 周龄至 5 岁龄	去势，绝育等
ASA Ⅱ	局限性疾病或轻度全身性疾病	3～6 周龄 5～8 岁龄	髌骨脱位，皮肤肿瘤，轻度低血糖等
ASA Ⅲ	严重的全身性疾病活动受限但未妨碍	3 日龄至 3 周龄 8～10 岁龄	肺炎，中度发热，中度脱水，贫血，心脏杂音，轻度肾病等
ASA Ⅳ	严重的全身性疾病，生命受到威胁	3 日龄以下 10 岁龄以上	心力衰竭，肾脏衰竭，肝脏衰竭，大出血，血容量过低，严重脱水等
ASA Ⅴ	濒死的，无论手术与否生命难以维持 24 h		内毒素性休克，多器官衰竭，严重外伤等
ASA E	需要在 15 min 内进行急诊处理的病例		气道梗阻等

表 1-2 预后评估

预后	标准
极好	1. 潜在的术后并发症极小 2. 术后动物恢复正常的可能性极高
好	1. 存在一些潜在的并发症 2. 动物恢复的可能性高
较好	1. 可能有严重的并发症但不常见 2. 恢复的时间可能延长 3. 动物可能恢复不到术前的功能
差	1. 有许多或有严重的并发症 2. 恢复时间将延长 3. 术中或术后死亡的可能性较高 4. 动物不太可能恢复到术前的功能
谨慎	结果未知或不确定
不确定	15 min 内未进行手术，可能死亡

对动物进行麻醉评估和预后评估后非常重要的一步是和动物主人进行沟通和交流，应明确告诉动物主人手术目的、方法、麻醉风险、手术预后、潜在的并发症、术后的照料以及所要付出的费用，并将这些记录下来，让动物主人签字。以免日后动物主人对手术不满意而引起不必要的麻烦。

任务2 麻醉前用药

麻醉前检查完成后，应该根据麻醉前检查数据以及手术方案进行患病动物的麻醉前准备，包括术前12 h禁食、4 h禁水，埋置静脉留置针并进行相应麻醉前药物的给予。

在临床上，可以不使用麻醉前用药而直接进行吸入麻醉；但还是推荐在诱导麻醉前使用镇静药、阿片类等，或者复合使用这些药物。麻醉前用药在临床上具有重要意义。这些药物的作用是镇静病畜、减少疼痛，减小其他药物的副作用、辅助诱导麻醉和苏醒。

麻醉前用药通常在诱导前15～30 min肌肉或皮下注射。动物种类、品种、年龄、ASA级别、手术步骤、预期手术所需的时间和兽医的爱好都可以影响麻醉前用药的选择。给药剂量按每千克体重来计算。通常需注射给药，为了加快作用效果，多数可静脉注射。

麻醉前用药主要分为三大类：抗胆碱药、镇静药和镇痛药。

（一）抗胆碱药(anticholinergic)

抗胆碱药作为麻醉前用药被用来控制手术和麻醉相关药物（例如：α_2-肾上腺受体激动剂或阿片类）引起的心动过缓和房室传导阻滞。偶尔也会被用来控制口腔和呼吸道内的分泌物过多。

抗胆碱药通常作为麻醉前用药的一部分与镇静药和阿片类合用。在手术中，抗胆碱药主要被用来控制窦性心动过缓和其他的迷走神经介导性心律失常。抗胆碱药常被称为副交感神经阻断药，因为其阻断了机体其他系统副交感神经系统的作用——尤其是心血管和胃肠系统。阿托品和格隆溴铵是兽医上最常使用的抗胆碱药。这两种药物都不阻断烟碱型胆碱受体，被更精确地归类为抗毒蕈碱类。

阿托品和格隆溴铵是相对无选择性的毒蕈碱拮抗剂。尽管缺乏毒蕈碱阻断的选择性，但它们在不同组织的效果差异很大。唾液腺和支气管腺体对毒蕈碱的阻断最敏感。心脏组织和平滑肌的敏感性中等，胃壁细胞对毒蕈碱的阻断敏感性较弱。

麻醉前使用抗胆碱药通常是为了防止和治疗手术操作或其他麻醉药物（例如：α_2-肾上腺受体激动剂和阿片类）引起的严重的心动过缓。这种缓慢性心律失常的发生率和严重性能通过麻醉前使用阿托品和格隆溴铵降低，但仍然会发生明显的心律失常，因此不应该将其作为麻醉监护的替代品。

常规使用抗胆碱药会引起窦性心动过速，在一些患心血管疾病（例如：肥厚型心肌病）的动物，这种抗胆碱药的使用是禁忌。因使用抗胆碱药而产生的心动过速会增加心肌的负担，并降低心肌的灌注。此外，已经发现同时使用抗胆碱药和氯胺酮与手术中年轻猫的心肌梗死和死亡有关。抗胆碱药也会严重影响胃肠道功能。使用治疗剂量时，如阿托品和格隆溴铵等非选择性毒蕈碱拮抗剂会降低食道括约肌的张力，对胃pH的影响很小。这两点都会增加麻醉犬胃食道返流和食道炎的发生率。麻醉前使用抗胆碱药也会降低肠道的蠕动性，能导致术后胃肠道的并发症。因此，仅应该在明确有益的情况下（预防或治疗心动过缓）使用抗胆碱药。

1.阿托品(atropine)

肌内注射后阿托品可以被迅速吸收。5 min内出现心血管作用，10～20 min内达到最大作用。在犬，以 0.03 mg/kg 静脉注射阿托品后，1 min 内出现心血管作用，5 min 内达到最大作用，并且在大约 30 min 内心率升高 30%～40%。治疗剂量的阿托品对中枢神经系统的作用有限。可能有轻度的镇定作用，并可能降低前庭系统介导的呕吐的发生率。阿托品也会减少泪液的分泌，因此使用后麻醉中要对角膜进行保护。由于阿托品引起散瞳作用可能妨碍从眼前房的引流，因此在患急性青光眼和眼内压升高的动物要慎用。

在过去，使用有害的吸入麻醉剂（乙醚）之前，为了减少气道分泌物和潜在的喉痉挛，经常需要给予阿托品。现代的吸入麻醉剂不会引起同样程度的气道刺激，因此，为了这个原因而常规麻醉前使用阿托品就变得没有必要了。阿托品能够皮下、肌肉和静脉注射，但在水合状况和外周循环差的动物，由于皮下注射时对药物的吸收不稳定，推荐进行肌肉或静脉注射。当进行犬心肺复苏时，气管内或支气管内给予阿托品也会有效。在犬猫的推荐剂量为 0.02～0.04 mg/kg。

2. 格隆溴铵(glycopyrrolate)

格隆溴铵的吸收、代谢和清除与阿托品类似。肌内注射后吸收迅速。5 min 内出现心血管作用，最大作用出现在 20 min 内，并且心率的升高可以维持大约 1 h。格隆溴铵几乎对中枢神经系统无作用，使用后也未发现镇定作用。在眼压正常的有意识的犬，使用格隆溴铵后瞳孔大小和眼内压不发生改变，手术中在患青光眼和眼内压升高的犬使用格隆溴铵也是安全的。格隆溴铵对心率的作用与阿托品相当。在人的研究显示，格隆溴铵引起的心动过速比阿托品弱，但在镇定或麻醉的犬静脉注射时，格隆溴铵引起心率的增加与阿托品类似。

格隆溴铵作为麻醉前用药被用来预防手术操作（迷走反射）或其他麻醉药物（例如：α_2 肾上腺受体激动剂和阿片类）引起的严重的心动过缓。与阿托品一样，格隆溴铵也能够皮下、肌肉和静脉注射，但在水合状况和外周循环差的动物，由于皮下注射时对药物的吸收不稳定，推荐进行肌肉或静脉注射。在犬猫的推荐剂量为 5～10 μg/kg。为了纠正心动过缓，在体重小于 10 kg 的犬使用高剂量(10 μg/kg IV)，体重大于 10 kg 的犬使用低剂量(5 μg/kg IV)。

(二)镇静药(sedative)

镇静药作为麻醉前用药被用来产生镇静效果、进行保定，并减少诱导和维持时注射麻醉和吸入麻醉药物的用量。镇静药也有助于动物从麻醉中平稳苏醒，有些镇静药（α_2 肾上腺受体激动剂、阿片类和苯二氮卓类）还有特异性拮抗剂，可以在短时诊断和小的外科操作后使用。

犬猫常用的镇静药有三类：吩噻嗪类（乙酰丙嗪）、苯二氮卓类（地西泮和唑拉西泮）和 α_2 激动剂（赛拉嗪、美托米啶和右美托米啶）。在犬和猫，吩噻嗪类和 α_2 激动剂都有明显的心血管副作用。吩噻嗪类能产生明显的手术中低血压。α_2 受体激动剂会引起心动过缓和心输出量降低。因此，这些药物限于在年轻健康犬使用。苯二氮卓类对心血管的影响相对而言要小，如果需要在幼龄动物、老年动物或患病动物使用镇静剂，应考虑使用地西泮。

当麻醉前选择抗胆碱药和镇静药时应该考虑以下因素：动物的年龄、物种、性情、并存疾病、药物以及之前对麻醉药的反应。一些手术相关因素对药物的选择也会产生影响，包括手术种类（住院治疗或门诊治疗、诊断性或手术性、择期性或紧急）和手术所需时间。

无论是静脉还是肌内注射，α_2 激动剂都会引起血管阻力和血压急性升高。这种升高与几个大的血管床（例如：皮肤、黏膜和胃肠道）中的 α_2 受体活性有关。对这种血压升高的典型反应是出现迷走反射性心动过缓，这经常会使血压降到基础水平。在 15～30 min 内，α_2 激动剂的中枢作用会起效，引起去甲肾上腺素在交感神经元的终末释放减少。这种作用往往会减小基线血管张力，并引起血压下降。最初血管阻力和后负荷的增加可能减少心输出量 50% 或更多，经常心律也降低同样百分数。这种血流的减少在健康犬可以被很好地耐受，外周组织血管床的灌注大大降低，如皮肤和黏膜。总而言之，α_2 激动剂可引起最初的暂时性血压升高，之后会有较长时间的血压下降，但也是暂时性的。同时使用 α_2 激动剂和抗胆碱药应该限制于心脏功能良好的动物，这些动物运动耐受性好，并能够接受其他可提高迷走活性的药物(例如：阿片类)。常在健康、运动耐受性好的犬使用美托米啶和布托非诺或吗啡时同时给予阿托品。在怀疑或有潜在性心肺功能障碍的犬和猫不应该使用 α_2 激动剂。动物至少应该运动耐受性良好，并且没有心肺疾病的症状。由于 α_2 激动剂会迅速增加后负荷，在患扩张型心肌病和心收缩功能弱的犬，不应该给予 α_2 激动剂。同样，在有二尖瓣疾病的犬也不应该使用能增加后负荷的药物。有很多医生经常将 α_2 激动剂和氯胺酮合用于猫，而不是犬。经验表明，这种使用方法在猫比犬更安全。犬猫的这种不同有很多原因，包括：是否同时用抗胆碱药，先天性心脏功能差异以及药物动力学差异等。

1. 乙酰丙嗪(acepromazine)

乙酰丙嗪是兽医使用最广泛的镇静剂之一。该药物比其他的吩噻嗪类药物作用更强，相对低的剂量便可产生镇定效果。在犬，肌内注射乙酰丙嗪和阿片类后，15 min 内观察到镇定作用，30 min 内出现最强作用，镇定持续 2～3 h。

使用乙酰丙嗪可以降低犬猫对氟烷和异氟烷的需要量。一项对比研究显示，肌内注射乙酰丙嗪(0.1 mg/kg)后，氟烷和异氟烷的 MAC 分别降低 28% 和 48%。无论是在有意识的犬还是麻醉犬，乙酰丙嗪对心血管系统都有明显的作用。在有意识的犬，静脉注射乙酰丙嗪(0.1 mg/kg)后，每搏输出量、心输出量按平均动脉压会降低 20%～25%，并且平均动脉压的降低至少会持续 2 h。在有意识的猫，肌内注射乙酰丙嗪(0.1 mg/kg)后，10 min 内平均动脉压会降低 30%。异氟烷麻醉的犬麻醉前使用乙酰丙嗪(0.1 mg/kg IM)可降低平均动脉压 24%。使用乙酰丙嗪作为麻醉前用药时，麻醉中应该密切监护动脉血压，并通过补液纠正低血压的高发生率。在清醒犬，乙酰丙嗪(0.1 mg/kg IV)引起的心率变化不明显。乙酰丙嗪对清醒和麻醉动物肺功能的作用很小。乙酰丙嗪也有明显的胃肠道和泌尿生殖系统作用。尽管使用乙酰丙嗪可以降低麻醉后呕吐的发生率，但单独或者与阿片类配合使用乙酰丙嗪后，下食道括约肌的张力减弱，胃排空延迟，可能增加胃返流的发生率。用乙酰丙嗪作为麻醉前用药，异氟烷麻醉的犬，肾小球滤过会保持在正常范围。乙酰丙嗪在动物有明显的血液学副作用。在犬和马，使用乙酰丙嗪后 30 min 内，血比容会降低 20%～30%。乙酰丙嗪也会阻止犬的血小板凝集，但不会改变凝血状况。在拳师犬和其他巨型品种的犬，使用乙酰丙嗪后会出现明显的心动过缓和低血压，需慎用。这种情况通过补充等渗晶体液(例如：乳酸林格液和林格液)和使用抗胆碱药可以改善。乙酰丙嗪的临床使用通常限于健康动物。可以单独用乙酰丙嗪作为镇静药进行无痛性诊断，或者与阿片类合用进行有痛性诊断和小手术。也可以使用乙酰丙嗪以方便放置留置针，并减少诱导和维持麻醉中注射麻醉和诱导麻醉的用药量。可以在术后使用小剂量乙酰丙嗪，使苏醒平稳。乙酰丙嗪可以皮下、肌肉或静脉给药，但在水合状况和外周循环差的动物，由于皮下注射时对药物的吸收不稳定，推荐进行肌肉或静脉注射。在猫和小型犬肌内注射推荐剂量为 0.05～0.2 mg/kg；在较大型犬的推荐剂量为 0.02～0.4 mg/kg。

2. 地西泮(diazepam)

在兽医临床上,苯二氮卓类已被广泛用作镇静药、肌松药和抗癫痫药。在美国,苯二氮卓类的唑拉西泮与替来他明复合使用,已经被批准作为犬猫的麻醉剂。在中国也有类似的产品,如舒泰(Zoltil,法国维克)。苯二氮卓类对心血管和肺脏功能的影响相对而言要小。在犬,静脉注射地西泮(diazepam)后可产生兴奋;在猫,使用地西泮后也可能产生烦躁不安和攻击性行为。地西泮在幼龄动物、老年动物或患病动物的效果较可靠。地西泮作为麻醉前用药的推荐剂量为 0.2～0.4 mg/kg,IV 或 IM。

3. 赛拉嗪(xylazine)

赛拉嗪的临床应用通常严格限于健康动物。一般情况下,为了降低心血管副作用,只使用可以产生所需镇定作用的最低剂量的赛拉嗪。作为麻醉前用药,单独或者与阿片类配合使用赛拉嗪有助于放置静脉留置针,并可以降低注射和吸入麻醉药的用量。为了防止围手术期出现严重的缓慢性心律失常,需要注射抗胆碱药。术后注射小剂量的赛拉嗪(0.1 mg/kg)有助于动物的平稳苏醒。赛拉嗪可以肌肉或静脉注射,但肌内注射可以降低心血管副作用。健康犬猫肌内注射赛拉嗪的剂量为 0.5～1.0 mg/kg。

4. 美托米啶(medetomidine)

除了镇定、镇痛和肌松效果外,麻醉前使用美托米啶可以明显降低诱导和维持所需的注射和吸入麻醉药的用量。美托米啶也可能降低手术创伤造成的应激反应。美托米啶最初可以增加血管阻力和血压,之后产生心动过缓,但健康犬、猫能够很好地耐受这些副作用。使用美托米啶后偶尔也会引起呕吐,因此需要进行麻醉前禁食,并且需要在给药后严格监护。一般原则下,美托米啶不应该用于幼年和老年动物,或者有明显的神经系统、心血管系统、呼吸系统、肝脏或肾脏疾病的动物。麻醉后整个围手术期都应该对动物进行密切监护,尤其要注意心率和心律。在心肺功能良好的动物,同时使用抗胆碱药可预防过缓性心律失常,轻度改善心输出量,但却严重增加了心肌做功和氧消耗。因此,使用该药时靠抗胆碱药预防心动过缓或 AV 阻滞还有一定争议。推荐使用抗胆碱药的理由如下:第一,如果不同时使用抗胆碱药,即便使用低麻醉前用药剂量也能发生明显的心动过缓;第二,在围手术期,因手术操作和使用其他麻醉药物(阿片类)引起严重的迷走紧张反应和心动过缓的可能性很大;第三,在使用高剂量美托米啶的同时使用抗胆碱药,能引起血管阻力和心肌做功大大增加;如果吸入麻醉前在健康动物只给予低剂量美托米啶,那增加会降到最小,而且一般可以被很好地耐受。在使用美托米啶前 10～20 min 给予抗胆碱药可以始终防止心动过缓和 AV 阻滞,但这并非总可行。阿托品比格隆溴铵作用更快,可以在使用低剂量美托米啶(5～20 mg/kg)的同时给予。然而,抗胆碱药可以暂时增加迷走紧张性,这可以增加任何一种 α_2 激动剂使用后缓慢性心律失常的发生率。当使用高剂量美托米啶时,应该避免使用抗胆碱药,严格监护心率和心律,并使用阿替美唑纠正严重的缓慢性心律失常。也应避免在使用 α_2 激动剂-氯胺酮时同时给予抗胆碱药,因为这可导致长时间的心率快。在犬猫,术后可以给予极低剂量的美托米啶,用于控制术后的焦虑和烦躁不安。因为美托米啶的作用时间比乙酰丙嗪明显短,镇定作用也能被很好地控制。

5. 右美托米啶(dexmedetomidine)

右美托咪啶为强效、高选择性 α_2 肾上腺素受体激动剂,是美托米啶的右旋对映异构体。

左旋对映异构体被认为无药理学活性，因此右美托米啶的作用效果大概是美托米啶的两倍。右美托咪啶作为一种亲脂性化合物，在犬猫肌内注射后的吸收良好。肌内注射后，犬于给药后约 35 min 血药浓度达到峰值。右美托咪啶能在体内迅速分布，易于进入血脑屏障。对于所有种属的动物，右美托咪啶通过在肝脏的生物转化消除。在犬体内的主要生物转化包括羟化、与葡糖醛酸结合以及 N-甲基化。所有已知的代谢产物均没有药理学活性。代谢物主要在尿中排泄，在犬，尿排泄率为给药量的 80%；在粪便中排泄量少。右美托咪啶在犬体内的半衰期为 40～50 min。麻醉前给药后最常见的心律失常为窦性停搏、窦性心动过缓、1 度和 2 度房室传导阻滞、QT 间期延长。右美托咪啶麻醉前给药可使诱导药物的用量显著减少 30%～60%，同时减少维持麻醉剂的用量。有研究表明，使用乙酰丙嗪(0.04 mg/kg IV)和右美托米啶作为麻醉前用药，可以明显降低诱导所需的丙泊酚用量(2 mg/kg)；在很多大型犬，诱导所需的丙泊酚甚至可以降至 1 mg/kg。异氟烷维持麻醉进行犬绝育手术，甚至一些骨科手术时，所需异氟烷的维持浓度明显降低。本药不能用于小于 6 月龄的幼犬或小于 5 月龄的幼猫，不能用于患心血管疾病的动物，有严重全身性疾病或濒死的动物。在已经或者易发抽搐的动物，使用该药要谨慎。右美托米啶可以降低恩氟烷麻醉猫的抽搐阈值。使用右美托米啶时，推荐按照体表面积计算用量。作为麻醉前用药，可采用的右美托米啶剂量为 125 $\mu g/m^2$ 或 375 $\mu g/m^2$，兽医需要根据手术时间、所需镇定程度以及动物的性情、敏感度等因素选择剂量。

(三)镇痛药(analgesic)

对伴有术后疼痛的操作，麻醉前用药应该包括镇痛药，例如阿片类或 α_2 肾上腺受体激动剂，以及如果可能的话，使用非甾体抗炎药。当预防性地使用镇痛药时，术后再需要使用镇痛药的概率会减少。术后要反复评估动物的状况，如果需要，应该再次使用镇痛药。

在兽医临床上主要使用三类镇痛药进行疼痛控制：阿片类、非甾体抗炎药和局部麻醉剂。除此以外，还可以用来控制疼痛的是镇痛辅助剂，例如：氯胺酮、α_2 激动剂和曲马多等。使用较广泛的阿片类镇痛药有吗啡、羟吗啡酮、布托非诺、丁丙诺非和芬太尼等，由于各种原因所限，目前在国内兽医临床还无法获得这类药物。

非甾体抗炎药可减轻轻度到中度的疼痛。对这类镇痛药的使用可追溯到几千年以前，水杨酸盐是使用最古老且仍然被广泛使用的镇痛药。在能够合成以前，几个世纪以来，人们使用从柳树皮提取的水杨酸盐控制风湿引起的疼痛。非甾体抗炎药的镇痛机制主要是抑制 COX-1、COX-2 和 COX-3 的活性，继而阻止前列腺素的合成。

1. 替泊沙林(tepoxalin)

替泊沙林(商品名：卓比林)已经被批准用于控制犬的骨关节疼痛。该药可以抑制 COX 和 LOX。犬口服后易吸收，2～3 h 到达峰值。肠道内有食物能增加药物的生物利用率。肝脏、心血管或肾脏功能有损伤的犬应该慎用。该药对小于 6 月龄犬的安全性还不确定，其副作用主要有腹泻、呕吐、厌食、肠炎和嗜睡等，与食物一起给药可能会减少呕吐的发生率。在犬，麻醉时间少于 30 min 的小手术前使用，该药的安全性与安慰剂组无差别。

2. 托芬那酸(tolfenamic acid)

托芬那酸(商品名：痛立定)在欧洲和加拿大被批准用于控制犬猫的术后和慢性疼痛。该药可以阻止 COX，从而抑制前列腺素的释放；也可以直接阻止前列腺素受体。该药口服吸收，在犬 2～4 h 可达峰值。如果与食物一起给药，肝肠循环会增加；这能增加其生物利用率，但相比禁食情况下给药，其生物利用率差异会更大。使用方法是用 3 d，停 4 d，必须严格遵守。已报道的副作用有腹泻和偶尔发生呕吐。该药物有明显的抗炎和抗凝血活性，因此，使用这类药物后，会影响外伤后和手术后的凝血，有些资料不推荐在手术前使用该药。

3. 曲马多（tramadol）

曲马多是一种合成的可待因类似物，μ-受体激动剂。该药可以用于治疗犬猫的疼痛或咳嗽，也可作为辅助用药。当与非甾体抗炎药合用时，对于控制犬的慢性疼痛状况可能会非常有效。犬口服曲马多后，生物利用率大约为 65%，但有明显的个体差异。曲马多有多个代谢途径，其中至少有一个代谢物（M1）有激动剂活性，但在犬，M1 的量非常小。一项在 8 只猫的研究显示，口服吸收情况的个体差异很大；并有猫出现了神经症状（瞳孔散大，烦躁不安）。曲马多可以被犬很好地耐受。其潜在的副作用与药理作用有关，包括：中枢神经系统作用（过度镇定、焦虑、兴奋、震颤）和胃肠道作用（食欲差、呕吐、便秘到腹泻）。有关曲马多在猫副作用的信息很有限。已经报道的副作用有烦躁不安、瞳孔散大和适口性差。关于曲马多在犬猫应用的研究很有限。禁用于对曲马多敏感的动物。在猫，要禁用含对乙酰氨基酚的复合物。在与其他能引起中枢神经系统和呼吸抑制的药物合用时要谨慎。由于该药能阻止 5-羟色胺的摄取，在人可能引起抽搐，因此不应该用于最近有抽搐史或者使用了可降低抽搐阈值的动物。在老年或严重虚弱的动物，使用曲马多要谨慎。先前有报道称，当有严重的肾病，禁忌使用非甾体抗炎药时，可单独口服曲马多控制犬猫的慢性疼痛。

任务 3 诱导麻醉

给予诱导麻醉药和真正的手术麻醉之间这段时间为麻醉诱导期。在诱导麻醉时，虽然有时会选择面罩直接进行诱导麻醉，但是更多情况下是使用注射麻醉药物进行诱导。在临床中，可以选择的注射麻醉药物有：速眠新注射液、氯胺酮、舒泰、丙泊酚、硫喷妥钠等。

（一）速眠新注射液（846 合剂）和速眠新Ⅱ注射液

速眠新注射液（846 合剂）和速眠新Ⅱ注射液都是多种药物的复合制剂，其中速眠新注射液是静松灵、乙二胺四乙酸（EDTA）、盐酸二氢埃托啡和氟哌啶醇的复方制剂，而速眠新Ⅱ注射液是由氟哌啶醇、保定宁、双氢埃托啡等药物制成的复方制剂。

这两种药物使用方便、具有中枢性镇痛、镇静和肌肉松弛作用，常用于马、牛、羊、虎、狮、熊、犬、猫、兔、鼠等动物的手术麻醉和药物制动。用法用量：可肌内注射或静脉给药，但静脉给药剂量应为肌内注射量的 1/3～1/2。这两种药物肌内注射剂量按体重计算：杂种犬 0.08～0.1 mL/kg，纯种犬 0.04～0.08 mL/kg，猫 0.2～0.3 mL/kg。

但是这两种药物同时具有麻醉时间只能维持 0.5～1 h；上呼吸道分泌物较多，易继发肺水肿导致死亡；对心肺功能有抑制作用，从而导致死亡；苏醒慢且不平稳；在麻醉和苏醒的各个环节，都有可能发生麻醉意外（即麻药过敏性死亡）等问题，逐渐被小动物兽医临床淘汰。

（二）分离麻醉剂

氯胺酮是最经典的分离麻醉剂。此类药物可以阻断大脑神经传导路径，但是却刺激脑内网状活化中心，从而产生抑制神经元而选择性中枢兴奋的结果，故此类麻醉剂又称为分离性麻醉剂(dissociative anesthesia)。

分离麻醉剂主要作用包括:①促进反射性反应而非抑制,例如会有明显的眼睑反射,因此无法借此判定麻醉的深度;②当呼吸深度抑制时会有向光的自主性移动,令麻醉师极难判定麻醉深度;③咽、喉反射仍存在,造成插管困难;④对声音、光线及其他感觉刺激相当敏感;⑤肌肉紧张度增加,甚至到僵直程度,深度麻醉时头、颈也会有自发性摆动;⑥有很好的皮肤、四肢止痛效果,但对脏器效果不好,故不适合单独使用于腹腔、胸腔、关节手术;⑦分离麻醉中的动物,能感觉疼痛却不能对其做出反应,必须配合其他麻醉药(阿片类或吸入麻醉剂)使用。

该类药物的主要副作用是会使心跳变快、血压上升。这些作用通常对正常动物没有害处,但病畜有心律不齐或心脏病(包括猫的高甲状腺功能症和心肌病)时要小心使用。

由于氯胺酮的成瘾依赖性,临床应用较少。替来他明是另一种代表性分离麻醉剂,其与塞拉西泮制成复合制剂[商品名:舒泰(图 1.1)]临床应用较广。舒泰是法国维克公司生产的一种复合制剂,主要成分是盐酸替来他明和盐酸唑拉西泮。该药物适用于犬、猫和野生动物的保定及全身麻醉,并具有诱导时间短、极小的副作用和最大的安全性、良好的局部受耐性等特点。

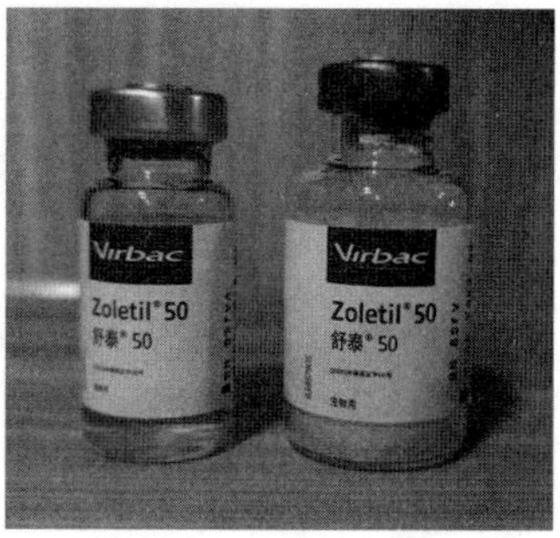

图 1.1　舒泰(Zoletil®,法国维克公司生产)

在使用过程中,可以根据不同的目标调整药物使用剂量。麻醉前给药时,注射舒泰前 15 min 按以下剂量给予硫酸阿托品,然后可按照 0.1 mg/kg(犬) 或者 0.05 mg/kg(猫),进行皮下注射。诱导麻醉时,可按照 10～15 mg/kg(犬) 或者 7～10 mg/kg(猫)进行肌内注射,也可以按照 5～7.5 mg/kg(犬) 或者 5～10 mg/kg(猫)进行静脉注射。根据剂量不同,麻醉维持时间从 20～60 min 不等,建议给予初始剂量的 1/3～1/2,静脉注射进行维持麻醉。

在野生动物中,也可以使用舒泰进行麻醉维持。灵长类动物(平均值)肌内注射 4～6 mg/kg;猫科动物(平均值)肌内注射 4～7.5 mg/kg;犬科动物(平均值)肌内注射 5～11 mg/kg;熊科动物(平均值)肌内注射 3.5～8 mg/kg;牛科动物(平均值)肌内注射 3.5～33 mg/kg;灵猫科动物(平均值)肌内注射 2.5～6 mg/kg;小鼠(平均值)肌内注射 50～75 mg/kg;大鼠(平均值)肌内注射 50～75 mg/kg;豚鼠(平均值)肌内注射 20 mg/kg ;仓鼠(平均值)肌内注射 50 mg/kg。

在该药物使用过程中,需注意以下事项:建议麻醉前 12 h 禁食;动物处于麻醉恢复期时应保证环境黑暗和安静;注意麻醉动物的保暖,防止热量过度散失;禁用于正在进行有机磷或氨基酸酯进行系统治疗、严重的心功能和呼吸机能不全、胰脏功能不全、患严重高血压等动物;舒泰冻干粉在至少 2 年内是稳定的,开瓶后在 4℃的黑暗环境下可以保存 8 d;不要与吩噻嗪类药物(乙酰丙嗪、氯丙嗪等)、氯霉素等药物联合使用。

(三)丙泊酚(图 1.2)

丙泊酚是一种静脉注射麻醉剂,为白色含油乳剂。作用机制目前不明,可能和巴比妥酸盐一样,可产生镇静和催眠的反应。该药物完全脂溶性,所以可以很快速的由肝脏代谢;不会累积在体内,肝肾毒性很少;恢复时很平稳,很快即能走路,四肢协调性很好;但是由于猫的肝脏缺乏酵素代谢,恢复时间会延长。

该药物最常见副作用是窒息及发绀,其他包括心肌收缩力下降引起动脉低血压;在恢复期，偶见呕吐、作呕或流涎；在使用过量时，猫可能会产生厌食、嗜睡、下痢等症状；患有癫痫的动物使用丙泊酚，可能加重癫痫的发作。

药物使用后可维持 5 min 的全身麻醉，恢复时间约 30 min，只能用 IV，而且要慢慢推药以免窒息。犬在使用时，总剂量不能超过 6 mg/kg，建议按照 4 mg/kg，0.04 mg/kg IV；猫总剂量不能超过 8 mg/kg，建议按照 6 mg/kg，0.05 mg/kg IV。

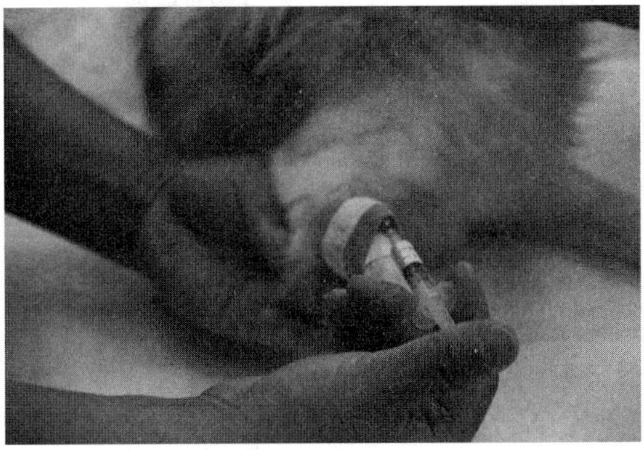

(1)

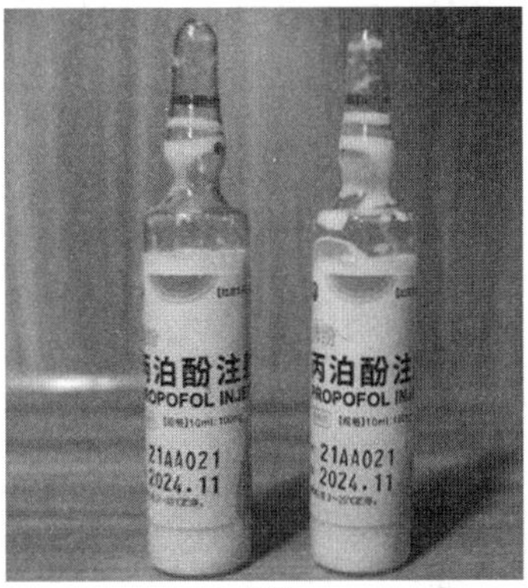

(2)

(1)使用丙泊酚静脉注射诱导麻醉，易于进行气管插管操作

(2)丙泊酚乳悬液呈白色。有若干种丙泊酚制剂商品，水溶性丙泊酚无色透明，开启后保存时间更长

图 1.2　丙泊酚诱导麻醉

(四)巴比妥盐类

巴比妥盐类药物，主要分成 2 大类：①含 O 的为巴比妥盐类，常见的是戊巴比妥；②含 S 的硫喷妥类，常见的是硫美托、硫喷妥钠。两类药物最大的差别在作用时间：巴比妥盐类作用时间长于硫喷妥类。另有一型是苯巴比妥属于镇静安眠剂，作用时间超长，无麻醉效果，用于镇静、抗癫痫。

巴比妥盐类可抑制脑部所有细胞的活性，尤其是脑干内网状活化中心特别敏感，低剂量时，有 γ-氨基丁酸样作用(GABA)或加强 GABA 的效果。该类药物离开脑部重分部或经肝脏代谢即为作用终止时，而后由肾脏排除，吸收速度视脂溶性而定，脂溶性越高，吸收越快。

戊巴比妥为短效型巴比妥酸盐，静脉注射后 30～60 s 后开始作用，麻醉约可维持 0.5～2 h，剂量为 5～30 mg/kg。致死剂量为手术剂量的 2 倍，需谨慎使用。可肌内注射作为镇静用。猫的肝脏缺乏酵素代谢，恢复时间会延长。

硫喷妥钠脂溶性高，作用快速，作用时间、恢复时间也短。该药物主要副作用包括呼吸抑制、心脏毒性、诱导及恢复期会有兴奋现象、药物成瘾性等。硫美托为超短效型巴比妥盐，比硫喷妥钠效果强，常用于小动物麻醉。剂量为 6～20 mg/kg，需静脉注射，注射后 30～60 s 开始作用，可维持 10～20 min，1～2 h 后恢复。致死剂量为手术剂量的 6 倍，衰弱的病畜可减少至 80%，快速注射会导致血压急速下降、呼吸暂停、心律不齐等现象。重复注射会有蓄积性。此类药物目前皆为管制药品。副作用产生时，并无解药。可作为安乐死药物。

任务4 吸入麻醉

吸入麻醉是指将气体或挥发性液体的麻醉药物通过呼吸道吸入肺泡中，并进入血液循环，达到神经中枢，使神经中枢产生麻醉作用。自 1846 年，Morton. W. T. G 开展乙醚麻醉以来，吸入麻醉越来越多应用于医学和动物医学临床。

与非吸入麻醉相比，吸入麻醉的安全性较高，吸入麻醉时可通过调节吸入麻醉浓度迅速升高或降低血药浓度达到较迅速控制麻醉深度的目的；各种动物种属的吸入麻醉效果相当稳定，有助于兽医人员应付不同种属的动物；吸入麻醉的实施常配合氧气或氧气与氧化亚氮混合吸入，这可避免动物缺氧；动物需作气管内插管既可给患犬通气，又可在呕吐时保护呼吸道。但麻醉呼吸机昂贵携带性差，麻醉呼吸机一旦发生故障即可危及动物生命；麻醉气体可污染工作环境甚至破坏大气中的臭氧层。

(一)吸入麻醉药物

吸入式麻醉剂(inhalation anaesthetics)主要包括两类：挥发性液体(如乙醚、氟烷、异氟烷、恩氟烷等)或气体(氧化亚氮等)。

(1)氧化亚氮(nitrous oxide) 又称笑气，是一种无色、味甜、无刺激性液态气体，性稳定，不燃不爆。用于麻醉时，患者感觉舒适愉快，镇痛作用强，停药后苏醒较快，对呼吸和肝、肾功能无不良影响。对心肌略有抑制作用。氧化亚氮的最小肺泡内浓度(minimum alveolar concentration，MAC)值超过 100，麻醉效能很低。

(2)麻醉乙醚(anesthetic ether) 是一种无色、澄明、易挥发的液体，有特异性臭味，易燃易爆，易氧化生成过氧化物及乙醛，使毒性增加。麻醉浓度的乙醚对呼吸功能和血压几无影响，对心、肝、肾的毒性也小。乙醚有箭毒样作用，故肌肉松弛作用较强。此药的诱导期和苏醒期较长，易发生意外。目前该药物主要用于小鼠等实验动物的麻醉。

(3)氟烷(halothane) 是一种无色透明液体，沸点 50.2℃，不燃不爆，但化学性质不稳定。氟烷的最小肺泡内浓度(MAC)仅为 0.75%，麻醉作用比乙醚强，对黏膜无刺激性，麻醉诱导时间短，苏醒快。氟烷的肌肉松弛和镇痛作用较弱；使脑血管扩张，升高颅内压；增加心肌对儿茶酚胺的敏感性，诱发心律失常等。反复应用偶致肝炎或肝坏死，应予以警惕。

(4)恩氟烷(enflurane) 是一种无色挥发性液体，有果香，不燃不爆，性稳定，无需加入稳定剂，对黏膜无刺激性。诱导比乙醚快，5～10 min，无不适感。诱导的吸气内浓度为 2%～2.5%，4.5%为极限；维持麻醉的吸气内浓度为 1.5%～2%。肺泡内最低有效浓度为 1.68%。吸入后易从肺呼出，麻醉复苏较快。在肝脏的代谢率很低，仅有 2.4%被转化，故对肝的毒性很小。因可抑制心肌及血管运动中枢并具有神经节阻断作用，故心率及血压稍有下降。对呼吸稍有抑制。本品具有一定的肌肉松弛作用，并可增强筒箭毒碱的肌松作用，但比乙醚弱。

(5)异氟烷(isoflurane) 是恩氟烷的异构体，麻醉诱导和复苏均较快。麻醉时无交感神经系统兴奋现象，可使心脏对肾上腺素的作用稍有增敏，有一定的肌松作用。本品在肝脏的代谢率低，故对肝脏毒性小。用于诱导麻醉一般为 1.5%～3%；维持麻醉时气体内浓度为 1%～1.5%。

(6)七氟烷 (sevoflurane) 为含氟的吸入麻醉药。其最小肺泡内浓度(MAC)，在氧及氧化亚氮的混合气体中为0.66%；在纯氧中为1.7%；与恩氟烷者相似，为氟烷者的1/2。诱导时间比恩氟烷、氟烷者为短。本品的呼吸抑制作用较氟烷者小；对心血管系统的影响比异氟烷者小；对脑血流量、颅内压的影响与异氟烷者相似。本品不引起过敏反应，对眼黏膜刺激轻微。

(7)地氟烷(desflurane) 1992年上市的含氟吸入麻醉药，为异氟烷的氟代氯化合物，其沸点较低(23℃)。麻醉的诱导及苏醒均快，易于调节麻醉深度。其最小肺泡内浓度(MAC)为5.6%～6%，故麻醉效力亦较其他者为低。对循环系统的影响比其他吸入麻醉药小，对肝肾功能无损害。它的另一优点在于可与碱石灰接触。

(二)吸入麻醉机

吸入麻醉实施通常需要麻醉机。麻醉机是实施麻醉、供氧、辅助或者实施呼吸的设备。主要任务是从供气系统或者气瓶得到并定量供给气体(氧气)，同时加入挥发性麻醉剂，供给动物呼吸。

一个完整的麻醉机由氧气供应系统、降压阀、流量计、挥发罐、呼吸回路、废气清除系统和麻醉检测系统等组成(图1.3)。

(1)氧气供应系统 主要用于提供氧气、蒸发并稀释麻醉剂，通常由高压氧气储存，提供湿度为0的100%纯氧。

(2)降压阀 降低载气压力，将高压氧气的载气压力维持在45～50 pai(310～345 kPa)，并防止高压氧气进入呼吸回路，保持氧气内压不会影响呼吸回路压力。

(3)流量计 用于调节氧气流速，分为高流量(L/min)和低流量(100 mL/min)两种调节模式，并配有快速充氧装置，可绕过挥发罐直接快速供氧，以稀释麻醉剂。

(4)挥发罐 是麻醉剂的关键部件，主要向液体麻醉剂中注入一定量氧气，使之形成气态，组成混合气体以一定比例输送给动物。

(5)呼吸回路(图1.4)是连接动物与麻醉机之间的通路，目的是给动物输送氧气、给动物稳定的麻醉剂、排除呼出的二氧化碳、辅助呼吸或者控制通气提供条件，主要有面罩式回路(图1.5)、非复吸式回路(图1.6)、复吸式回路(图1.7)三种模式。

(6)废气清除系统 主要用于移除呼吸过程产生的废气，降低污染，通常由钠石灰罐组成。

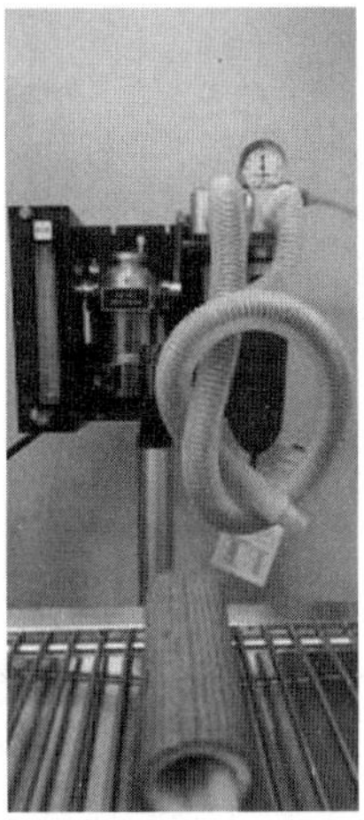

图1.3 麻醉机连接的非复吸式回路

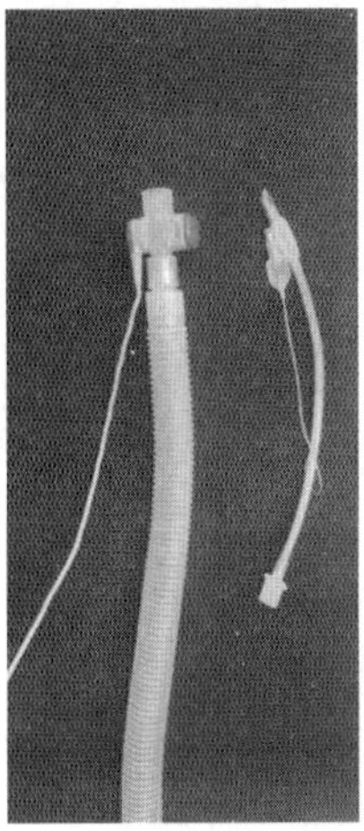

图1.4 呼吸回路组成配件

(7)麻醉检测系统　主要检测麻醉机的工作情况、气道压力、吸入潮气量、分钟通气量、呼吸频率以及相关报警系统。

图 1.5　不同尺寸的面罩

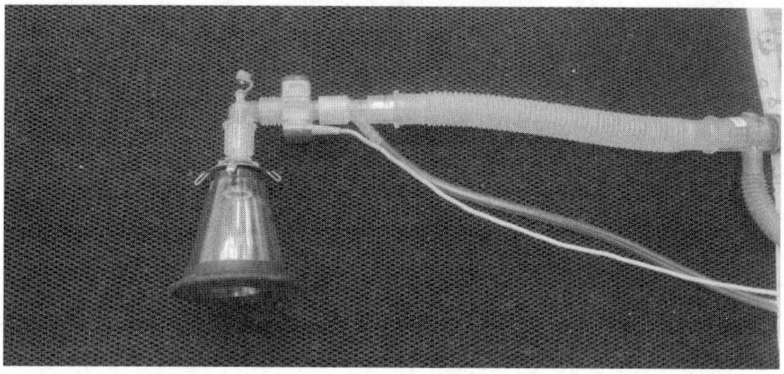

图 1.6　面罩式非复吸式回路(可用于任何体型的动物的面罩诱导)

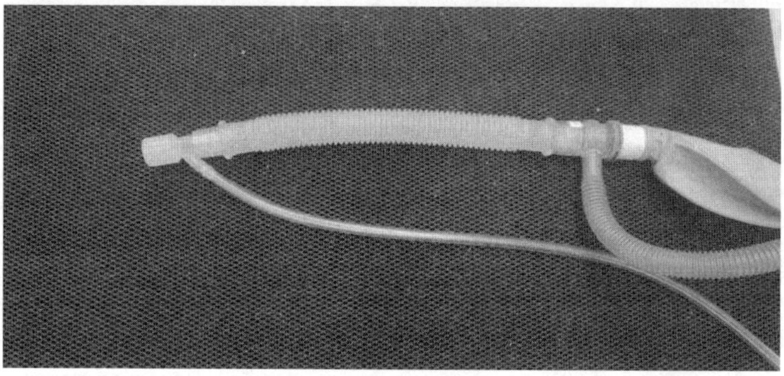

图 1.7　复吸式回路

在每次使用麻醉机之前,需对呼吸麻醉机进行如下检查:检查挥发罐精确度和药物量、检查钠石灰颜色、选择呼吸回路并安装、检查氧气瓶压力、进行压力测试、关闭气压安全阀、用手堵住呼吸回路出口、打开氧流量检查流量仪、检查快速充气、检查管道封闭状态、检查气压释放是否正常等。

(三)气管插管

实施吸入麻醉时,先要对犬猫进行气管内插管这可防止唾液和胃内容物误吸入气管,有效地保证呼吸道通畅;避免麻醉剂污染环境和人员吸入;为人工呼吸创造条件,便于对危急宠物抢救和复苏。

犬猫使用的气管插管(图 1.8)应按其体重大小选用与其气管内径相应的规格,见表 1.3。

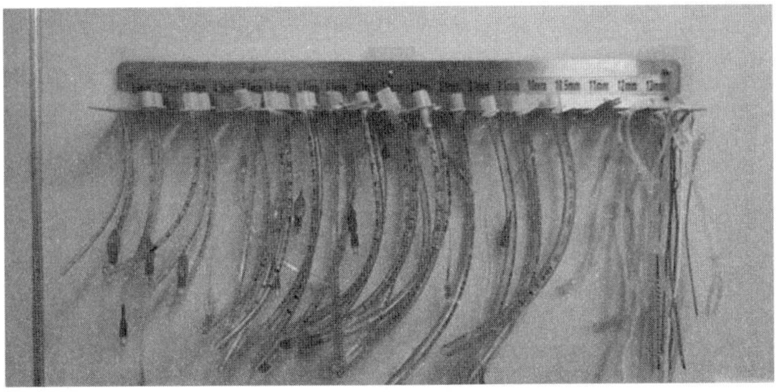

图 1.8 不同型号气管插管

表 1.3 犬猫体重与气管插管型号对照表

	体重(kg)	气管插管内直径(mm)
犬	<2	3~4
	2~5	5~6
	5~10	7~8
	10~15	8~9
	15~20	9~10
	20~30	10~12
	>30	>12
猫	<2	3.0~3.5
	2~5	3.5~4.0
	>5	4.0~4.5

进行气管内插管时,先用适宜的非吸入麻醉剂对犬猫做基础麻醉,使其咽喉反射基本消失,然后借助喉镜在直视下插管操作时,将动物头颈伸直,打开口腔,安置金属张口器,除去口腔内的食物残渣等;将喉镜镜片前端的扁平板状端头抵于舌根背部,然后下压舌根背,使会厌软骨被牵拉开张而显露声门,借助医用喷雾器将局麻药喷至咽喉部,以降低喉反射和削弱插入气管时的心血管反应;耐心等待至动物呼气声门开大时,迅速将气管内插管经声门插入气管内;气管插管成功插入后,向套囊内缓慢注气至套囊充起,然后将开口器置于一侧上下犬齿间维持张口状态;用一纱布条将气管内插管临时固定于下颌旁(图 1.9)。

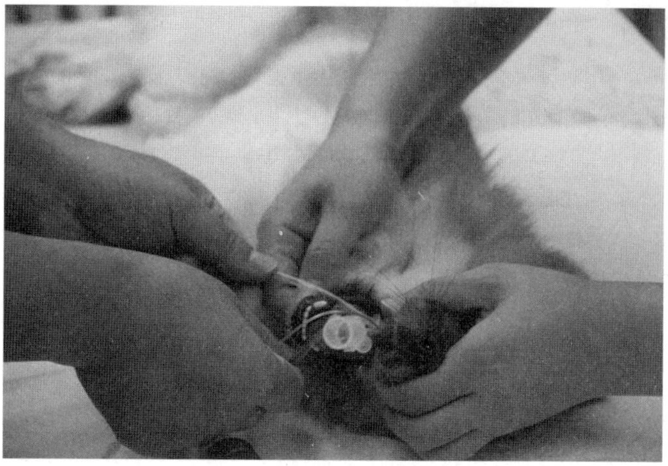

图 1.9 犬进行气管插管

(四)麻醉机连接(图 1.10)

安装衔接管,把气管内插管与麻醉呼吸机相连接。在单纯氧气或氧气与笑气配合下进行吸入麻醉。氧气与笑气比例为 1∶1 或 1∶2。

吸入麻醉开始时可以 5%药物浓度作快速吸入,3～5 min 后以 1.5%～2.0%药物浓度作维持麻醉。吸入麻醉期间可随时调整吸入麻醉剂的浓度,以维持所需麻醉深度。

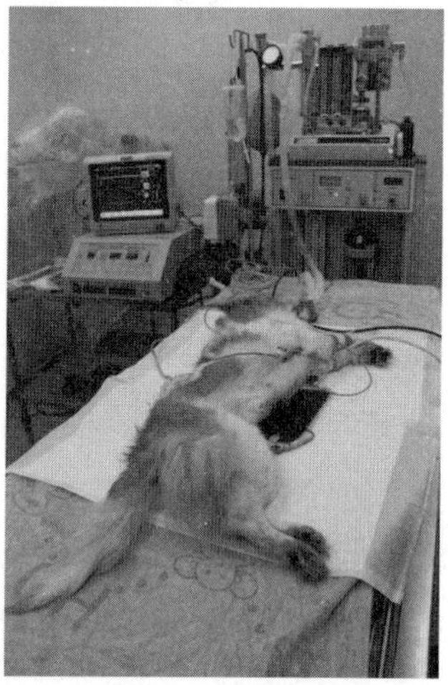

图 1.10 麻醉机连接

(五)拔除气管内插管

在手术和麻醉结束后、动物恢复自主呼吸和脱离麻醉机呼吸后,将气管内插管套囊中的气体排出。

当麻醉动物逐渐苏醒出现吞咽反射时,即可平稳而快速地拔出插管。拔管操作要掌握好时间,若麻醉动物的吞咽和咀嚼反射尚未恢复,拔管后有可能发生误咽或误吸;若动物已清醒且肌张力恢复后再行拔管容易诱发动物反抗并损害气管内插管。

任务 5 麻醉监护

任何麻醉过程中,均要有专业的麻醉人员在岗,并连续监测生命体的氧合、通气、循环以及体温等项目。根据美国兽医麻醉与镇痛学院小动物监护指南,犬、猫术中麻醉监护项目主要包括:麻醉深度(通过颌骨咬合、眼睛位置和反射评估),循环功能是否合适(通过触诊脉搏节律和质量评估或使用血压计),氧含量(通过黏膜颜色评估或使用脉搏血氧仪),通气情况(通过观察呼吸频率和模式评估或使用二氧化碳分析仪)和体温等方面。

(一)各项生理指标监测

在麻醉过程中,麻醉人员需要每间隔 15 min 对动物的体温、脉搏次数、呼吸次数、可视黏膜再充盈时间等基础数据进行一次检查。

麻醉时理想的体温应该在 37.7~39.2℃,当手术超过 30 min 后常会发生体温过低,体温低于 36.6℃前,保温尤为重要。当然体温的丢失和下降不仅仅和时间相关联,还和环境温度、手术面积、消毒液和冲洗液的温度密不可分。

心率与心律这两个指标是评判心脏功能的重要指标,麻醉前动物的静息心率最好能到达:犬 120~140 次/min(大型犬会偏低,60~90 次/min),猫 200 次/min 以内。

呼吸不仅仅反映了肺部情况,更是心脏功能和全身疾病的一个体现。除了要对动物的呼吸次数进行观察和记录外,更要对呼吸的质量进行评估和记录。

在麻醉检查中,脉搏检测位置是后肢内侧股动脉,要求在听诊心脏时同时触诊此动脉,并且左右都要触诊,每听到一次心跳,必须感觉到动脉的一次波动。如果有一侧或双侧触不到,则表示有可能存在心血管的异常,需要进一步检查。

毛细血管再充盈时间观测最佳位置是口腔黏膜,用手指去按压口腔牙龈黏膜使其变白,然后松手,观察恢复到原来颜色的时间,正常时间应小于 1 s。

除了进行必要的体格检查外,还可使用监护仪进行必要项目的检查(图 1.11)。在动物医院中,监护仪一般用于检查心电图、血氧饱和度、呼气末二氧化碳分压、血压、体温、呼吸等项目。在麻醉过程中,脉搏血氧饱和度(SpO_2)反应机体氧合情况,正常值>90%;呼气末二氧化碳($PETCO_2$)反应呼吸过程中不同相二氧化碳浓度,正常值 35~45 mmHg。

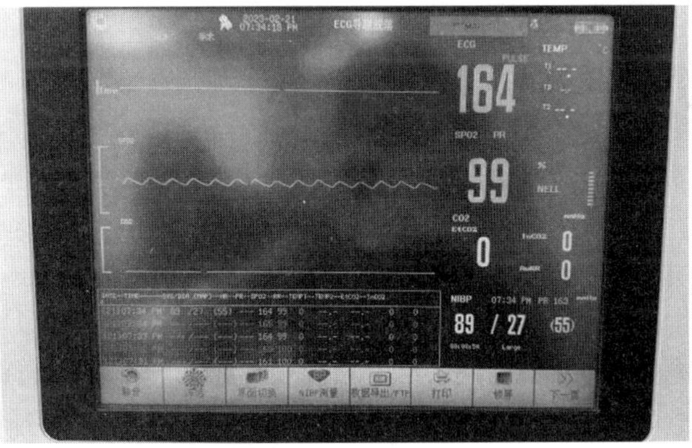

图 1.11 监护仪使用

(二)麻醉深度检测

为了配合手术需要,需要调节麻醉深度。一般通过观察动物眼睑反射、角膜反射、眼球位置、瞳孔大小和咬肌紧张度可大致判断麻醉深度。

根据体征,将动物的麻醉深度分为 4 期(图 1.12):

第一期为镇痛期,指从麻醉开始至神志消失这段时期。在此过程中大脑皮层开始抑制,表现为麻醉开始至意识完全丧失、瞳孔由小变大。一般不在此期中施行手术。

第二期为兴奋期,指动物从意识消失至呼吸转为规律这段时期。表现为意识丧失至呼吸

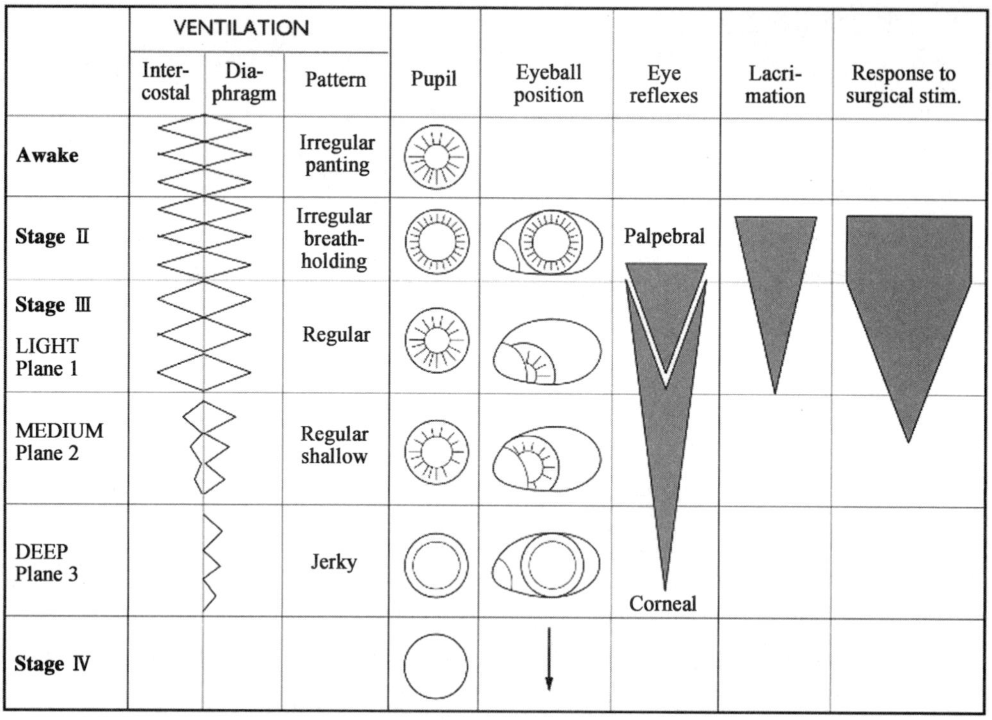

图 1.12　吸入麻醉不同阶段呼吸和眼部体征的变化模式

(这些变化方式可能因注射麻醉剂的加入而受到影响)

规则、瞳孔放大、眼球震颤。因皮质下中枢兴奋,动物呈现挣扎、呕吐、咳嗽、吞咽等现象,对外界反应增强。此期不宜进行任何操作。

第三期为手术麻醉期,是最重要的时期,指从呼吸规律至呼吸麻痹为止这段时期。此过程又分 3 级:第 1 级从规律的自主呼吸至眼球运动停止,大脑皮层完全抑制,间脑开始抑制,可进行简单手术操作如切开、皮肤缝合等;第 2 级从眼球运动停止至肋间肌开始麻痹,间脑完全抑制,中脑及脊髓自下而上开始抑制,可进行腹腔外科手术操作;第 3 级从肋间肌开始麻痹至完全麻痹,脑桥开始抑制,脊髓进一步抑制,可进行较为疼痛的手术操作如矫形外科手术等。

第四期为延髓麻痹期,延髓完全抑制,从膈肌麻痹开始至呼吸、心跳停止。表现为反射全部消失,整个神经中枢明显抑制,呼吸停止,但心博散存或停止,血压降至休克血压以下(50 mmHg 柱以下),应马上停药并及时进行抢救。

任务6　术后护理

病畜手术结束后,最理想的安置环境是温暖安静且能随时得到监控的地方。病畜必须待在一个安全的环境里,并要确保其头部和颈部能够伸展开,不要使颈部弯曲,否则会堵塞气管。直到外科手术中用的麻醉剂代谢之后,病畜才能借助台面行走,所以苏醒中的病畜方向感很差,当完全苏醒后,病畜才能恢复意识。

监视病畜的吞咽反射很重要，只有当吞咽反射出现时才可以拔管，拔管过早易导致病畜气管堵塞或窒息，拔管过晚易导致病畜咬断气管插管。当病畜苏醒时，舌头有些颤抖会发出颤音，此时解开头上固定气导管用的绷带，注意提前排出气管插管上气囊中的气体，气管插管即可由喉咽部自然滑出。

在麻醉苏醒过程中，病畜会出现呼吸频率加快和呼吸深度增加，并逐渐恢复运动，开始试图站立。首先，病畜从侧面斜躺转向卧躺，最终能够站立，但是通常会站不稳并摔倒。由于术中病畜丧失了很多热量，因此在机体恢复的过程中，其身体会发抖，并且此时麻醉剂还会引起暂时的兴奋，可能使病畜出现神经症状，而误伤自己，因此要小心仔细地照顾病畜，将其放在一个安全的地方。

为了使病畜在术后保持温暖舒适，要提供一个温暖安全的地方。在病畜侧卧休息的时候，要每隔 10～15 min 翻转其身体一次，这样能够预防实质性肺炎的发生。保持病畜头部延展，以能够仰睡为宜。一些兽医更喜欢把病畜安置在诊疗室的地板上或准备好的垫子上，使病畜能够侧卧休息。可把病畜放到铺有垫子的笼子里，并在垫子下方进行加热。建议继续静脉补液。

在麻醉剂未代谢完期间继续监视病畜的状态，记录下相关的信息，可以在兽医指导下使用镇痛剂。

任务 7 局部麻醉

局部麻醉是利用局部麻醉药物有选择性地暂时阻断感觉神经末梢、神经纤维以及神经干中神经冲动的传导作用，从而使神经所分布或支配的相应部位组织的感觉暂时性丧失的一种麻醉方法。在小动物临床中，局部麻醉技术更多是用于止痛治疗或者辅助全身麻醉进行手术。

(一)局部麻醉药物

局部麻醉药物一般都含有由碳链连接的一个亲脂性的芳香环和一个亲水性的酰胺基。常用的局部麻醉药物主要有普鲁卡因、利多卡因、丁卡因等。

盐酸普鲁卡因是临床上常用的局部麻醉药，注入组织后 1～3 min 即可呈现麻醉作用，药效维持 45～60 min。在临床上，盐酸普鲁卡因常用 0.5%～1%溶液作浸润麻醉；用 2%～5%溶液作传导麻醉；2%～3%溶液作脊髓麻醉；4%～5%溶液作关节腔封闭麻醉。其组织渗透能力弱，一般不作表面麻醉。本品可使血管轻度舒张，在临床上为了延长局部麻醉药的作用时间，减少创口出血，降低组织对局部麻醉吸收过多、过快，常在溶液中每 250～500 mL 加入 0.1%肾上腺素溶液 1 mL，以延长局部麻醉药的作用时间。

盐酸利多卡因其特点为浓度在 1%以下时麻醉强度和毒性与普鲁卡因相似，浓度在 2%时麻醉强度提高 2 倍，具有较强的穿透性和扩散性。作用时间快、持久，可维持 1 h 以上，对组织无刺激性，但毒性较普鲁卡因稍大。在临床上盐酸利多卡因也可用作多种局部麻醉，用 2%～5%溶液作表面麻醉，用 2%溶液作传导麻醉，用 0.25%～0.5%溶液作浸润麻醉，用 2%溶液作硬膜外腔麻醉。

丁卡因局部麻醉作用强，起效迅速，且组织穿透力强，常用于表面麻醉。本品毒性较普鲁卡因强 12～13 倍，麻醉效果强 10 倍。常用 0.5%溶液作角膜麻醉，用 1%～2%溶液作口鼻黏膜麻醉。

（二）局部麻醉方法

表面麻醉是利用麻醉药的渗透作用，使其透过黏膜而阻滞浅在神经末梢功能的麻醉方法，如眼部麻醉、口鼻黏膜麻醉、直肠黏膜麻醉等。常用 0.5%丁卡因或 2%利多卡因，如利多卡因凝胶或喷雾剂进行咽喉表面喷雾麻醉，方便进行气管插管操作等。

浸润麻醉是指沿手术切口线皮下注射或部分分层注射局部麻醉药，阻滞神经末梢功能的麻醉方法。临床操作中，常使用生理盐水对 2%普鲁卡因进行一倍稀释，然后按照每个点注射 0.3～0.5 mL。注射方法是先将针头插至所需深度，然后一边退针一边推药液。麻醉方式有：直线浸润麻醉（图 1.13）、菱形浸润麻醉（图 1.14）、扇形浸润麻醉（图 1.15）、基部麻醉和分层浸润麻醉（图 1.16）等。

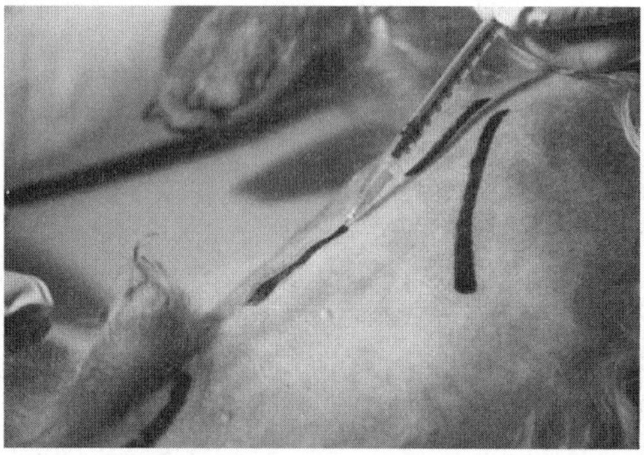

图 1.13　直线浸润麻醉

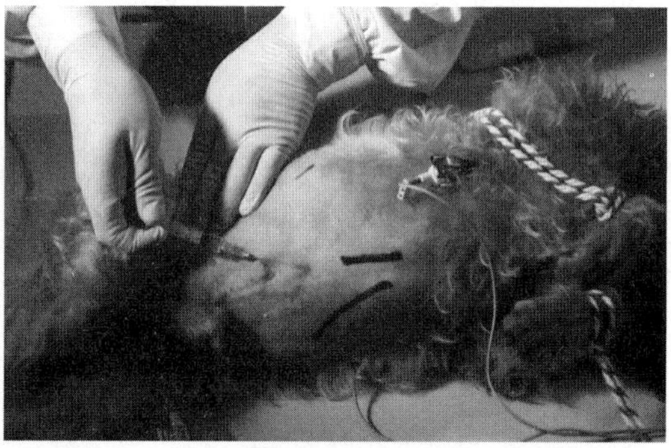

图 1.14　菱形浸润麻醉

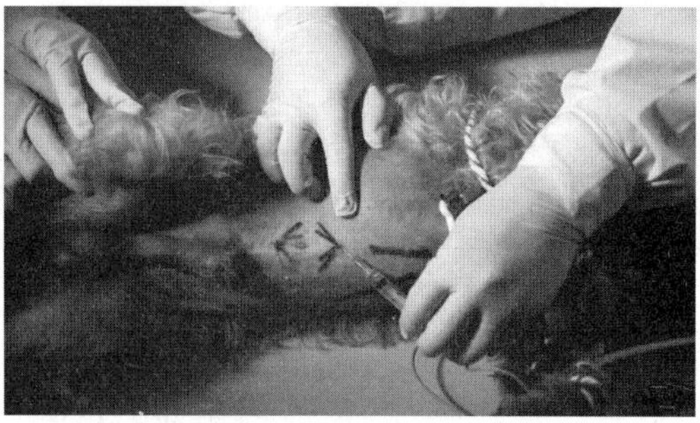

图 1.15　扇形浸润麻醉

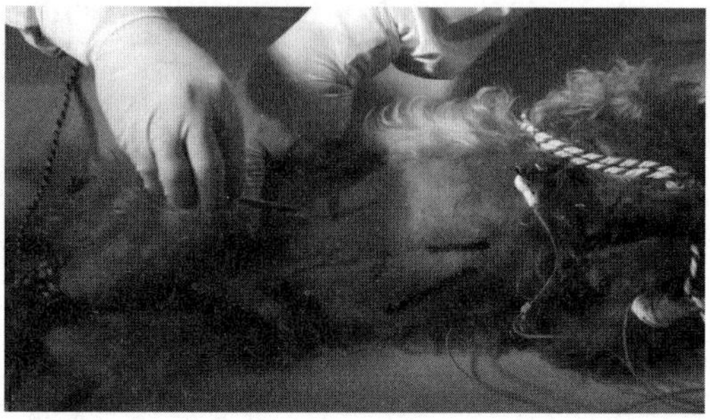

图 1.16　分层浸润麻醉

在神经干周围注射麻醉药，使神经干所支配的区域失去痛觉，称为传导麻醉或传导阻滞麻醉。传导麻醉的特点是可使用少量麻药，产生较大区域的麻醉效果，常用药物为 2%利多卡因或 2%～5%普鲁卡因，药的浓度和用量与麻醉效果成正比。在犬猫进行口腔手术时，常常考虑在全身麻醉的基础上配合使用口腔的传导麻醉。犬猫的口腔传导麻醉常使用利多卡因，总剂量不超过 4 mg/kg，主要通过对 6 个点（双侧眶下孔、中间颏孔和下齿槽孔）进行阻滞，每个点注射 0.1～0.2 mL，来完成对三叉神经分支感受器的阻断（图 1.17）。

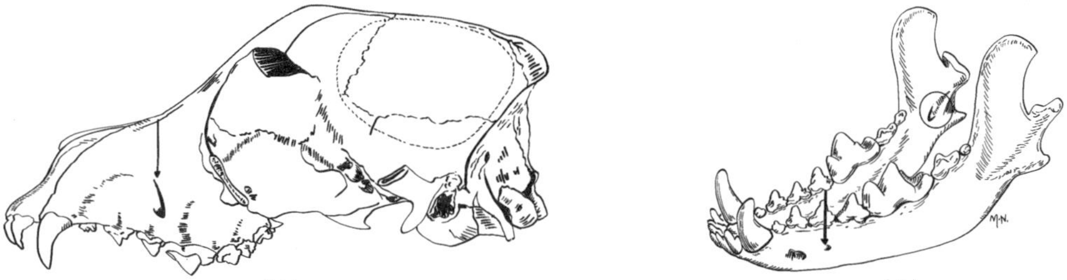

(1)　　　　　　　　　　　　　　　　　(2)

(1)眶下孔(箭头处)　(2)中间颏孔(箭头处)和下齿槽孔(圆圈内)

图 1.17　三叉神经阻滞麻醉

脊髓麻醉是将局麻药注射到脊髓椎管内，阻滞脊神经的传导，使其所支配的区域无痛。兽医临床上多数采用硬外腔麻醉，适应证为犬猫后肢手术，难产救助及尾部、会阴部及直肠的手术。犬猫的硬膜外腔麻醉注射部位在 L7～S1(腰荐间隙)、S3～Cy1(荐尾间隙)及 Cy1～2(1、2 尾椎之间)(图 1.18)。消毒术部，以 45°～60°进针 3～4 cm 可刺入硬膜外腔，进针时可感觉到刺破弓间韧带至坚硬尾椎骨体，稍退针头，无回血，即可注射药液，若位置正确，药液注入应无过大阻力。一般在注射麻醉药 2～10 min 之后出现镇痛效果。

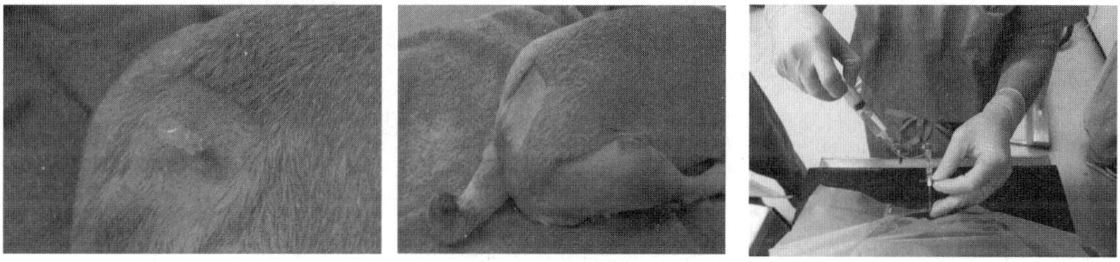

图 1.18　硬膜外麻醉

课程思政

本节内容主要培养学生树立正确的职业道德观念，培养学生爱护动物的素养、启发学生的仁爱之心。

二十大报告指出：提高全社会文明程度。实施公民道德建设工程，弘扬中华传统美德，加强家庭家教家风建设，加强和改进未成年人思想道德建设，推动明大德、守公德、严私德，提高人民道德水准和文明素养。统筹推动文明培育、文明实践、文明创建，推进城乡精神文明建设融合发展，在全社会弘扬劳动精神、奋斗精神、奉献精神、创造精神、勤俭节约精神，培育时代新风新貌。

二维码 1-1　麻醉技术　　**二维码 1-2　项目一图片**　　**二维码 1-3　项目一测试题**

项目二

无 菌 技 术

无菌术(asepsis)是指在外科范围内防止创口(包括手术创)发生感染的综合预防性技术。它包括灭菌法、消毒法和一定的操作管理规程等。

灭菌法(sterilization)是指用物理的方法,彻底杀灭附在手术所用物品上的一切活的微生物。所用的物理方法包括高温、紫外线、电离辐射等。兽医临床上常用高温消灭手术器械、手术衣、手术巾、敷料等的微生物;紫外线可以杀灭悬浮在空气、水中和附于物体表面的微生物。但它不能射入食物、衣料等纺织品,故一般用于室内空气的灭菌;电离辐射主要用于药物塑料、缝线、药物(抗生素、激素等)等的灭菌。有的化学药品如甲醛、戊二醛、环氧乙烷等,可以杀灭一切微生物,故也可在灭菌法中使用。

消毒法(disinfection)又称抗菌法(antisepsis),是指常用化学药品消灭病原微生物和其他有害微生物,不要求清除和杀灭所有微生物(如芽孢)。常用于器械的消毒、手术室空气的消毒、手术人员手、臂的消毒及动物术部皮肤的消毒等。化学消毒制剂种类很多。理想的化学药品应具备杀灭细菌、芽孢、真菌等引起感染的微生物而不损伤人和动物的正常组织。尽管近年来有不少新的高效低毒化学消毒药问世,但仍无完全达到上述要求的药物。所以,在消毒时,应根据消毒器械、物品、组织等的性质,选择不同的药物,发挥药物的作用,减少其不良反应,要求这些药物既杀菌能力强,又对活组织刺激性小。在当今许多相关的书籍中,对消毒技术和消毒方法都有详细的记载,但在具体选择应用时则应根据当时当地的条件和可能性,加以具体考虑选用。另外,某些消毒方法的应用也有个人的习惯和偏爱问题。

总之,无菌术是一门综合性的科学,应综合运用无菌和抗菌技术来达到预防手术创伤发生感染,以保证手术的良好结果。

任务1　手术区域清洁与消毒

在动物医院中,手术区域包括不同功能的区域,如动物准备区、手术人员准备区、手术室、术后恢复区、手术器械准备区等。它们可能分开或者共用,但无论是分开的还是共用的,都必须比医院的其他区域更加卫生,设备需要更加严格的维护。

一、手术室日常清洁

在每天早晨第一个手术前,使用消毒剂喷雾器和纸巾擦拭夜间可能落下尘土的表面,包括台面和清洗池，还要清洗手术灯和设备(如麻醉机和器械托盘架)。建议采用“双墩布法”从远处向近处擦地：第一个桶装有干净水，专用于清洗拖布；第二个桶装有消毒液，它用于实际的擦洗；擦完一部分地板后，在水桶中清洗拖布拧干，然后浸入消毒液，如此反复。

手术结束后，动物和手术人员均离开手术室后，将开展手术室物品整理和清洁工作。首先将各包装物品分类(器械类、创巾类、纱布类等)，立即带到准备间；然后使用过氧化氢清理织物和器械中的血渍，在冷水中浸泡至少 30 min；最后用流动清水进行清洁、刷洗，并擦干待消毒。

使用消毒剂清洗手术室内所有的台面、器械托盘架和手术台。所有放在废纸篓或不锈钢提桶中的垃圾都应带出手术室，进行分类和处理，清洗和消毒容器；清除任何带有体液、血液的东西或放入有害生物物品容器中的感染材料。

二、手术室消毒

清洁结束后，需要进行手术室的消毒。最简单的方法是使用 5%石炭酸或 3%来苏尔溶液喷洒，可以收到一定的效果。这些药液都有刺激性，故消毒后必须通风换气，以排除刺激性气味。在消毒手术室之前，应先对手术室进行清洁卫生扫除，再进行消毒。常用的消毒方法包括下述几种：

(一)紫外光灯照射消毒

通过紫外光消毒灯的照射，可以有效地净化空气，可明显减少空气中细菌的数量，同时也可以杀灭物体表面附着的微生物。紫外光的杀菌范围广，可以杀死一切微生物，包括细菌、结核杆菌、病毒、芽孢和真菌等。市售的紫外线消毒灯车(图 2.1)有 15 W 和 30 W 两种，即可以悬吊，也可以挂在墙壁上，有的安装在可移动的落地灯架上，使用起来很方便。一般在非手术时间开灯照射 2 h，有明显的杀菌作用，但光线照射不到之处则无杀菌作用。实验证实，照射距离以 1 m 之内最好，超过 1 m 则效果减弱。活动支架的消毒灯有很大的优越性，它可以改变照射的方位(不同的侧面)和照射距离，能发挥最好的杀菌效果。紫外光灯是一种人工光源，在使用时应该注意下列事项：

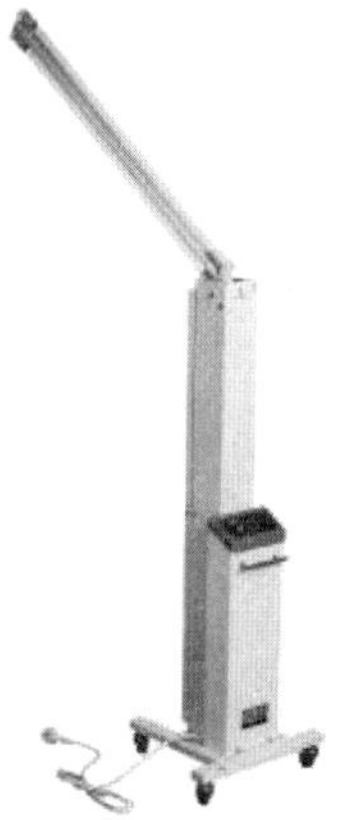
图 2.1 紫外线消毒灯车

(1)开通电源之后，使灯管中的汞蒸气辐射出紫外光，通电后 20～30 min 发出的紫外光量最多。灯管的使用寿命，一般为 2 500 h，随着使用时间的延长，其辐射紫外光的量会逐渐减少，甚至会成为无效的装饰品。

(2)要求直接照射，因为紫外光的穿透力很差，只能杀灭物体表面的微生物。

(3)可以用紫外线强度仪来测定杀菌效果，凡低于 50 $\mu W \cdot s/cm^2$，则认为不宜使用，需要更换新的灯管。一般新的灯管紫外线辐射强度均达到 100～120 $\mu W \cdot s/cm^2$。

(4)灯管要保持干净，要经常擦拭，不可沾有油污等，否则杀菌力下降。

(5)尽量减少频繁的开关，以免影响灯管使用寿命，也容易损坏。

(6)人员不可长时间处于紫外光的照射下，否则可以损害眼睛和皮肤，形成一种轻度灼伤。必要时戴黑色眼镜，以保护眼睛，且照射不宜过近。

(二)化学药物熏蒸消毒

这类方法效果可靠,消毒彻底。手术室清洁扫除后,门窗关闭,做到较好的密封。然后再施以消毒的蒸汽熏蒸。

(1)福尔马林加热法　含甲醛40%的福尔马林是一种液体。在一个抗腐蚀的容器中(多用陶瓷器皿)加入适量的福尔马林,在容器的下方直接用热源加热,使其产生蒸气,持续熏蒸4 h,可杀灭细菌芽孢、细菌繁殖体、病毒和真菌等。因为是蒸发的气体消毒,故消毒彻底可靠。使用时取40%甲醛水溶液,每立方米的空间用2 mL,加入等量的常水,就可以加热蒸发。一般在非手术期间进行熏蒸。消毒后,应使手术室通风排气,否则会有很强的刺激性。

(2)福尔马林加氧化剂法　方法基本同福尔马林加热法,只是不再用热源加热蒸发,而是加入氧化剂使其形成甲醛蒸气。按计算量准备好所需的40%甲醛溶液,放置于耐腐蚀的容器中,按其毫升数的一半称取高锰酸钾粉。使用时,将高锰酸钾粉直接小心地加入甲醛溶液中,然后人员立刻退出手术室,数秒钟之后便可产生大量烟雾状的甲醛蒸气,消毒持续4 h。

除了福尔马林之外,还有一种多聚甲醛,它是白色固体,粉末状、颗粒或片状,含甲醛91%～99%。多聚甲醛直接加热会产生大量甲醛蒸气,在运输、贮存和使用上都较方便。

(3)乳酸熏蒸法　乳酸用于消毒室内的空气早已被人们所知。使用乳酸原液10～20 mL/100 m^3,加入等量的常水加热蒸发,持续60 min,效果可靠。乳酸的沸点为122℃,实验证明,乳酸在空气中的浓度为0.004 mg/L时,持续40 s,可以杀死唾液飞沫中的链球菌,有效率达99%。但若浓度偏低,小于0.003 mg/L时,其杀菌的效果显著降低。若浓度偏离,则会有明显的刺激性。此外,空气中的湿度也应注意,以相对湿度为60%～80%时为佳,低于60%,则效果不会太好。

三、手术室日常工作

手术室内的一些规章制度的制定和执行,可以保证手术室发挥最好的作用,使手术创不受感染,保证手术创有良好的转归。首先必须有严格的使用和清洁消毒等规章制度,否则手术室就会成为病原菌聚集的场所,增加手术创感染的机会。特别是平时的清洁卫生制度和消毒制度是绝对必要的。每次手术之后应立即清洗手术台,冲刷手术室地面和墙壁上的污物,擦拭器械台,及时清洗手术的各种用品,并分类整理好摆放在固定位置。手术室被污染的地方,或污染后的器物都要用适宜的消毒液浸洗或擦拭,术后经过清扫冲洗的手术室应及时通风干燥。在施行污染手术后,应及时进行消毒。在制定规章制度之后,更重要的是坚持执行,否则流于形式,就不能保证在清洁和无菌的条件下进行手术,反而使手术室成为感染的重要来源。

四、手术室管理制度

(1)凡进入手术室的工作人员,必须穿戴手术室的鞋帽、衣服及口罩,离开手术室时,应更换外出衣及鞋子。

(2)院外来参观、学习、实习者,须经医疗技术部批准,并应有固定地点。

(3)各科择期手术,应在手术前一日上午10点半以前送手术通知单,急诊抢救手术,可先口头通知,后补手术通知单。

(4)手术按手术通知单时间进行,必须准时到位,不得随意更改。特殊情况与护士联系。

(5)术前30 min接病宠,随带病历,并详细核对病宠姓名、性别、年龄、诊断、手术部位及药敏试验、术前用药。病宠入室后，巡回护士应复查一遍，注意病宠手术部位清洁范围，饰品、犬链等不得带入手术室。

(6)严格无菌操作技术。无菌手术和有菌手术应分室进行，特殊感染须进行特殊消毒灭菌处理。

(7)室内保持严肃安静，禁止高声喧哗，手术期间不得聊天、看报等。

(8)严格执行室内卫生清洁处理及隔离、消毒检测制度，落实医疗安全防范措施。

(9)手术室应常备各种急诊手术包及抢救器材，手术器械不得外借，如外借的需医教科批准。

(10)手术室器械应在清洁干净基础上消毒，各种药品器械材料应放在固定位置，贵重器械专人保管，每月清点、维修、保养。麻醉剧毒品标志明显，专人加锁保管，普通药品每天清点并记录，每月检查一次，专人负责。

(11)负责保管和送检手术中采集的标本，请医生及时填写病理标本送检单并作好送检登记，督促及时送检。

任务2 手术人员清洁与消毒

手术人员本身，尤其是手、臂的准备与消毒，对防止手术创的感染具有很重要的意义，决不可忽视，否则手术就很难保证在无菌条件下进行。虽然兽医工作者性质、环境和条件有本身的特点，但对执行无菌术的要求却不可放松。手术人员在任何情况下都应该遵循共同的无菌术的基本原则，努力创造条件去完成手术任务。

一、更衣

手术人员在术前应换穿手术室准备的清洁衣裤和鞋。衣裤应是浅蓝色，其上衣最好是超短袖衫以充分裸露手臂，若没有清洁鞋，应穿上一次性鞋套，并戴好手术帽和口罩。目前多用一次性手术帽和口罩。手术帽应把头发全部遮住，其帽的下缘应达到眉毛之上和耳根顶端，手术口罩应完全遮住口和鼻，对防止手术创发生飞沫感染和滴入感染极为有效。如戴的是纱布制口罩，为避免戴眼镜的手术人员因呼吸水气使镜片模糊，可将口罩的上缘用胶布贴在面部，或是在镜片上涂抹薄层肥皂(用干布擦干净)。在上述准备之后就可以进行手、臂的准备与消毒。

二、手、臂的清洁与消毒

手术人员手、臂的皮肤，存在许多皮脂腺、汗腺和毛囊等构造，平时藏有大量微生物。手又有许多的皱纹、缝隙、甲缘和逆刺等，易于藏匿微生物。此外，皮脂腺和汗腺在分泌皮脂和汗液的同时，也会将深在的微生物不断排到皮肤表面，可能成为创伤感染的威胁。皮脂虽然对皮肤有保护作用，但可黏附微生物，不使其脱落，以及隔断消毒药不与其直接接触等，故皮脂也可起到保护微生物的作用。凡此种种原因都构成对皮肤消毒的不利因素。加之，皮肤的消毒(不同于其他手术器材的灭菌)仅可能采用皮肤所能经受得起的各种消毒方法，这些方法，通常仅降低皮肤微生物的数量，不可能做到绝对的无菌。由此可知，手和臂的消毒是执行无菌技术中的一个薄弱环节。因此，我们对术前手和臂的消毒就必须给予足够的重视。经验证明，只要手术人员严格地执行抗菌和无菌准备，是完全可以达到手术所需要的无菌要求。

在手、臂准备之前，首先检查指甲，长的要剪去，并磨平甲缘，剔除甲缘下的污垢，有逆刺的也应事先剪除。手部有创口，尤其有化脓感染的不能参加手术。手部有小的新鲜伤口如果必须参加手术时，应先用碘酊消毒伤口，暂时用胶布封闭，再进行手的消毒。手术时应戴上手套。

手和臂的抗菌和无菌准备方法很多，常用较简便而有效的方法如下：

(一)手、臂的洗刷

用肥皂反复擦刷和用流水充分冲洗以对手、臂进行初步的机械性清洁处理。如果这个步骤执行得仔细和严格，手、臂上大部分污物和微生物得以清除，则为以后手、臂的消毒打下基础。反之，如果潦草从事，则将在很大程度上影响下一步手、臂的消毒。因此，这一步骤不应忽视。

手、臂刷洗时，应用指刷沾上肥皂并按一定顺序擦刷(图 2.2)。为了避免擦刷部位的遗漏，保证清洁的重点，一般先对甲缝、指端进行仔细的擦刷，然后按手指、指间、手掌、掌背、腕部、前臂、肘部及以上顺序擦刷，通常历时 5～10 min。然后用流水(温水或自来水)将肥皂泡

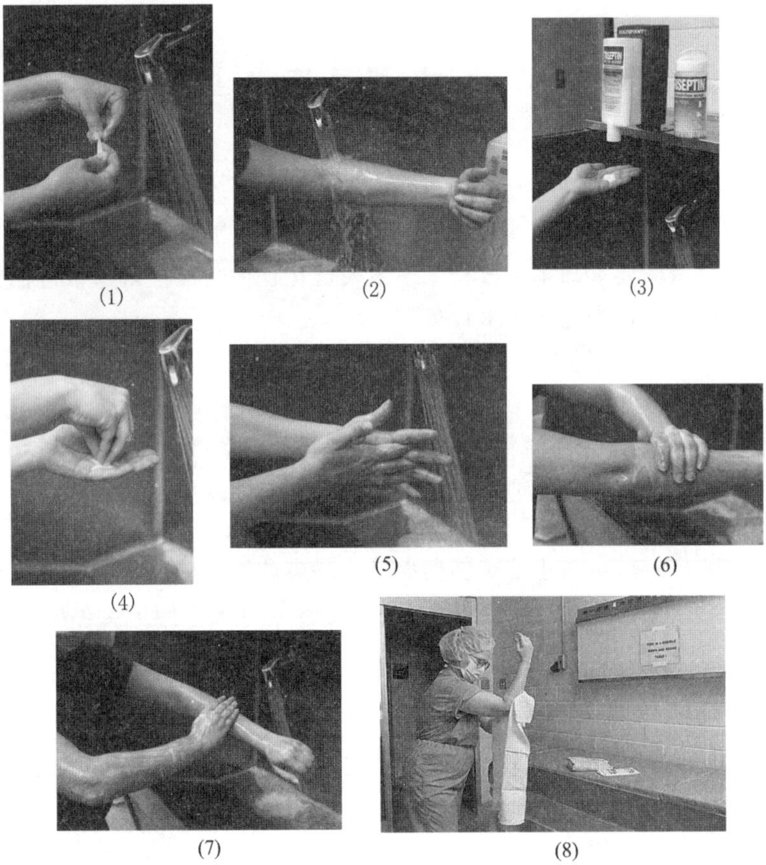

(1)如有必要，可使用指甲签清理甲缝(注：没有相关发现表明指甲签能减少细菌数量) (2)打湿手部和臂部 (3)将适量的洗手液按泵倒入手掌中 (4)将另一只手的指尖插入溶液中并扭转几秒钟。将洗手液转移到另一只手上，换手重复此步骤 (5)双手互相揉搓，并逐渐从小臂清洗至肘部 (6)在整个洗涤过程中加水以产生足量的泡沫 (7)彻底用水冲洗，并重复步骤(2)至(6)。在第二次洗刷手时，洗刷至肘部以下 (8)擦手。擦干手和胳膊时，用毛巾的一端擦干一只手和胳膊(从手到手肘)。然后把干手放在毛巾的另一端，用同样的方法擦干另一只手和胳膊

图 2.2　手、臂的洗刷

沫充分洗去。冲洗时手应朝上，使水自手部向肘部方向流去，然后用灭菌巾(或纱布)按上述顺序拭干，最好是每侧用灭菌巾一块。如果不具备流水条件，则至少要在 2～3 个盆内逐盆清洗。

(二)手、臂的消毒

手、臂经上述初步的机械性清洗后，还必须经过化学药品的消毒。手、臂的化学药品消毒最好是用浸泡法，以保证化学药品均匀而有足够的时间作用于手、臂的各个部分。专用的泡手桶可节省药液和保证浸泡的高度。如用普通脸盆浸泡则必须不时地用纱布块浸蘸消毒液，轻轻擦洗，使整个手、臂部保证湿润。用于手、臂消毒的化学药品有多种，常用药如下：

70%酒精溶液：浸泡或拭洗 5 min，浸泡前应将手、臂上的水分拭干，以免冲淡酒精浓度，影响酒精消毒能力。

1∶1 000 的新洁尔灭溶液：浸泡和拭洗 5 min。这种方法在临床上使用最为广泛。也可以采用一定浓度的洗必泰或杜米芬溶液进行手、臂的消毒。

7.5%聚乙烯酮碘溶液：有皮肤消毒液和消毒刷(其消毒液吸附在消毒刷背面的海绵内)两种。用消毒液拭擦皮肤或用消毒刷拭刷手臂。先拭刷手、臂 5 min，再刷 3 min。

综上所述，可将手、臂的清洁与消毒顺序举例如下：

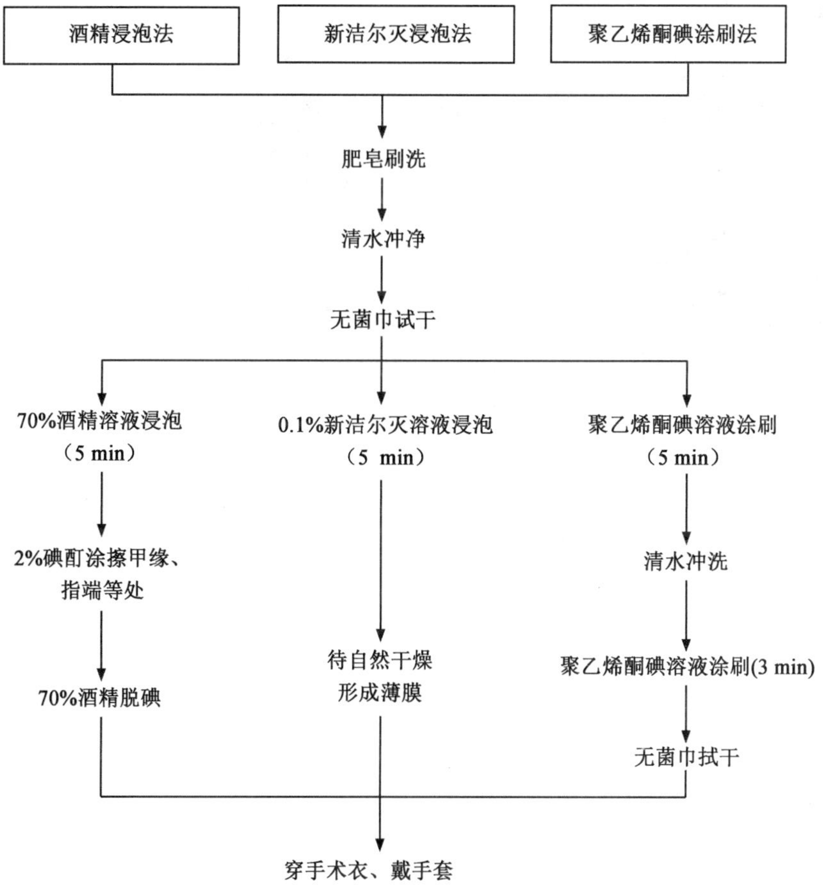

如果情况紧急，必要时可缩短洗手时间，简化手的消毒方法。为此，可以用肥皂及水初步清洗手、臂上污垢，擦干，并用 3%～5%碘酊充分涂布手、臂，待干后，用大量酒精洗去碘酊，即

可施行手术。也可选用新洁尔灭、洗必泰等消毒液洗擦双手(注意甲缘、指端和甲沟等处的洗擦)。洗后不必用消毒的纱布擦干,以免破坏药液在手、臂上形成的薄膜。

在另一类情况下,则是充分洗手之后,再戴上灭菌的手套施术。这在比较小的手术时,显得更为方便。

如果手术时间较长,为了保持手、臂良好的无菌状态,在手术中可根据需要,再次清洗和用消毒溶液浸泡手、臂。已经消毒好的手、臂,绝对不可与任何未经消毒的物品接触。在手术之前,为了保护已消毒过的手、臂不被污染,应弯曲两臂,两手放在胸前。

三、穿无菌手术衣

手术衣以后开身系带的长罩衫为好,长袖紧口,用纯棉材料制成。由于动物不习惯白色,白色也影响视力,故手术衣以采用浅蓝或浅绿色较为合理。手术衣应干净、须经过高压灭菌处理(也有一次性手术衣)。由助手打开手术衣包,手术人员根据无菌要求穿无菌手术衣。如图2.3所示,将手术衣轻轻抖开,提起衣领两角,将两手插入衣袖内,两臂前伸,让助手协助穿上和系紧其背后衣带或腰带。穿灭菌手术衣时应避免衣服外面对向自己或碰到其他未消毒、灭菌物品和地面。为保护手术衣前面的前胸部分免受污染,必要时可加穿消毒过的橡胶或塑料围裙。

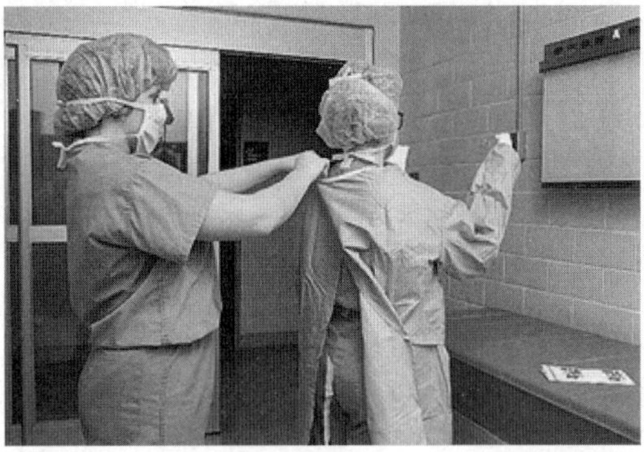

(1)

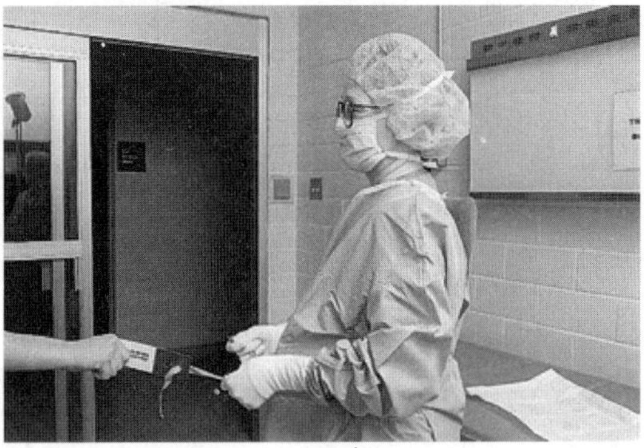

(2)

(1)令助手把手术衣拉到你的肩膀上,系紧颈部扣件和手术衣内侧的腰带进行固定

(2)如果使用的是无菌式后系带手术衣,在戴上无菌手套之前不要碰到前侧的腰带

图 2.3 穿手术衣

四、戴手套

过去兽医外科临床并不严格要求戴无菌手套。但是鉴于任何一种手的消毒方法均不能使手部皮肤达到绝对无菌,为防止手术人员被感染和减轻对组织的损伤,所以戴灭菌手套进行手术是非常必要的。

临床上常采用经高压灭菌的干手套(或市售一次性灭菌手套)和用消毒液浸泡(常用0.1%新洁尔灭浸泡30 min)的湿手套两种。如用干手套,应先穿手术衣,后戴手套;如用湿手套,应先戴手套,后穿手术衣。

如图2.4所示,戴无菌手套时,没有戴无菌手套的手,只允许接触手套套口向外翻折的部分,不应碰到手套外面。如果只戴干手套,取出手套内无菌滑石粉包,轻轻敷擦双手,使手干燥光滑。用左手捏住左右两手套套口翻折部,先右手插入右手手套内,注意勿触及手套外面,再用戴好手套的右手指插入左手手套的翻折部,帮助左手插入手套内。已戴手套的右手不可触及左手皮肤,将手套折部翻回盖住手术衣袖口。用灭菌生理盐水冲净手套外面的滑石粉。

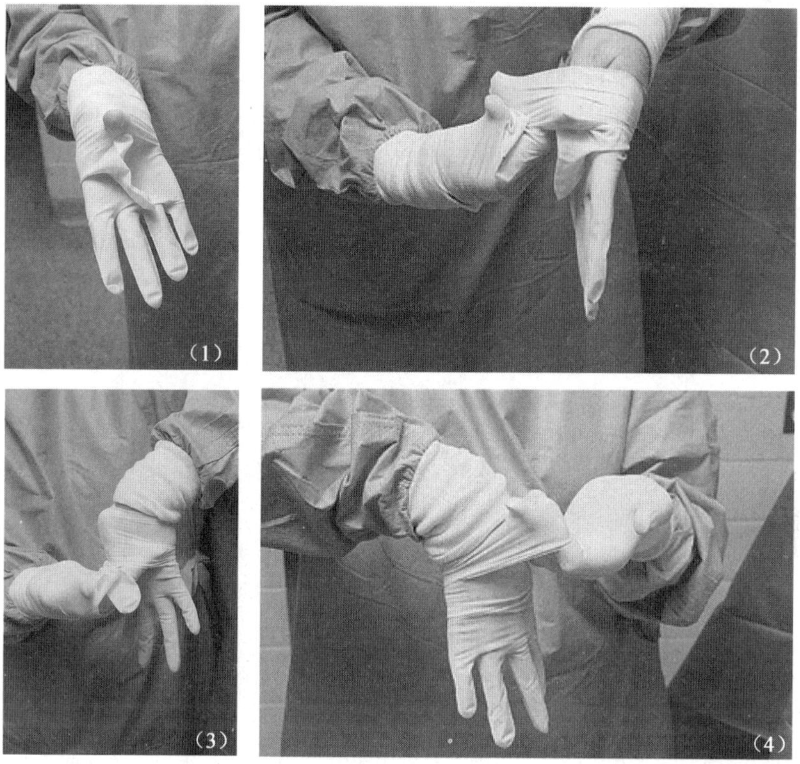

(1)打开手套包装袋,用无菌手从折叠边缘取出对应的手套(手套有左/右标记)。轻轻戴上手套,注意正确对应手套的各个手指 (2)将另一只无菌手的手指放在手套手掌的袖口内,戴手套的手指插入另一只手套的翻折部位 (3)将戴手套的手适当弯曲 (4)用戴手套的手指轻轻将另一只手套的边缘向后拉,包裹住手术衣袖口

图 2.4 戴干手套

如果戴湿手套,手套内灌入适量的消毒液(0.1%新洁尔灭),使手套撑开,便于戴上。戴好手套后,将手腕部向上举起,使水顺前臂沿肘流下,再穿手术衣。目前兽医临床上多采用戴湿手套法。此法既很方便,又经济。值得提出的是,长时间在液体内浸泡的医用手套会膨胀,弹性降低,易撕裂破损。必须注意及时更换以确保使用。如果条件允许,可以选用一次性手套,这种手套在生产时已经灭菌处理,打开包装即可使用。

任务3 手术部位准备

术前应对畜体进行清洁、揩拭或洗刷,以减少切口感染的机会。有些手术若在后躯、臂部、肛门、外生殖器、会阴以及尾部,为防止施术时粪尿污染术部,需对动物术前进行灌肠或导尿。但要注意绝不可在直肠手术前进行灌肠,否则将会在手术时频频排便,反而造成污染。有些易继发胃、肠臌气的疾病,可先内服制酵剂,或采取胃、肠减压措施。而有些病例,则需考虑膀胱穿刺。口腔食管的疾病有时会导致大量分泌物的产生,可应用抗胆碱药。四肢末端或蹄部手术时,应充分冲洗局部,必要时施行局部的药浴。若预测手术中出血较多,可采用一些预防性止血药物。

(一)术部除毛

动物被毛浓密,容易沾染污物,并藏有大量微生物。因此,手术前必须用肥皂清水刷洗术部周围大面积的被毛。然后如图 2.5 所示,用剃毛器剃毛或者用剃刀或手术刀剃净。剃毛时避免造成微细创伤,或过度刺激皮肤而引起充血。剃毛时间最好在手术前夕,以便有时间缓解因剃毛引起的皮肤刺激。术部剃毛的范围要超出切口周围 10~15 cm 的范围。有时考虑到有些手术可能延长切口,则术部剃毛范围应更大一些。剪毛、剃毛完毕,用酒精棉球或清水洗净拭干。

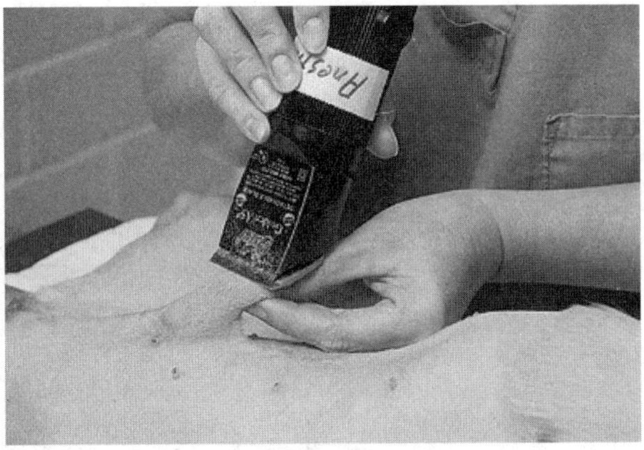

图 2.5 术部除毛(将预期手术切口周围的毛发充分剔除干净,雄性犬一定要将包皮的毛发也剔除干净)

(二)术部消毒

术部的皮肤消毒如图 2.6 所示,最常用的药物是 5%碘酊和 70%酒精,也可使用 10%聚维酮碘溶液消毒皮肤。

在涂擦碘酊或酒精时要注意:如系无菌手术,应由手术区的中心部向四周涂擦,如是已感染的创口,则应由较清洁处涂向患处;已经接触污染部位的纱布,不要再返回清洁处涂擦。涂

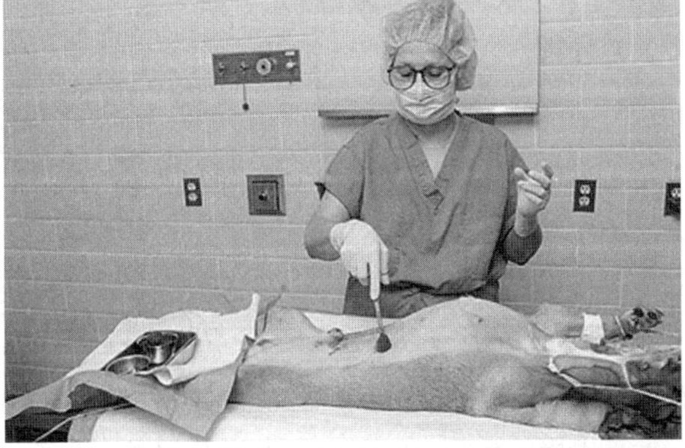

图 2.6 术部 10%聚维酮碘溶液消毒

擦所及的范围要相当于剃毛区。碘酊涂擦后，必须稍待片刻，等其完全干后(此时碘已浸入皮肤较深，灭菌作用较大)，再以 70%酒精将碘酊擦去，以免碘沾及手和器械，带入创内造成不必要的刺激。

有少数动物的皮肤对碘酊敏感，往往涂碘酊后，皮肤变厚，不便手术操作，可改用其他皮肤消毒药，如聚乙烯酮碘、1∶1 000 新洁尔灭溶液、0.05%洗必泰(70%)溶液、1∶1 000 消毒净醇溶液等涂擦术部。但应注意，新洁尔灭等阳离子型表面活性剂在水溶液中离解成阳离子活性基团，此点与肥皂恰相反，后者在水溶液中离解成阴离子活性基团。因此，在使用新洁尔灭之前，皮肤上的肥皂必须冲洗干净，否则会影响新洁尔灭的消毒效能。

对于口腔、鼻腔、阴道、肛门等处黏膜之消毒不可使用碘酊，以免灼伤。一般先以水洗去黏液及污物后，可用 1∶1 000 的新洁尔灭、高锰酸钾、利凡诺溶液洗涤消毒。眼结膜多用 2%～4%硼酸溶液消毒。蹄部手术应在手术前用 2%煤酚皂温溶液脚浴。

术部消毒后，应尽快手术，不可在空气中持久暴露，如暴露过久，术前须再消毒一次。

(三)术部隔离

术部虽经消毒，而术区周围未经严格消毒的被毛，对手术创容易造成污染，加上动物在手术时(尤其在非全麻的手术时)容易出现挣扎、骚动，易使尘土、毛屑等落入切口中。因此，必须进行术部周围隔离。

一般采用大块有孔手术巾覆盖于术区(图 2.7)，仅在中央露出切口部位，使术部与周围完全隔离。有些手术巾中央有预先做好的一开口(不得有毛边)，也可采用四块小手术巾依次围在切口周围，只露出切口部位。

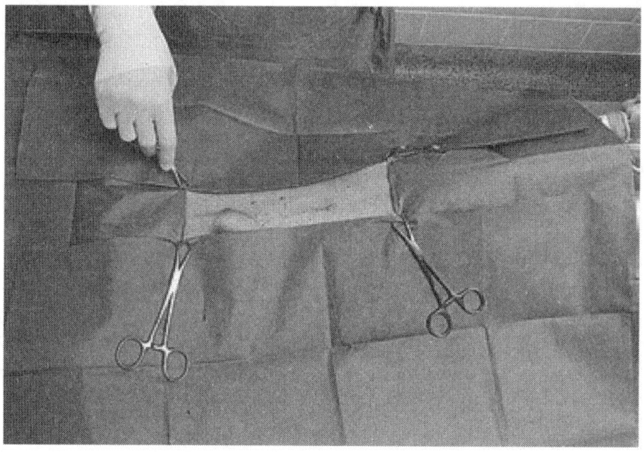

图 2.7 铺设创巾(使用创巾钳将创巾固定，穿过创巾和皮肤的创巾钳的尖端不再视为无菌，需妥善处置)

手术巾一般用创巾钳固定在动物体上，手术巾要有足够的大小遮蔽非手术区。棉布手术巾和纱布在潮湿或吸收创液后即降低其隔离作用，最好在其下面再加一层非吸湿性的手术巾(如塑料薄膜或胶布)。手术巾一旦铺上，原则上只许自手术区内向外移动，不宜向手术区内移动。此外，在切开皮肤后，还要再用无菌巾沿着切口两侧覆盖皮肤。在切开空腔脏器前，应用纱布垫保护四周组织。这些措施都能进一步起到术部隔离的作用，保证手术创不受污染。在手术当中凡被污染的手术隔离巾，应尽可能及时更换。

近年来，在手术创区域隔离方面，有人使用了一次性自黏手术薄膜，该膜已经过无菌处理，在术部除毛并经消毒、待干燥之后，即可粘贴，以达到隔离的目的。只不过每个手术隔离薄膜的面积不够宽大，但可以考虑使用几张隔离薄膜共同覆盖一个较大的术部，这种隔离薄膜因具有自黏性，故相对固定比较牢靠，即使是站立手术也可采用。

任务4　手术器械消毒

手术时，手术器械、敷料以及其他物品都有可能对手术创伤造成直接或间接的接触感染。手术中所使用的器械和其他物品种类繁多，性质各异，有金属制品、玻璃、搪瓷制品、棉织品、塑料制品、橡胶制品等。而灭菌和消毒的方法也很多，且各种方法都有其特点。所以，应根据手术性质和缓急、物品的特性（可否耐受高压高温）以及当时可能的条件等，合理地选用灭菌和消毒方法。

一、手术器械和物品的准备

金属器械应清洁，不得沾有污物和灰尘等。首先要检查所准备的器械应有足够的数量，以保证全手术过程的需求。更注意每件器械的性能，以保障正常的使用。不常用的器械或新启用的器械，要用温热的清洁剂溶液除去其表面的保护性油脂或其他保护剂。然后再用大量清水冲去残存的洗涤剂，烘干备用。结构比较复杂的器械，最好拆开或半拆开，以利于充分灭菌。对有弹性锁扣的止血钳和持针钳等，应将锁扣松开，以免影响弹性。锐利的器械用纱布包裹其锋利部，以免变钝。注射针头、缝针须放在一定的容器内，或整齐有序地插在纱布块上，防止散落而造成使用上的不便。每次所用的手术器械，可以包在一个较大的布质包单内，这样便于灭菌和使用。

手术器械常用高压蒸汽灭菌法，紧急情况或没有高压蒸汽设备，也可采用化学药物浸泡消毒法和煮沸法。

敷料、手术巾、手术衣、冒及口罩等通常使用已进行环氧乙烷消毒的一次性物品。纯棉材料制成手术创口巾、止血纱布可以用敷料包包裹或者使用储物槽进行高压灭菌。这些物品一般均采用高压蒸汽灭菌，在 126.6℃的条件下，经过不少于 30 min 的灭菌，则可完全达到灭菌的要求。但是需要说明，贮槽在封闭的情况下，可以保证一周内无菌。

缝线种类很多，包括可吸收缝线和不可吸收缝线，临床上多用一次性缝线，灭菌可靠，使用方便。不可吸收缝线中丝线，易耐高压蒸汽灭菌，可以将丝线缠在线上，线缠得不宜过紧过松。缝线可放在贮槽内，或手术巾、手术衣包内高压蒸汽灭菌。

橡胶类用品可用高压蒸汽灭菌，但多次长期处理易影响橡胶的质量，故也可采用化学消毒液浸泡消毒或煮沸灭菌。乳胶类用品可用高压蒸汽灭菌，一般仅用一次，也可用化学消毒液浸泡消毒，但有些消毒液易引起化学反应，如新洁尔灭可使乳胶手套表面发生一定的黏性（不影响手术）。橡胶、乳胶手套采用高压蒸汽灭菌时，为防止手套粘连，可预先将手套内外撒上滑石粉，并用纱布将每只手套隔开并成对包在一起，以免错乱。目前，这类用品很多都是一次性使用，这就减少消毒工作中许多烦琐环节，但其费用较高。

塑料类用品如塑料管、塑料薄膜等一般用化学消毒法。有些医疗单位使用环氧乙烷气体灭菌,对细菌、芽孢、立克次体、病毒都有杀灭作用,可用于器械、仪器、敷料、橡胶、塑料等的灭菌。

玻璃、瓷和搪瓷类器皿均应充分清洗干净,易损易碎者用纱布适当包裹保护。一般均采用高压蒸汽灭菌法,也可使用煮沸法和消毒药物浸泡法。玻璃器皿、玻璃注射器,如用煮沸法,应在加热前放入,否则玻璃因聚热而破损。尽管现今普遍使用一次性注射器,但手术中最好使用经高压蒸汽灭菌的玻璃注射器,尤其需要用大容量的玻璃注射器时,如 20、50、100 mL 注射器,因一次性注射器一般容量较小。如手术需要玻璃注射器,应将洗净的注射器内栓、外管分别用纱布包好,以免错乱或相互碰撞。较大的搪瓷器皿可使用酒精火焰烧灼灭菌法,即在干净的大型器皿内倒入适量酒精(95%),使其遍布盆底,然后点燃烧尽。

二、消毒方法

煮沸灭菌法为较常用的灭菌方法,简便易行,除要求速干的物品(如棉花、纱布、敷料等)外,可广泛应用于多种物品的灭菌。煮沸灭菌法不一定需要特别的灭菌器,可用一般铝锅、铁锅等代替,但用前应洗刷干净,除去油垢并加密闭盖子即可。一般用清洁的常水加热,水沸 3~5 min 将器械放到煮锅内,待第二次水沸时计算时间,15 min 可将一般细菌杀灭,但被芽孢细菌(破伤风杆菌、炭疽杆菌、坏死杆菌等)污染的器械和物品至少需煮沸 1 h 才能杀灭。常水中加入碳酸氢钠使之成 2% 碱性溶液,其沸点可提高到 102~105℃,灭菌时间可缩短至 10 min,并可防止金属器械生锈。煮沸灭菌时,器械或物品应浸没在水面以下,煮沸器盖子应关闭严密,以保持沸水的温度。有些地区水的硬度较大,水垢较多,可以先将水煮沸,去除沉淀后再进行煮沸灭菌,这样可防止有较多的沉淀物附着在器械表面而影响其使用。

高压蒸汽灭菌法　高压蒸汽灭菌法需用特制的灭菌器[如手提式高压灭菌锅(图 2.8)、台式高压灭菌器(图 2.9)],应用普遍,灭菌效果可靠。高压蒸汽灭菌器式样很多,有手提式、立式、卧式等,其容积大小各异,但灭菌的原理相同,均是利用蒸汽在灭菌器内积聚而产生压力。蒸汽的压力增高,温度也随之增高。通常用蒸汽压力为 0.1~0.137 MPa(15~20 磅/英寸^2),温度可达 121.6~126.6℃,维持 30 min 左右,能杀灭所有的细菌,包括具有顽强抵抗力的细菌芽孢,因此是比较可靠的灭菌方法。

图 2.8　手提式高压灭菌锅

高压蒸汽灭菌的使用方法简述如下(以立式高压蒸汽灭菌器为例):将水加至所指定刻度后,将需灭菌的物品放入灭菌桶内,紧密器盖,接通电源。当蒸汽压达到 5 磅/英寸^2(0.034 3 MPa)时,打开放汽阀门,去除灭菌桶内残留的冷空气,确保彻底灭菌。关闭放气阀门,继续加热,待蒸汽压达到 15 磅/英寸^2(0.1 MPa),即安全放气阀第一次自动放气时开始计算灭菌时间。灭菌时间终了后,关闭电源,打开放气阀门,直至气压表降至 0 处,旋开器盖,及时取出灭菌物品。

高压灭菌器应定期进行计量检测,不合格者不宜使用,以免造成人身伤亡和财产损失。高压灭菌器使用注意事项如下:

(1)高压灭菌器的压力表必须准确,以保证使用的安全。要定期进行检验。

(2)高压灭菌器内所加的水不宜过多,尤其手提式高压灭菌器,以免沸腾后水向内桶溢流,使消毒物品被水浸泡,又不宜过少,否则既不能形成一定的蒸汽压力,影响灭菌效果,又可能损坏电炉丝。

(3)放气阀门下连的金属软管必须保留,不得折损,否则放气不充分,冷空气滞留在桶内会影响温度的上升,有碍灭菌质量。

(4)灭菌后应立即间断放气,待气压表指针指至0处,旋开盖子及时取出内容物,不可待其自然冷却降压,否则干燥的物品会变湿,妨碍正常使用。

(5)应该经常测定高压灭菌器灭菌效果,简单易行的方法是化学指示剂法。此法使用的产品一种是市售的121℃压力蒸汽灭菌化学指示卡(长条状)(图2.10),另一种是圆形胶带状(如常用的氧化锌橡皮膏)指示条。前者在卡的一端涂有指示剂,可将长条形指示卡放在被灭菌的物品中间。后者是胶带状宽约2 cm指示条,在其间有斜形线条状指示剂涂布的痕迹,另一面有胶,使用时可以任意撕一段贴在灭菌物的表面。灭菌时,指示卡和指示条上有化学指示剂处受温度影响变成黑色,表示符合灭菌条件;如果不变黑,表示不符合灭菌条件,应找出原因并纠正。

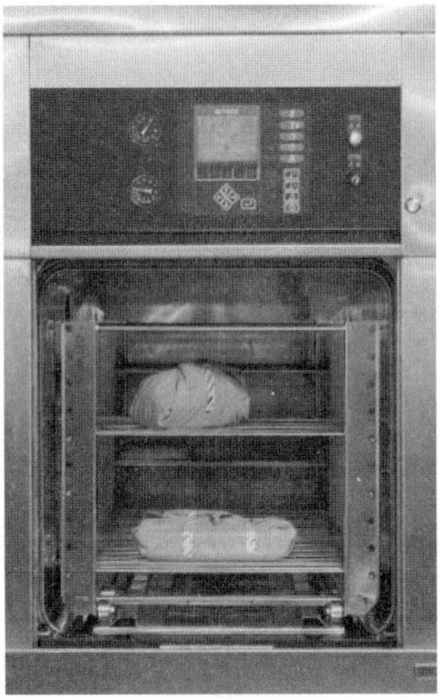

图 2.9　台式高压灭菌器

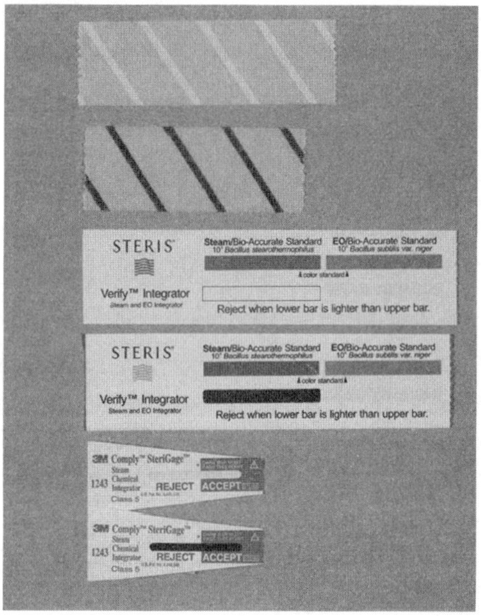

图中上部胶带上的斜纹经使用后从无色(上)变成黑色(下)
中部指示卡黄色(上)的蒸汽带经使用变成深棕色(下)
下部指示卡中间的无色线条(上)变为黑色(下)

图 2.10　蒸汽灭菌用胶带和指示卡

作为一种灭菌方法,化学药品消毒法并不理想,尤其对细菌的芽孢往往难以杀灭。化学药品浓度、温度、作用时间等条件的不同,会影响其消毒能力。但化学药品消毒法不需特殊设备,使用方便,尤其对某些不宜用热力灭菌消毒的用品,不失为一个有用的补充方法。器械在浸泡化学消毒剂之前,应将沾染的污物洗净,尤其是被油脂覆盖的器械,应事先仔细将油脂除去,否则会妨碍化学药品对其的消毒作用。有些化学消毒剂对活组织有害，故在使用前应将器械表面沾有的消毒剂用灭菌生理盐水冲干净。临床上所用的化学药品很多，常用的有下列几种：

1. 新洁尔灭

新洁尔灭是应用最多、最普遍的一种化学消毒剂，其毒性较低，刺激性小，消毒能力较强，略带一种芳香气味。使用时多配制成 0.1%的溶液，最常用于浸泡消毒手臂、器械或其他可浸湿用品等。其原药呈黄色黏稠的流膏样，市售为 5%的水溶液，使用时 50 倍稀释即成 0.1%溶液。新洁尔灭属于阳离子表面活性剂，这一类的药物还有洗必素、杜米芬和消毒净等。其用法基本相同，只是浓度稍有差异。新洁尔灭溶液易取得，配制、使用均很方便，其主要特点是：

(1)浸泡器械或消毒手臂及其他物品后，不必用灭菌生理盐水冲洗，直接应用对组织无刺激，使用方便。

(2)稀释后的水溶液比较稳定，可较长时间贮存。实验结果提示，贮存一般不宜超过 4 个月。

(3)可以长期浸泡器械，既贮存又灭菌，但浸泡器械时必须按比例加入 0.5%亚硝酸钠，即每 1 000 mL 的 0.1%新洁尔灭溶液中加入医用亚硝酸钠 5 g，配成防锈新洁尔灭溶液。

(4)环境中有机物的存在会使新洁尔灭的消毒能力显著下降，故在应用时需注意不可带入血污或其他有机物。器械上的血污必须清洗干净，才能泡入药液中。否则会很快使药液变为灰绿色并降低其杀菌能力。

(5)在浸泡保存消毒器械的容器中，不能混有杂物、毛发和沉淀性杂质。需及时用纱布过滤后用其澄清的液体。

(6)不可与各种清洁剂，如肥皂混用，清洁剂属于阴离子表面活性剂，两者相遇会大大降低新洁尔灭的消毒能力。

(7)忌与碘酊、升汞、高锰酸钾和碱类药物混合应用。

表面活性剂还有：

杜米芬的溶液浓度为 0.1%～0.05%，用于浸泡或擦拭。

消毒净用 0.1%～0.5%水溶液，浸泡或擦拭消毒。

洗必泰可用 0.02%水溶液消毒手臂，需浸泡 3 min；用 0.05%的 70%酒精溶液消毒术野；器械消毒用 0.1%水溶液；外伤冲洗用 0.05%的水溶液。

2. 酒精

酒精是常用的消毒剂之一。一般采用 70%的酒精溶液。可用于浸泡器械，特别适用于有刃的器械。浸泡不少于 30 min，可达理想的消毒效果。70%酒精溶液亦可作为手臂的消毒液，但消毒之后需用灭菌生理盐水冲洗，其他可浸湿物品的消毒也可使用 70%酒精溶液。

3. 煤酚皂溶液

煤酚皂溶液即来苏尔，是常用的消毒剂，多用于环境的消毒。在没有更好消毒剂的情况下，也可选用本品作器物消毒。通常使用 5%溶液浸泡器械 30 min，因其有刺激性，故在使用前应将黏附于器械表面的药液冲洗干净后方可应用于手术区内。本品不可以使用粗制产品，因为粗酚会使器械表面不洁，且对活组织的损害较重。因此在手术方面，本品并不是理想的消毒药品。

4.甲醛溶液

通常使用10%甲醛溶液用于金属器械、塑料薄膜、橡胶制品及各种导管的消毒，一般浸泡30 min。40%的甲醛溶液(福尔马林)可作为熏蒸消毒剂，在任何抗腐蚀的密闭大容器里都可以进行熏蒸消毒。较大的玻璃制干燥器即可用作熏蒸器具。但采用甲醛熏蒸消毒的器物，在使用前须用灭菌生理盐水充分清洗，以除去其刺激性。

5.聚乙烯酮碘

聚乙烯酮碘又名聚烯吡酮碘(povidone-iodine)、聚乙烯吡咯烷酮碘(PVP-iodine)，商品名为Betadine。本品呈棕黄色粉末，可溶于水和乙醇，着色浅，易洗脱，对皮肤、黏膜刺激性小，不需用乙醇脱碘，无腐蚀作用，且毒性低。本品是聚乙烯吡咯酮与碘的复合物，有效碘含量9%～12%。当接触到皮肤或黏膜时，能逐渐缓释出碘而起到消毒及杀灭微生物的作用。刺激性较碘酊低，对细菌、真菌和病毒均有很强的杀灭作用，但对细菌芽孢作用较弱。本品是一种新型的外科消毒剂，国外兽医临床和国内人医用于手臂消毒，常用7.5%溶液(有效碘0.75%)消毒皮肤，1%～2%溶液用于阴道消毒，0.55%溶液以喷雾方式用于鼻腔、口腔、阴道的黏膜防腐。我国兽医临床尤其小动物临床已开始应用。

任务5　手术进行中的无菌原则

参加手术人员在手术过程中，必须严格注意无菌操作，否则已建立的无菌环境、已经灭菌的物品及手术区域，仍有受到污染、引起伤口感染的可能，有时可使手术因细菌感染而失败，甚至危及生命。术中如果发现有人违反无菌原则，必须立刻纠正。在整个手术进行中，必须按以下规则施行：

(1)手术进行中，全体人员必须保持严肃认真，注意力集中，避免发生任何失误。

(2)手术人员的手和前臂不能触碰他人的背部和手术台以外物品，手术台以上布单也不能接触。穿灭菌手术衣和戴灭菌手套后，背、腰以下和肩以上部位都应视为有菌地带，不能接触。

(3)不可在手术人员背后传递器械及手术用品，手术人员也不要伸手自取。坠落到手术台平面以下的器械和物品禁止捡回再用。

(4)术中须更换位置时，应背靠背进行交换。出汗较多时，应将头偏向一侧，由他人代为擦去，以免汗液落于手术区内。

(5)在手术操作中，如果灭菌单湿透，失去隔离作用，应另加无菌单遮盖。发现灭菌手套破损或被污染，应立即更换。衣袖被污染时须更换手术衣，或加戴无菌袖套。

(6)必要的谈话，或偶有咳嗽，不要对向手术区，以防飞沫污染。

(7)手术切口前，戴灭菌手套的手，不要随意触摸消毒之外的皮肤，触时应垫有灭菌纱布，用完丢掉。开皮用的刀、镊，不能再用于深部手术，应更换。

(8)手术开始前要清点器械、敷料，手术结束时，认真核对器械、敷料(尤其是纱布块)。清点无误后，才能关闭切口，以免异物遗留，产生严重后果。

(9)手术进行中，如果台上需加用器械、物品，应由巡回助手用灭菌钳夹持，送器械助手夹送时手不能靠近器械台，并要将台上增加物品数记录清楚，便于术后核对。

(10)切开空腔器官之前，要用纱布垫保护好周围组织，以防止或减少污染。消化管吻合后，要用盐水冲洗手套，该吻合器械不能再用于处理其他组织。

(11)参观手术人员不可靠近手术人员或站得过高，尽量减少在室内走动和说话。

(12)手术完毕若连续施行另一手术，倘若手套未破者，术者可不必重新刷手，仅需浸泡酒精等消毒剂 5 min 即可；如果用洗必泰消毒，可再用该剂涂擦一遍；然后再穿灭菌手术衣、戴灭菌手套。更衣时要先将手术衣自背部向前反折脱去，手套的腕部随之翻转于手上，用戴手套右手指扯下左手手套至手掌部，再以左手指脱去右手手套，最后用右手指在左手掌部推下左手手套。脱手套时，手套的外面不能接触皮肤，否则需重新刷手。若前一手术为污染手术，连续施行手术前应重新刷手。

课程思政

本节内容重点强调外科手术中无菌的重要性，了解无菌的整体概念，全面执行无菌操作，培养学生精益求精的工作精神，奠定培养学生职业责任感的基础。

二十大报告指出：培育创新文化，弘扬科学家精神，涵养优良学风，营造创新氛围。扩大国际科技交流合作，加强国际化科研环境建设，形成具有全球竞争力的开放创新生态。

二维码 2-1　无菌技术　　二维码 2-2　项目二图片　　二维码 2-3　项目二测试题

项目三

手术器械认知与使用

任何手术操作，不论大小、复杂或简单，均离不开其工具——手术器械。手术器械的种类、式样和名称虽然很多，但其中有一些是各类手术都必须使用的基本器械，手术中通用的器械即为外科常用器械。

熟悉并掌握手术器械的使用，是对手术医师最基础的要求。只有识别每一种外科器械，掌握了各种手术器械的结构特点和基本性能，熟练地使用这些器械，才能达到手术“稳、准、快、细”的基本要求。通过练习保证手术基本操作的正确性，可提高外科手术的成功率。

任务1　外科器械分类

根据2018年发布实施的《医疗器械分类目录》基础外科手术器械可分为：医用缝合针（不带线）、基础外科用刀、基础外科用剪、基础外科用钳、基础外科用镊夹、基础外科用针与钩、基础外科其他器械等类型。

一、医用缝合针（不带线）

医用缝合针是用于各种组织缝合的器械，由三个基本部分组成：针尾、针体和针尖。分类：根据缝合针的形状分为直针和弯针；根据针尖的形状分为圆针和三角针。圆针根据弧弯度不同分为1/2、1/3弧度等，弧度大者多用于深部组织。三角针前半部为三棱形，较锋利，用于缝合皮肤、软骨、韧带等坚韧组织，损伤性较大，故除上述几种组织外，均应用圆针。此外，在使用弯针缝合时，用力方向应与弯针的弧线方向一致，拔针时应顺弯针弧度从组织拔出，否则易折断。

根据针尾形状分为有眼型、劈叉型和嵌合型。一般多使用穿线的缝针，而将线从针尾压入的劈叉型缝针，常使线撕裂、易断，因而比较少用。由于穿线针的针尾较粗，损伤性相对较大，故对一些脆弱、精细的组织，如血管、神经、肠壁等可选用所谓无损伤针（嵌合型），即制作时针尾就已带有缝线的针。

二、基础外科用刀

基础外科用刀，即手术刀一般用于切开和剥离组织，也有同时具备止血功能的手术刀，如各种电刀、激光刀、微波刀、等离子手术刀及高压水刀等，但这些刀具多需一套完整的设备。此处以普通手术刀为例说明，通常手术刀都由刀片、刀柄两部分组成。主要用于切割组织，有时也可将刀柄尾端作为钝性分离组织的工具。刀片有圆、尖、弯及大小之分。

三、基础外科用剪

基础外科用剪，即手术剪，根据其结构特点有尖、钝，直、弯，长、短各型。根据其用途分为组织剪、线剪及拆线剪。组织剪多为弯剪，锐利而精细，用来解剖、剪断或分离剪开组织。通常浅部手术操作用直剪，深部手术操作用弯剪。线剪多为直剪，又分剪线剪和拆线剪，前者用于剪断缝线、敷料、引流物等，后者用于拆除缝线。线剪与组织剪的区别在于组织剪的刃锐薄，线剪的刃较钝厚。决不能图方便、贪快，以组织剪代替线剪，以致损坏刀刃，缩短剪刀的使用寿命。

四、基础外科用钳

手术中最常用到的是止血钳、组织钳、持针钳、帕巾钳等。

1.止血钳

止血钳主要用于钳夹止血，止血时仅夹血管断端及其周围少许组织；也可用于组织的钝性分离，还常用于协助术者拔针。其形状有直、弯两大类，每一类又有大、中、小之分，使用时可根据手术部位，术野深浅、被夹持的组织不同，选择不同形状、不同规格的止血钳。

2.组织钳

组织钳又称鼠齿钳，用于夹持组织，如皮瓣、筋膜或即将被切除的组织器官；也用于钳夹纱布垫与皮下组织的固定。头端有一排细齿，弹性较好，钳柄较狭窄，也有大小之分，酌情选用。

3.持针钳

持针钳又称持针器。用于夹持缝合针缝合各种组织，有时也用作器械打结，其基本结构与血管钳相似，但前端较短粗，有的持针器前端夹针部分加上硬质合金镶片，使器械的性能更加优良、耐用。持针器有大、小不同规格，根据手术部位深浅、缝针大小不同灵活选用。缝合时用持针器的尖夹住缝针的后 1/3 交界处为宜，夹针方式如图。

4.创巾钳

创巾钳又称布巾钳，简称巾钳，用于夹持、固定手术巾单。注意使用时勿夹损正常皮肤组织。其构造与血管钳相似，但头端为弯曲的相互重叠的两个细齿。

五、基础外科用镊夹

手术镊用于夹持组织，以利于解剖及缝合。根据不同的长度分为长镊和短镊。根据尖端有齿与否分为有齿镊和无齿镊(平镊)。齿又分粗齿与细齿，粗齿镊用于夹持较硬的组织，损伤性较大；细齿镊用于精细手术，如肌腱缝合、整形手术等。无齿镊用于夹持脆弱的组织及脏器。镊的尖端分为尖头与钝头。精细的尖头平镊对组织损伤较轻，用于血管、神经手术。

六、基础外科用针、钩

探针又称为探条。根据用途不同，可有多种形状，大体分为普通探针、特殊探针和有槽探针三大类，普通探针又有直形和弯形、平头和圆头之分。普通探针和特殊探针用于探查组织异物，器官管腔深浅，瘘或窦道深浅、走向；有槽探针用于引导切开瘘管表层组织。拉钩又称牵开器，可有各种不同的形状和大小不同的规格。主要用于术野的显露。

七、基础外科其他器械

如刮匙、高频电刀等。刮匙多用于刮除伤口内血凝块、坏死组织、窦道内肉芽组织，也常用于刮除死骨。根据形状不同，可分为直、弯两型，每型又有大、小和钝性、锐性之分。根据不同组织和用途，选择形状和大小适当的刮匙。目前高频电刀在外科领域中使用很广泛，其工作原理是高频电流对组织细胞能产生电解、电热和电刺激效应。在医学应用中，主要利用其电热效应来进行组织切割、解剖、间接或直接电凝，使手术出血量减少到最低程度。高频电刀类型很多，使用前必须了解其性能及使用方法。手控开关的高频电刀具有切割和电凝两个按钮。

任务2　手术缝合材料

手术缝合线(suture)是指在外科手术当中，或者是外伤处置当中，用于结扎止血、缝合止血以及组织缝合的特殊线。手术所用的线应具有下列条件：有一定的张力，易打结、组织反应小，无毒，不致敏，无致癌性，易灭菌和保存。

手术用线分为可吸收缝线和不可吸收缝线两大类。在使用过程中，除了考虑选择可吸收缝线还是非可吸收缝线外，还应该考虑缝合线直径、抗张强度、结构、摩擦系数、牢固性、弹性等指标。其中最基本的原则为：尽量使用细而拉力大，且对组织反应最小的缝线。各种缝线的粗细以号数与零数表明，号数越大表示缝线越粗；缝线的直径单位是毫米，常以几个0来表示。缝线越细，0的个数越多。例如，6个0的尼龙线要比4个0的尼龙线细。关于粗细方面选择的原则是，在能够承受伤口张力的条件下，选择尽可能细的缝线。

一、可吸收缝线(absorbable suture)

主要有肠线(catgut)及合成纤维线。

1.肠线(图3.1)

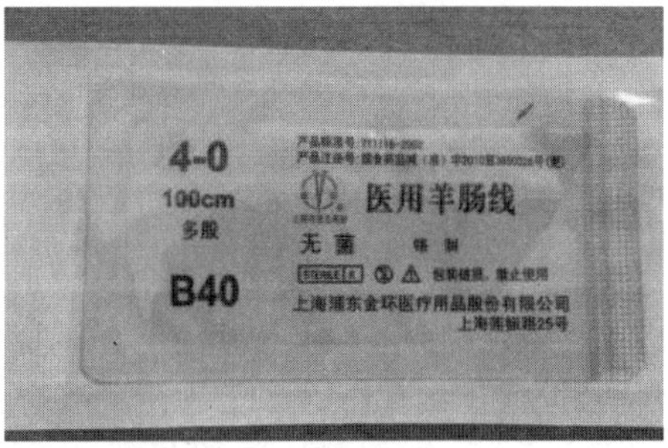

图3.1　肠线

由绵羊的小肠黏膜下层制成。因属于异种蛋白，在人体内可引起较明显的组织反应，因此使用过多、过粗的肠线时，创口炎性反应较重。肠线有普通和铬制两种。普通肠线在体内约经一周开始吸收，多用于结扎及缝合皮肤。铬制肠线2～3周后开始吸收，用于缝合深部组织。各种组织对肠线的吸收速度不同，腹膜吸收最快，肌肉次之，皮下组织最慢。肠线的粗细通过编号来表示，正号数越大的线越粗，“0”数越多的线越细。一般多用4/0～2号肠线，直径0.02～0.6 mm，相邻的编号之间直径多相差0.08 mm。肠线可用于缝合不适宜有异物长期存留的组织，以免形成硬结、结石等；也可用于感染的深部创口的缝合。临床上，肠线主要用于内脏，如胃、肠、膀胱、输尿管、胆道等黏膜层缝合，一般用 1/0～4/0 的铬制肠线。较粗的（0～2 号）铬制肠线常用于缝合深部组织或感染的腹膜。在感染的创口中使用肠线，可减少因使用不可吸收缝线所造成的难以愈合的窦道。

使用肠线时应注意：①肠线质地较硬，使用前应用盐水浸泡，待变软后再用，但不可用热水浸泡或浸泡时间过长，以免肠线肿胀易折，影响质量。②不能用持针钳或血管钳钳夹肠线，也不可将肠线扭折，以免撕裂易断。③肠线一般较硬、较粗、较滑，结扎时需要三重结。剪线时留的线头应长一些，否则线结易松脱。一般多用连续缝合，以免线结太多，致术后异物反应较严重。④胰腺手术时，不用肠线结扎或缝合，因肠线可被胰腺消化吸收，从而引起继发出血或吻合口破裂。⑤尽量选用细肠线。⑥肠线价格比丝线价格贵。

2. 合成纤维线

随着科学技术的进步，越来越多的合成纤维线应用于临床。它们均为高分子化合物，其优点有：组织反应轻，抗张力较强，吸收时间长，有抗菌作用。这类线因富有弹性，打结时要求以四重或更多重的打结法作结。常用的有 DEXON（PGA，聚乙醇酸材料缝线，如图 3.2 所示，外观呈绿白相间，多股紧密编织而成的针线一体线；粗细从 6/0 到 2 号，抗张力强度高，不易拉断；柔软平顺，易打结，操作手感好；水解后产生的羟基乙酸有抑菌作用，60～90 d 完全吸收，3/0 线适合于胃肠、泌尿道、眼科及生殖系统手术等；1 号线适合于缝合腹膜、腱鞘等。Vicryl（polyglactin 910、聚乳酸羟基乙酸）有保护薇乔和快薇乔两种，保护薇乔特点是通过水解可在 56～70 d 内完全吸收，材质植入很少，缝线周围组织反应极小，无异物残留；体内张力强度高，可支持伤口 28～35 d；操作和打结方便；涂层纤维消除了缝线的粗糙边缘，对组织的拖带和损伤很小。快薇乔是吸收最快的人工合成缝线。其特点是术后第 14 天时张力强度迅速消失，初始强度与丝线和肠线相仿，组织反应极小，合二为一的圆体角针对肌肉和黏膜损伤较小，特别适合于浅表皮肤和黏膜的缝合。此外，还有 Maxon（聚甘醇碳酸）、PDS（polydioxanone、聚二氧杂环己酮）和 PVA（聚乙酸维尼纶）等缝线也各有其优点。

二、不可吸收缝线

（non-absorbable suture）有桑蚕丝线、棉线、不锈钢丝、尼龙线、钽丝、银丝、亚麻线等数十种。根据缝线张力强度及粗细的不同也分为不同型号。正号数越大表示缝线越粗，张力强度越大。“0”数越多的线越细，最细显微外科无损伤缝线编号为 12 个“0”。以 3/0、0、4 和 7 号较常用。

1. 丝线和棉线

两种材料均为天然纤维纺成，表面常涂有蜡或树脂。医用丝线（图 3.3）是目前临床上最常用的手术用线，其优点是组织反应小，质软，易打结而不易滑脱，抗张力较强，能耐高温灭菌，价格低。缺点是为组织内永久性异物，伤口感染后易形成窦道；胆道、泌尿道缝合可致结石形成。0～3/0 为细丝线，适用于一般的结扎与缝合；5/0～7/0 为最细丝线，用于血管神经的缝合；1～4 号为中号丝线，多用于皮肤、皮下组织、腹膜、筋膜等的缝合；4 号以上为粗丝线，常用于结扎大血管，减张缝合等。棉线的用处和抗张力均不及丝线，但组织反应较轻，抗张力保持较久，用法与丝线相同。根据需要选用。

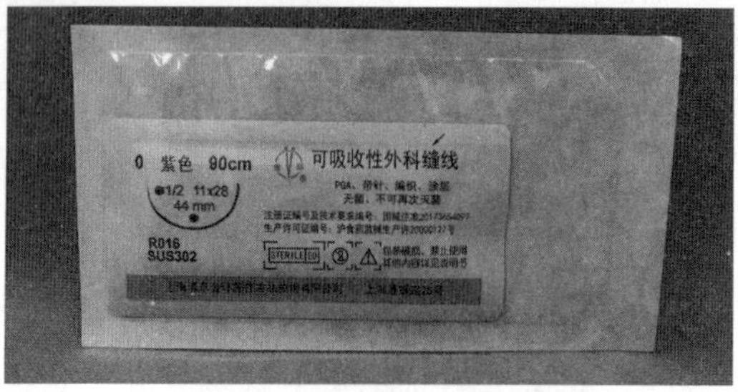

图 3.2 聚乙醇酸材料缝线

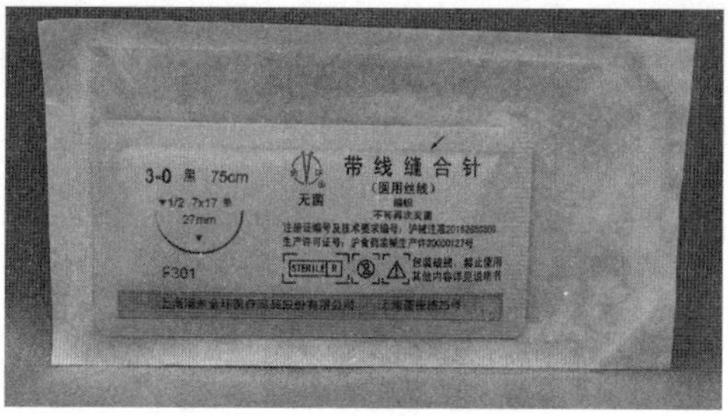

图 3.3 医用丝线

2. 金属线

金属线为合金制成，有不锈钢丝和钽丝，具备灭菌简易、刺激较小、抗张力大等优点，但不易打结。常用于缝合骨、肌腱、筋膜，减张缝合或口腔内牙齿固定等。

3. 不可吸收合成纤维线

尼龙、锦纶、涤纶、普罗伦(prolene)等均为不可吸收合成纤维线，可制成很细的丝，优点是光滑、不吸收、组织反应小、抗拉力强，多用于微小血管缝合及整形手术。用于微小血管缝合时，常制成无损伤缝合针线。其缺点是质地稍硬，线结易于松脱，结扎过紧时易在线结处折断，因此不适用于有张力的深部组织的缝合。

三、特殊缝合材料

目前，临床上已应用多种切口钉和粘合材料来代替缝针和缝线完成部分缝合。主要有外科拉链、医用粘合剂、外科缝合器等。其优点有：使用方便、快捷，伤口愈合后瘢痕很小，但缝合仍是最基本和常用的方法。

1. 外科拉链(图 3.4)

外科拉链的结构是由两条涂有低变应原粘胶的多层微孔泡沫支撑带组成的，中间是一条拉链，其两边的串带缝合在支撑条内。在使用时必须仔细缝合伤口皮下组织层，擦干分泌物及血迹，将两边的串带分别粘贴于伤口两侧的皮肤上，最后收紧拉链并盖以无菌干纱布。其优点是无创、无痛操作，减少了伤口异物和新鲜创伤造成感染的风险；无缝线和闭合钉痕迹，无需拆线，伤口愈合更加自然、美观。通常适用于较整齐的撕裂伤口或手术切口的闭合，但不适用于毛发多、自然分泌物多以及皮肤或肌肉组织损失过多的伤口。

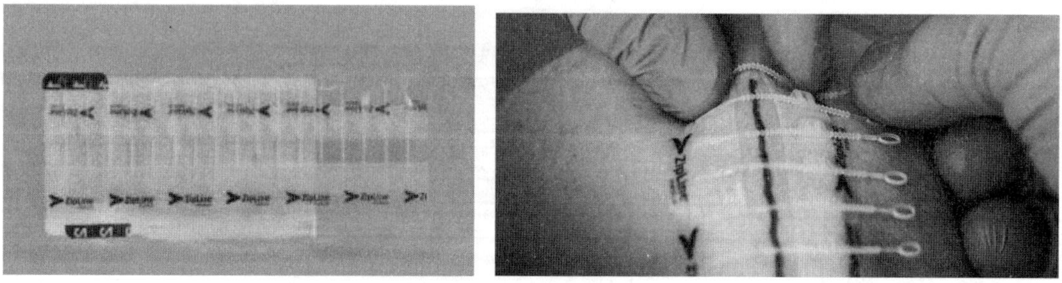

图 3.4 外科拉链

2.医用粘合剂

α-氰基丙烯酸酯同系物经变性而制成的医用粘合剂，近年广泛应用于临床，为无色或微黄色透明液体，有特殊气味。具有快速高强度粘合作用，可将软组织紧密粘合，促进愈合。粘合时间 6～14 s，粘合后可形成保护膜，维持 5～7 d 后自行脱落。主要用于各种创伤、手术切口的粘合，具有不留针眼瘢痕、促进组织愈合、止血、止痛和抗感染等作用。使用时，必须彻底止血，对合皮肤，擦去渗出液后使用。

3.外科缝合器

外科缝合器也称为吻合器或钉合器，以消化道手术使用最为普遍。消化道缝合器种类很多，根据功能和使用部位的不同，可分为管型吻合器、线型吻合器、侧侧吻合器、荷包缝合器及皮肤缝合器(图 3.5)。依手术的需要可选择不同种类、不同型号的缝合器。使用前应阅读说明书，了解器械结构和性能。

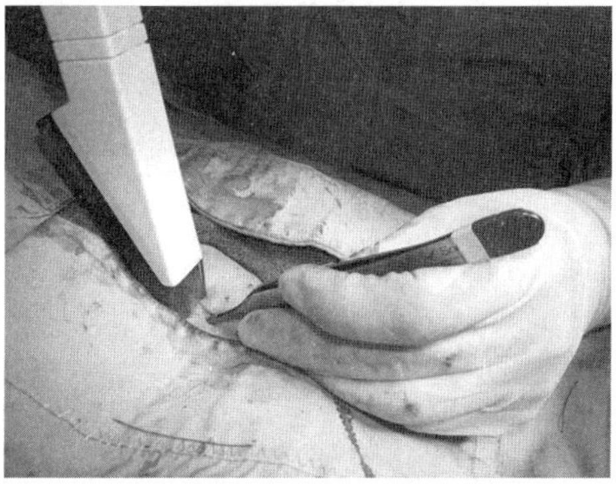

图 3.5 皮肤缝合器

吻合器的优点有：节省手术时间，创口对合整齐和金属钉的组织反应轻微。缺点是：由于手术区的解剖关系和各种器官的缝合器不能通用，所以只能在一定范围内使用，有时会发生钉合不全，且价格昂贵。尽管缝合器钉合技术先进，可以代替部分手法缝合，在临床上应用也日益广泛，但外科基本手术操作是外科医生的基础，对初学者更是如此，所以一定要掌握并练好基本功。

任务3 手术器械使用与传递

根据杠杆作用原理，一般手术器械可分为两类：一类是带轴节的器械，在尾部用力，轴节作支点，尖端至轴节形成重臂，柄环至轴节形成力臂，活动时形成夹力，如血管钳、持针钳和手术剪等；另一类是用力点在器械中间，工作点在前端，如手术刀、手术镊等。

一、手术刀(scalpel, surgical blade)

手术时根据实际需要，选择合适的刀柄和刀片。可拆卸手术刀的刀柄最常用的有 3 号、4 号、7 号等型号，可用 3＃、4＃、7＃表示(图 3.6)。可拆卸手术刀片有 15 号小圆刀片、10 号中圆刀片、20～23 号大圆刀片、11 号尖刀片、12 号镰状刀片等型号(图 3.7)。一般情况下，中圆、大圆刀片用于切开皮肤、皮下、肌肉和骨膜等组织；小圆刀片用于眼科、手外科、深部手术等精细组织切割；尖刀片用于切开胃肠道、血管、神经及心脏组织；镰状刀片主要用于腭咽部手术。20～23 号大圆刀片只能安装在 4 号刀柄上；其余 10～13 号刀片可安装在 3 号、7 号刀柄上。

刀柄通常与刀片分开存放和消毒。刀片应用持针器夹持安装，切不可徒手操作，以防割伤手指。装载刀片时，用持针器夹持刀片前端背部，使刀片的缺口对准刀柄前部的刀楞，稍用力向后拉动即可装上。取下时，用持针器夹持刀片尾端背部，稍用力提起刀片向前推即可卸下，如图 3.8、图 3.9 所示。

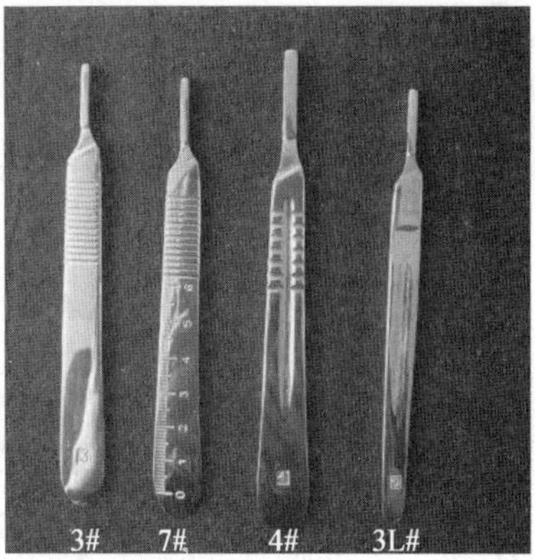

图 3.6　不同型号刀柄

（引自 小动物外科学）

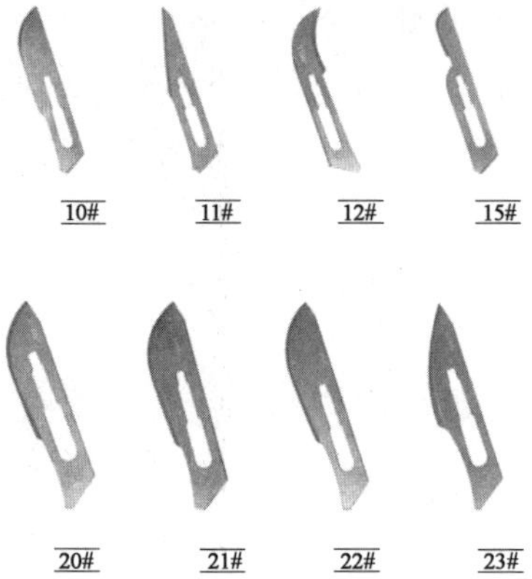

图 3.7　不同型号刀片

（引自 兽医外科手术学）

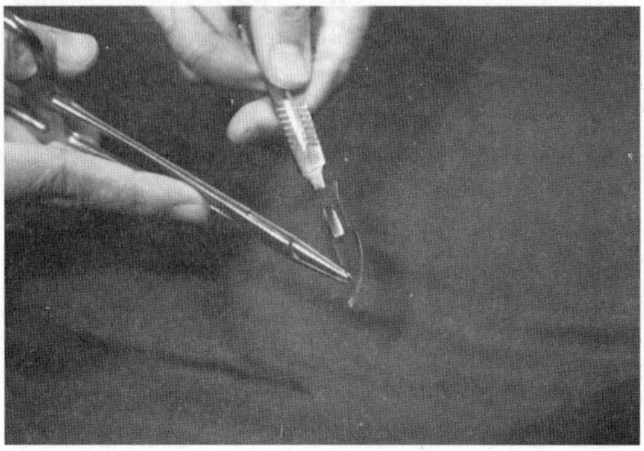

图 3.8　手术刀柄与刀片安装

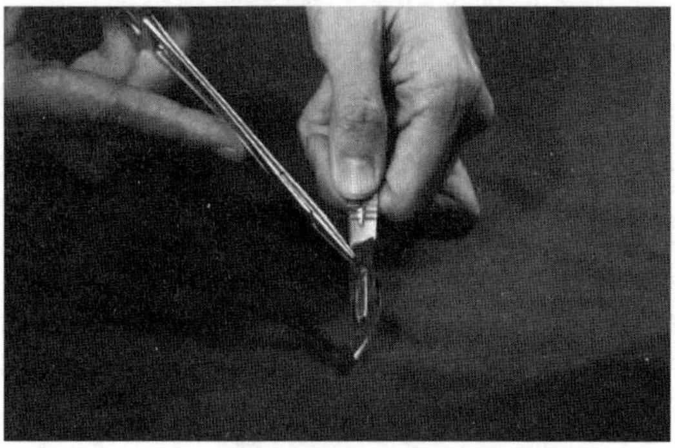

图 3.9　手术刀柄与刀片拆卸

手术刀主要用于切割组织，有时也用刀柄尾端钝性分离组织。在术中，执刀方式包括：

1. 执弓式（图 3.10）

执弓式是最常用的一种执刀方式，动作范围广而灵活，用力涉及整个上肢，主要在腕部。用于较长的皮肤切口和腹直肌前鞘的切开等。

2. 执笔式（图 3.11）

执笔式用力轻柔，操作灵活准确，便于控制刀的动度，其动作和力量主要在手指。用于短小切口及精细手术，如解剖血管、神经及切开腹膜等。

3. 握持式（图 3.12）

握持式是指全手握持刀柄，拇指与食指紧捏刀柄刻痕处。此法控刀比较稳定。操作的主要活动力点是肩关节。用于切割范围广、组织坚厚、用力较大的切开，如截肢、肌腱切开、较长的皮肤切口等。

4. 反挑式（图 3.13）

反挑式是执笔式的一种转换形式，刀刃向上挑开，以免损伤深部组织。操作时先以刀尖刺入组织，动点在手指。用于切开脓肿、血管、气管、胆总管或输尿管等空腔脏器，切断钳夹的组

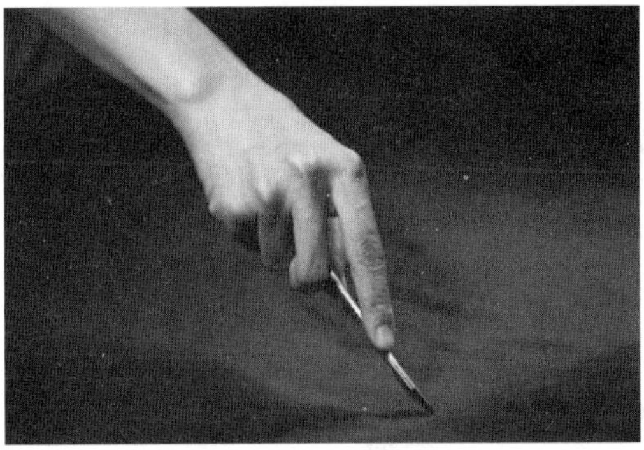

图 3.10 执弓式

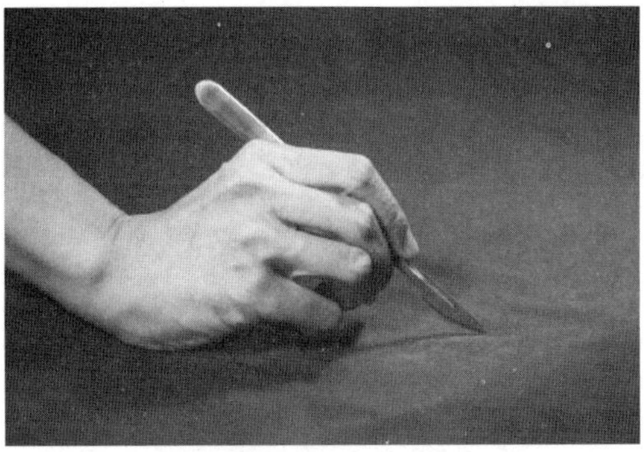

图 3.11 执笔式

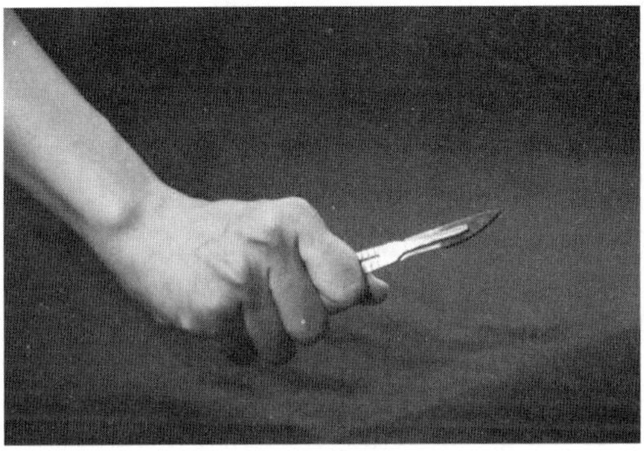

图 3.12 握持式

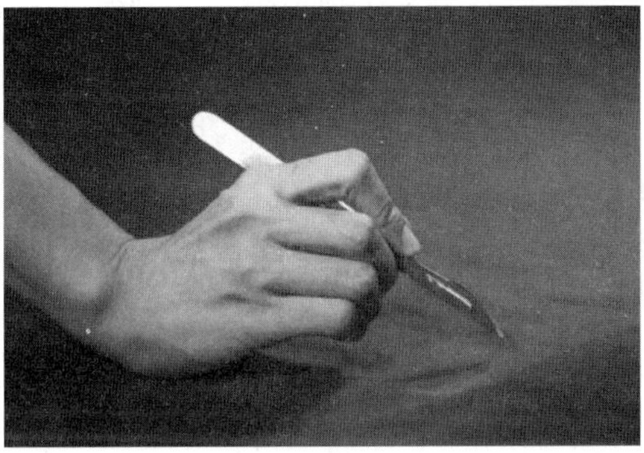

图 3.13 反挑式

织或扩大皮肤切口等。

无论哪一种持刀法，都应以刀刃突出面与组织呈垂直方向，逐层切开组织，不要以刀尖部用力操作。错误的持刀方式如图 3.14 所示，执刀过高控制不稳，过低又妨碍视线，要适中。

传递手术刀时，传递者应握住刀柄与刀片衔接处的背部，将刀柄尾端送至术者的手里，不可将刀刃指着术者传递以免造成损伤(图 3.15)。

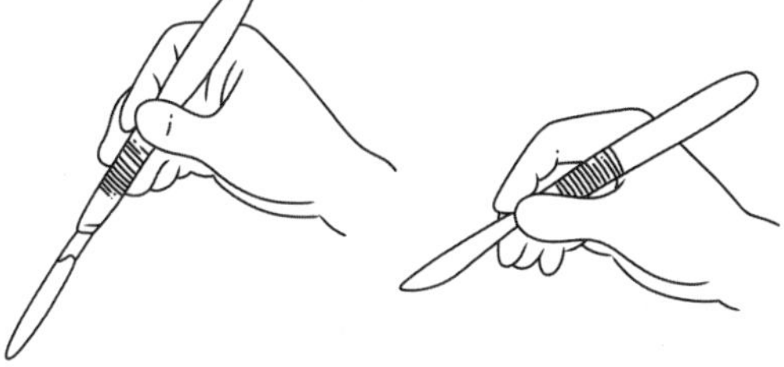

图 3.14 错误的持刀方式

(引自 兽医外科手术学)

图 3.15 手术刀的传递

(引自 兽医外科手术学)

二、手术剪(scissors)

手术剪分为组织剪和线剪两大类。组织剪(图 3.16)刃薄、锐利,有直弯两型,大小长短不一,主要用于分离、解剖和剪开组织,通常浅部手术操作用直组织剪,深部手术操作一般使用中号或长号弯组织剪。线剪多为直剪,又分剪线剪和拆线剪(图 3.17),前者用于剪断缝线、敷料、引流物等,后者用于拆除缝线。结构上组织剪的刃较薄,线剪的刃较钝厚,使用时不能用组织剪代替线剪,以免损坏刀刃,缩短剪刀的使用寿命。拆线剪的结构特点是一页钝凹,一页尖而直。

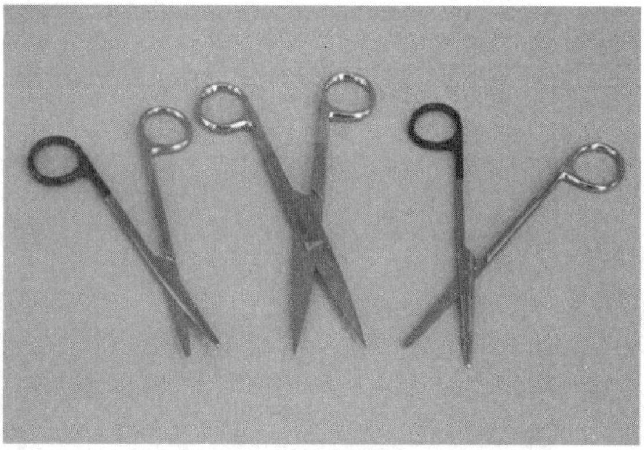

图 3.16　不同的组织剪

(引自 小动物外科手术学)

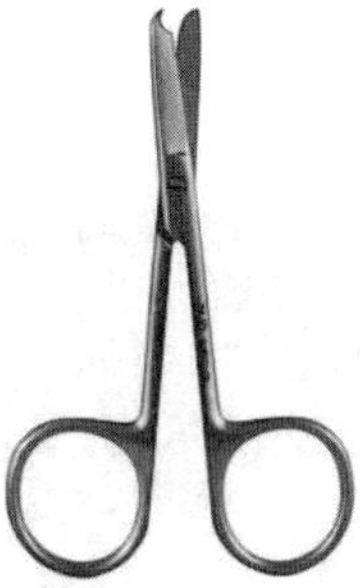

图 3.17　拆线剪

(引自 兽医外科手术学)

正确的执剪姿势为拇指和无名指分别扣入剪刀柄的两环,中指放在无名指的剪刀柄上,食指压在轴节处起稳定和导向作用(图 3.18)。初学者执剪常犯错误是将中指扣入柄环,这种错误的执剪方法不具有良好的三角形稳定作用,因此会直接影响动作的稳定性。剪割组织时,有 3 种操作方法:一般采用正剪法(图 3.19),也可采用反剪法(图 3.20)或扶剪法(图 3.21)。

剪刀的传递(图 3.22):术者示、中指伸直,并做内收、外展的“剪开”动作,其余手指屈曲对握。

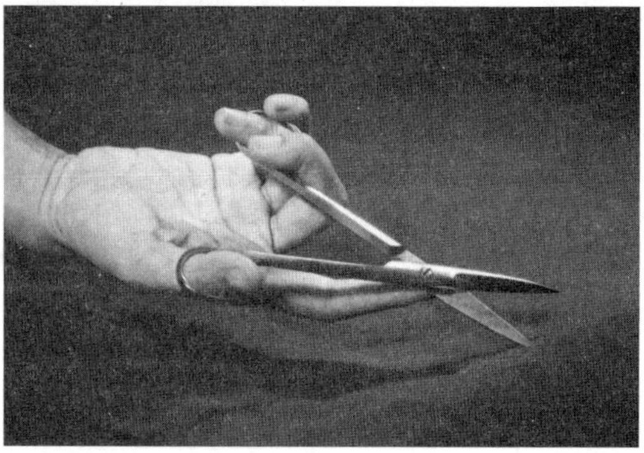

图 3.18　正确的执剪姿势

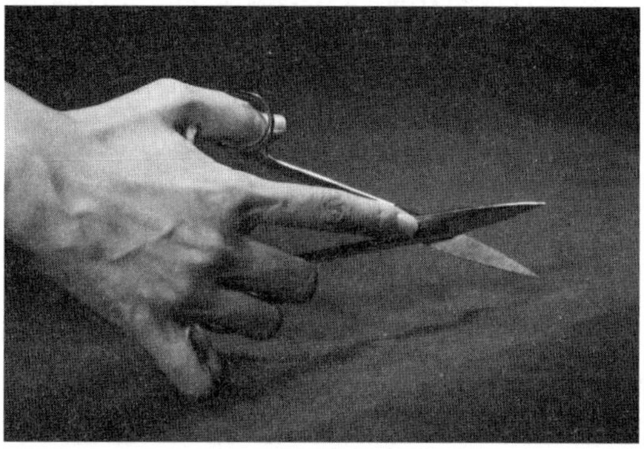

图 3.19　正剪法

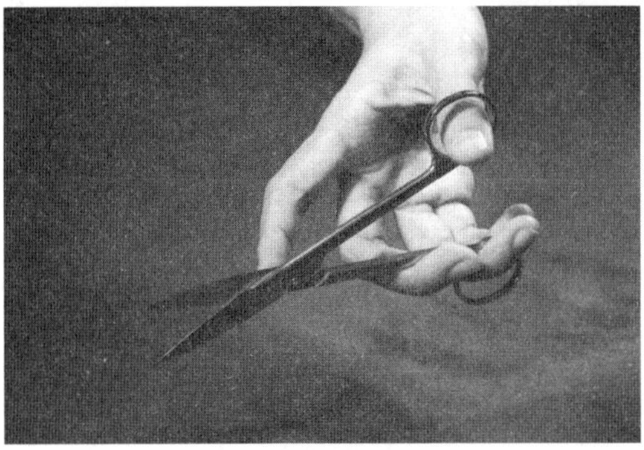

图 3.20 反剪法

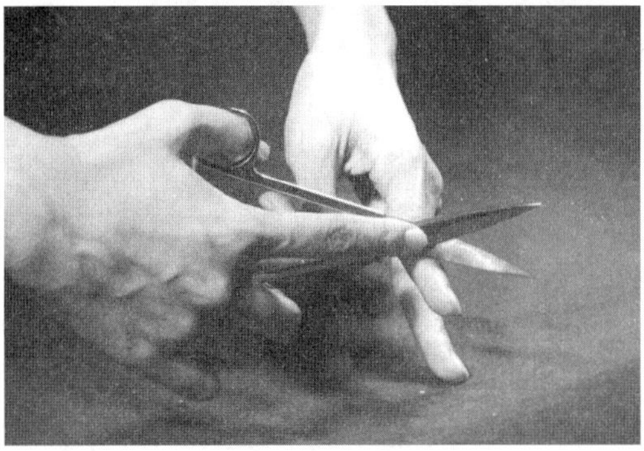

图 3.21 扶剪法

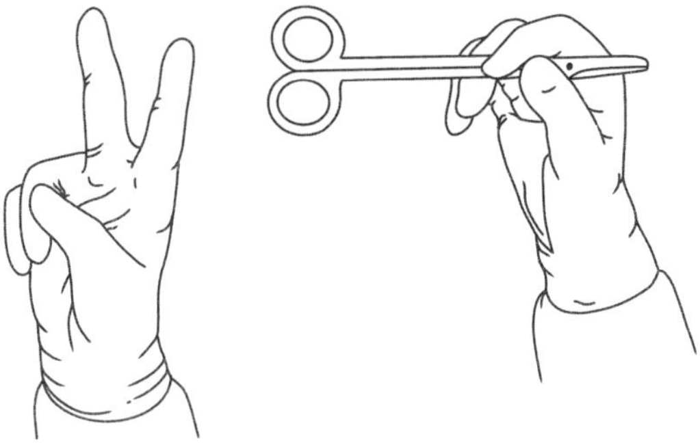

图 3.22 剪刀的传递

（引自 兽医外科手术学）

三、血管钳(hemostat)

血管钳是主要用于止血的器械，故也称止血钳，此外，还可用于分离、解剖、夹持组织；也可用于牵引缝线，拔出缝针或代摄使用。血管钳代镊使用时不宜夹持皮肤、脏器及较脆弱的组织，切不可扣紧钳柄上的轮齿，以免损伤组织。临床上血管钳种类很多，其结构特点是前端平滑，依齿槽床的不同可分为弯、直、直角、弧形、有齿、无齿等，钳柄处均有扣锁钳的齿槽。

临床上常用的血管钳有以下几种：

(1)蚊式血管钳(mosquito clamp)　有弯、直两种，为细小精巧的血管钳，可作微细解剖或钳夹小血管；用于脏器、面部及整形等手术的止血，不宜用于大块组织的钳夹。

(2)直血管钳(straight clamp)　用以夹持皮下及浅层组织出血，协助拔针等。

(3)弯血管钳(kelly clamp)　用以夹持深部组织或内脏血管出血，有长、中、短 3 种型号。

(4)有齿血管钳(kocher clamp)　用以夹持较厚组织及易滑脱组织内的血管出血，如肠系膜、大网膜等，也可用于切除组织的夹持牵引。注意前端钩齿可防止滑脱，对组织的损伤较大，不能用作一般的止血。

血管钳的正确执法基本同手术剪，有时还可采用掌握法。

关闭血管钳时，两手动作相同，但在开放血管钳时，两手操作则不一致。开放时用拇指和食指持住血管钳一个环口，中指和无名指持住另一环口，将拇指和无名指轻轻用力对顶一下，即可开放。

血管钳的传递(图 3.23)：术者掌心向上，拇指外展，其余四指并拢伸直，传递者握血管钳前端，以柄环端轻敲术者手掌，传递至术者手中。

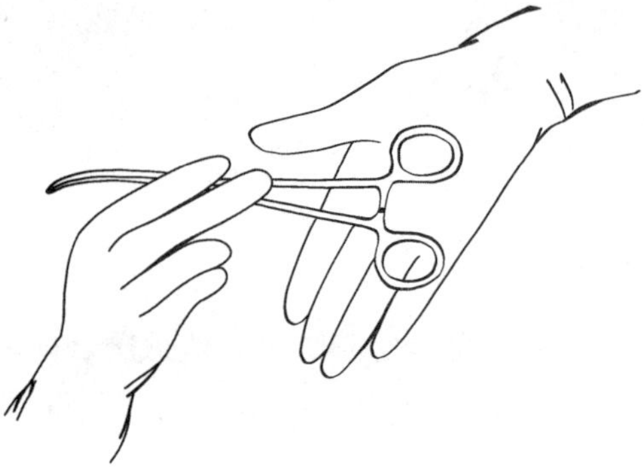

图 3.23　血管钳的传递

(引自 兽医外科手术学)

四、手术镊(forceps)

手术镊用以夹持或提取组织，便于分离、剪开和缝合，也可用来夹持缝针或敷料等。其种类较多，有不同的长度，镊的尖端分为有齿和无齿(平镊)，还有为专科设计的特殊手术镊。

1. 有齿镊(teeth forceps)

有齿镊如图 3.24 所示，前端有齿，齿分为粗齿与细齿。粗齿镊用于提起皮肤、皮下组织、筋膜等坚韧组织；细齿镊用于肌腱缝合、整形等精细手术，夹持牢固，但对组织有一定的损伤作用。

2. 无齿镊(smooth forceps)

无齿镊如图 3.25 所示，前端平，其尖端无钩齿，分尖头和平头两种，用于夹持组织、脏器及敷料。浅部操作时用短镊，深部操作时用长镊。无齿镊对组织的损伤较轻，用于脆弱组织、脏器的夹持。尖头平镊用于神经、血管等精细组织的夹持。

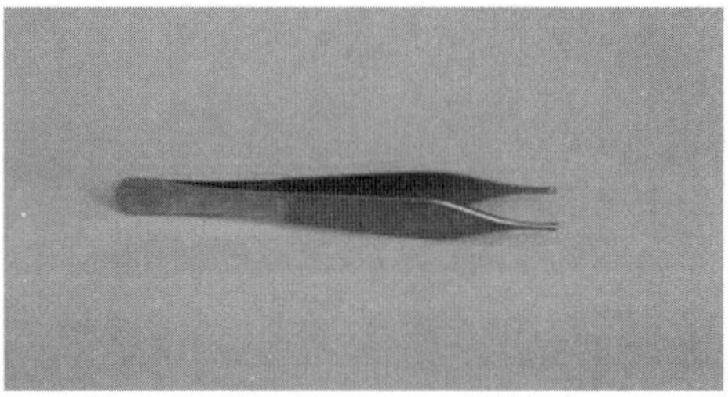

图 3.24　有齿镊

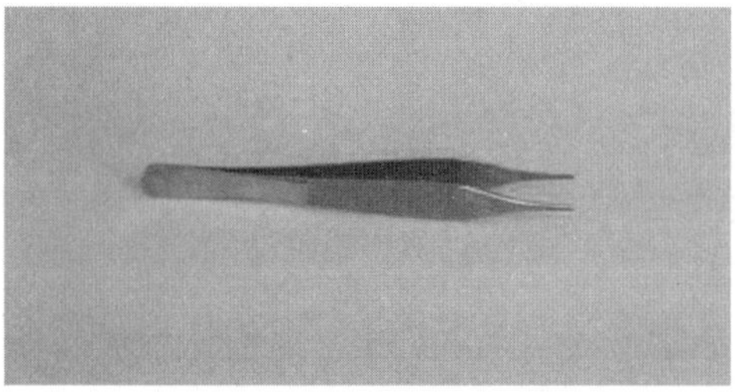

图 3.25　无齿镊

正确的持镊姿势(图 3.26)是拇指对食指与中指，把持二镊脚的中部，稳而适度地夹住组织。错误执镊如图 3.27 和图 3.28 所示，既影响操作的灵活性，又不易控制夹持力度大小。

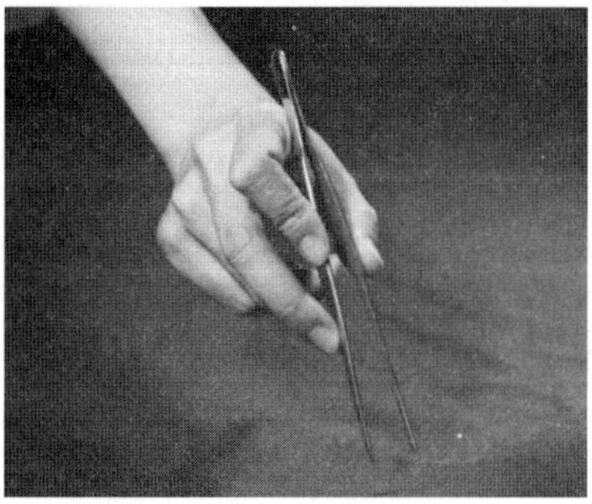

图 3.26　正确的持镊方式

五、持针钳(needle holder)

持针钳也叫持针器，主要用于夹持缝合针来缝合组织，有时也用于器械打结，其基本结构与血管钳类似。持针钳(图 3.29)的前端齿槽床部短，柄长，钳叶内有交叉齿纹，使夹持的缝针稳定，不易滑脱。使用时将持针钳的尖

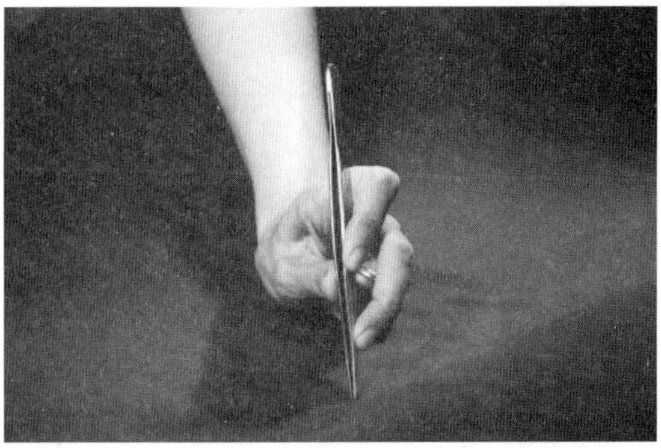

图 3.27 持镊过低

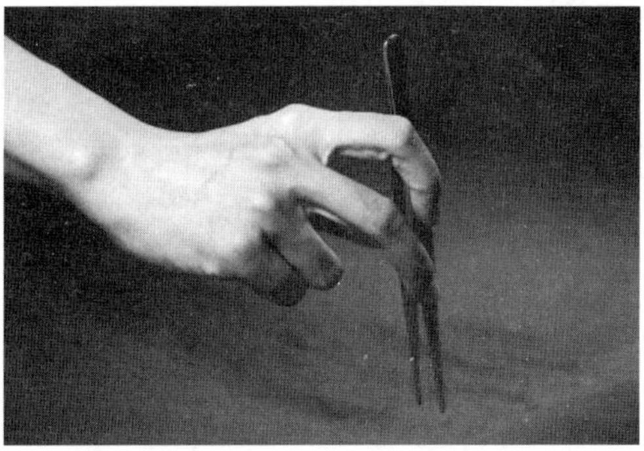

图 3.28 持镊过高

端夹住缝针的中、后 1/3 交界处，并将缝线重叠部分放于内侧针嘴内，若夹在齿槽床的中部，则容易将针折断。

持针钳的传递（图 3.30）：传递者握住持针钳中部，将柄端递给术者，避免刺伤术者及其他手术人员。

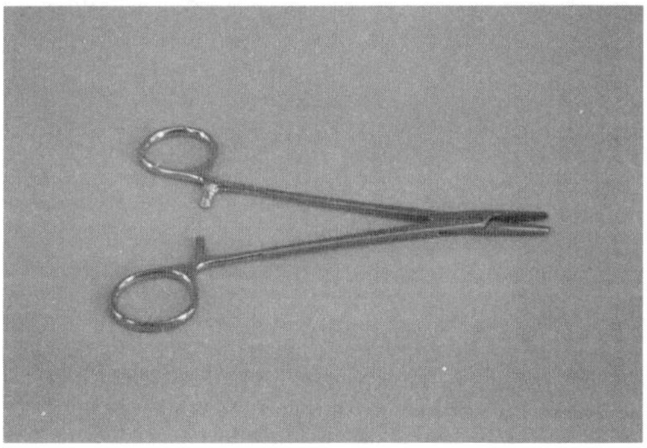

图 3.29 持针钳

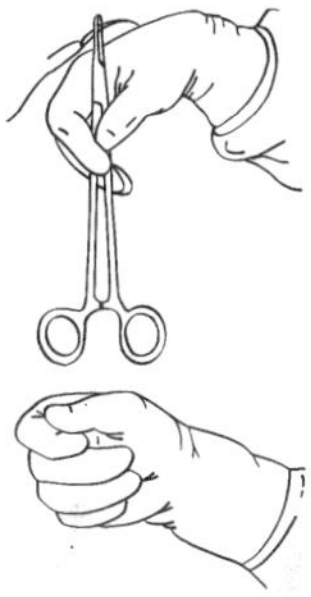

图 3.30 持针钳的传递
（引自 小动物外科手术学）

持针钳的执握方法：

1. 掌握法（图 3.31）

掌握法即用手掌握拿持针钳。将钳环紧贴大鱼际肌上，拇指、中指、无名指及小指分别压在钳柄上，食指压在持针钳中部近轴节处，利用拇指及大鱼际肌和掌指关节活动，维持或张开持针钳柄环上的齿扣。

2. 指扣法（图 3.32）

指扣法为传统执法，用拇指、无名指套入钳环内，以手指活动力量来控制持针钳关闭，并控制其张开与合拢时的动作范围。

3. 掌拇法（图 3.33）

将拇指套入钳环内，食指压在钳的前半部作支撑引导，其余三指将钳环固定在手掌中，拇指可上下开闭活动，控制持针钳的张开与合拢。

4.掌指法(图 3.34)

掌指法将无名指套入钳环内,示指压在钳的前半部,拇指及其余两指压住两侧柄环固定在手掌中。此法关闭、松钳较容易,进针稳妥。

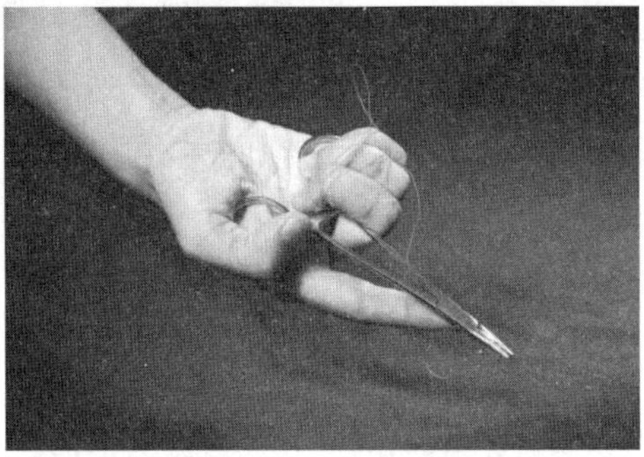

图 3.31 掌握法

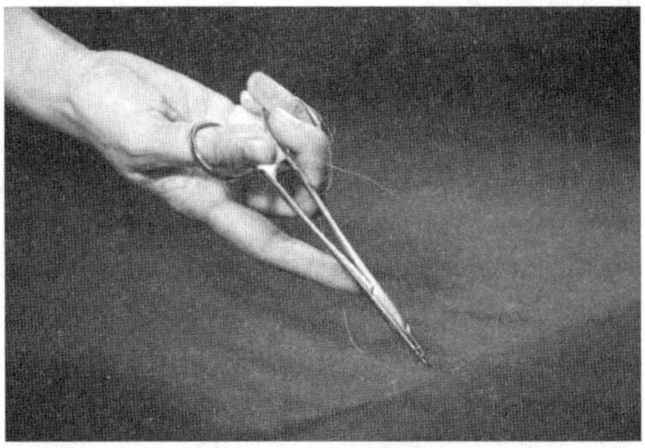

图 3.32 指扣法

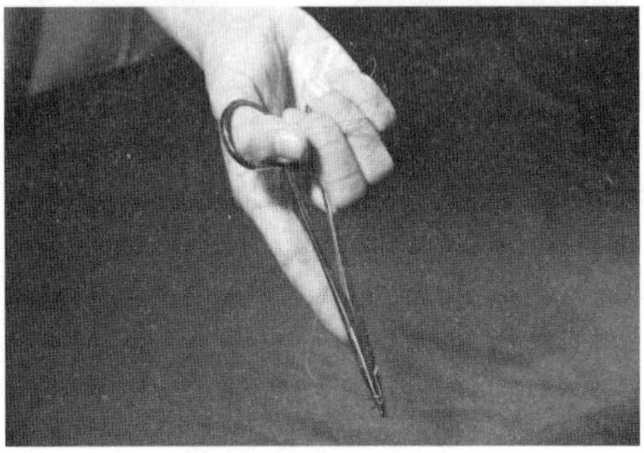

图 3.33 掌拇法

图 3.34 掌指法

六、其他常用钳类器械

(1)创巾钳(towel clips)(图 3.35) 简称巾钳,前端弯而尖,似蟹的螯足,能交叉咬合,主要用以夹持、固定手术巾,并夹住皮肤,以防手术中移动或松开。注意使用时勿夹伤正常皮肤组织。

(2)组织钳(tissue forceps)(图 3.36) 又叫鼠齿钳和 Allis 钳,其前端稍宽,有一排细齿似小耙,闭合时互相嵌合,弹性好,对组织的挤压较血管钳轻,创伤小,一般用以夹持组织,不易滑脱,如皮瓣、筋膜或即将被切除的组织,也用于钳夹纱布垫及皮下组织的固定。

(3)海绵钳(sponge forceps)(图 3.37) 也叫持物钳,其前部呈环状,分有齿和无齿两种,前者主要用于夹持、传递已消毒的器械、缝线、缝合针及引流管等,也用于夹持敷料做手术区域皮肤的消毒,或用于手术深处拭血和协助显露、止血;后者主要用于夹提肠管、阑尾、网膜等脏器组织。夹持组织时,一般不必将钳扣关闭。

(4)直角钳(angled clamp)(图 3.38) 用于游离和绕过重要血管及管道等组织的后壁,如胃左动脉、胆道、输尿管等。

(5)肠钳(intestine clamp)(图 3.39) 有直、弯两种,钳叶扁平有弹性,咬合面有细纹,无齿,其臂较薄,轻夹时两钳叶间有一定的空隙,钳夹的损伤作用很小,可暂时阻止胃肠壁的血管出血和肠内容物流动,常用于夹持肠管。

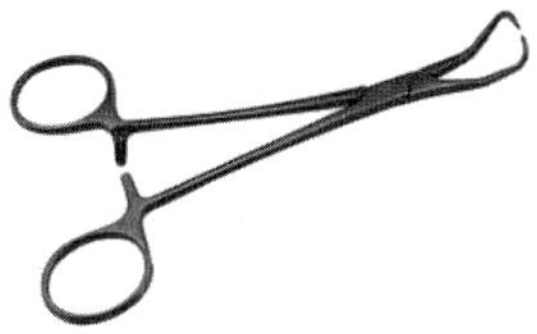

图 3.35 布巾钳

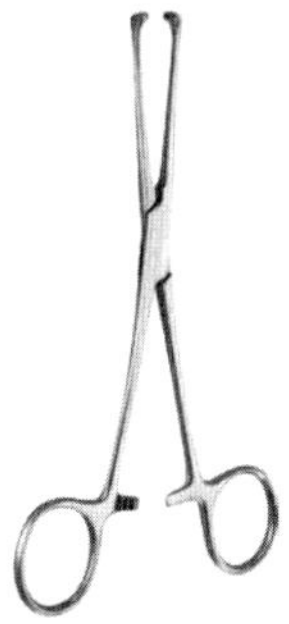

图 3.36 组织钳

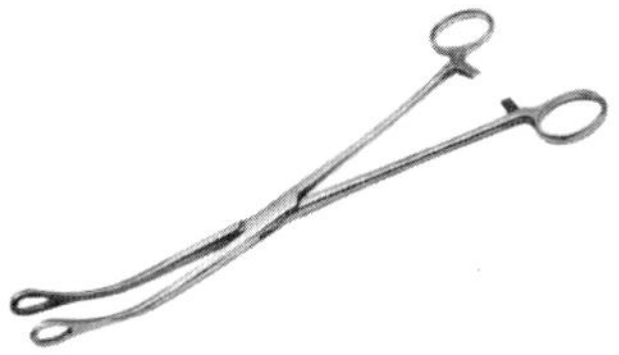

图 3.37 海绵钳

图 3.38 直角钳

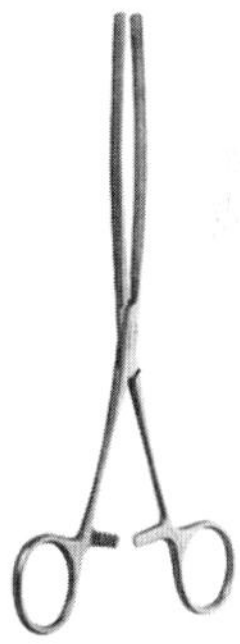

图 3.39 肠钳

(6)胃钳(stomach clamp) 胃钳有一多关节轴,压合力强,齿槽为直纹,且较深,夹持组织不易滑脱,常用于钳夹胃或结肠。

(7)肾蒂钳、脾蒂钳和肺蒂钳 分别在术中夹持肾蒂、脾蒂或肺蒂时使用。

七、缝合针(needle)

缝合针简称缝针,是用于各种组织缝合的器械,它由针尖、针体和针尾3部分组成。针尖形状有圆头(图3.40)、三角头(图3.41)及铲头3种(图3.42);针体的形状有近圆形、三角形及铲形3种,一般针体前半部分为三角形或圆形,后半部分为扁形,便于持针钳牢固夹紧;针尾的针眼是供引线用的孔,分普通孔和弹机孔。目前,有许多医院采用针线一体的无损伤缝针,其针尾嵌有与针体粗细相似的线,这种针线对组织造成的损伤较小,并可防止在缝合时缝线脱针。临床上根据针尖与针尾两点间有无弧度,将缝针分为直针、半弯针和弯针;按针尖横断面的形状分为角针和圆针。

(1)直针 适用于术野宽敞或浅部组织的缝合,如皮肤及胃肠道黏膜的缝合,有时也用于肝脏的缝合。

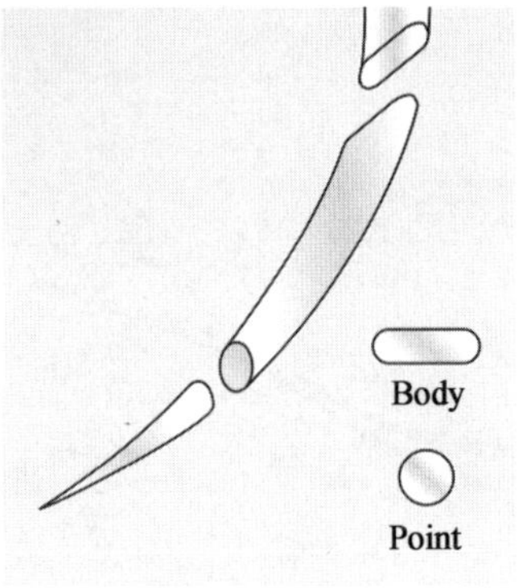

图 3.40　圆头缝针

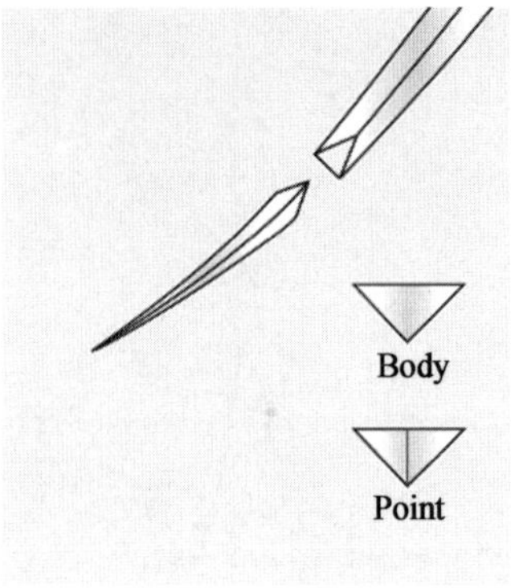

图 3.41　三角头缝针

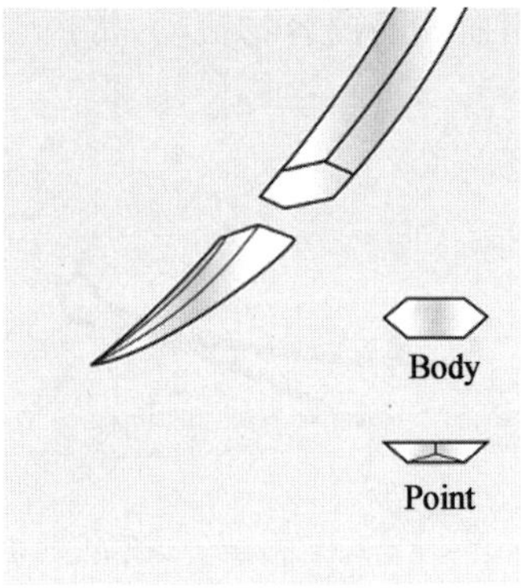

图 3.42　铲头缝针

(2)弯针　临床应用最广,适用于术野狭小或深部组织的缝合。根据弧弯度不同分为1/2、1/4、3/8、5/8 弧度等(图 3.43)。几乎所有组织和器官均可选用不同大小、弧度的弯针做缝合。

(3)无损伤缝针(图 3.44)　主要用于小血管、神经外膜等纤细组织的吻合。

(4)三角针　针尖前面呈三角形(三菱形),能穿透较坚硬的组织,用于缝合皮肤、韧带、软骨和瘢痕等组织,但不宜用于颜面部皮肤缝合。

(5)圆针　针尖及针体的截面均为圆形,用于缝合一般软组织,如胃肠壁、血管、筋膜、腹膜和神经等。

临床上应根据需要合理选择缝针,原则上优先选用针径较细损伤较轻的缝合针。

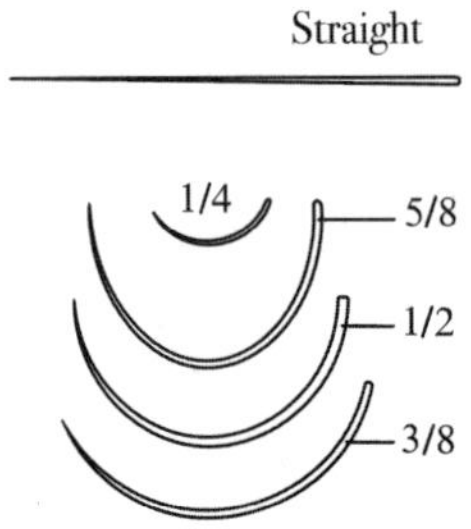

图 3.43　不同弧弯度缝针

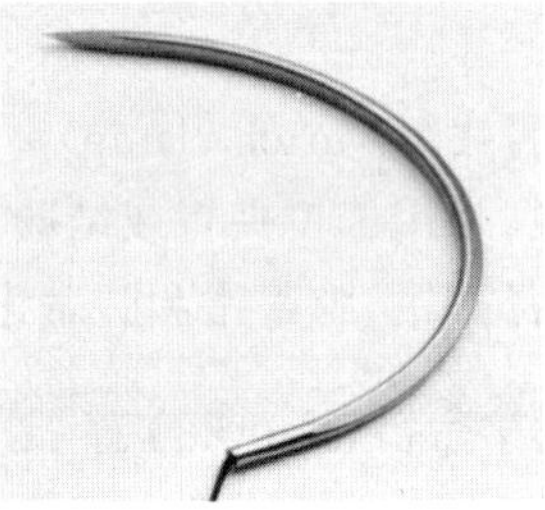

图 3.44　无损伤缝针

八、牵开器(retractors)

牵开器又称拉钩,用以牵开组织,显露手术野,便于探查和操作,可分为手持拉钩和自动拉钩两类。有各种不同形状和大小的规格,可根据手术需要选择合适的拉钩。常用的拉钩有以下几种(图 3.45):腹腔拉钩、皮肤拉钩、S 形拉钩、自动拉钩。

(1)腹腔拉钩　也叫方钩,为较宽大的平滑钩状,用于开口较大的腹腔手术。

(2)皮肤拉钩　也叫爪形拉钩,外形如耙状,用于浅部手术的皮肤牵开。

(3)S 形拉钩　也叫弯钩,是一种"S"形腹腔深部拉钩,用于胸腹腔深部手术,有大、中、小和宽、窄之分。注意 S 形拉钩的正确使用方法。

(4)自动拉钩　为自行固定牵开器,也称自持性拉钩,如二叶式、三叶式自动牵开器,腹腔、胸腔、盆腔、腰部、颅脑等部位的手术均可使用。

全方位手术牵开器是一种新型自动拉钩,能充分显露手术野,可节省1～2名助手,并明显减轻手术助手的劳动强度。适用于上腹部、盆腔及腹膜后所有手术,如肝肾移植术、全胃切除术、胰十二指肠切除术、脾切除术、肝肿瘤切除术、贲门周围血管离断术及膀胱和前列腺手术等。

使用拉钩时,应掌握正确的持钩方法和使用方法(图3.46),拉钩下方应衬垫盐水纱布垫或湿治疗巾,特别是在使用腹腔拉钩时更应注意。敷料衬垫可以帮助显露术野,保护周围器官及组织免受损伤。使用手持拉钩时,牵引动作应轻柔,避免用力过猛,并根据术者的意图及手术进程及时调整拉钩的位置,以达到最佳显露。

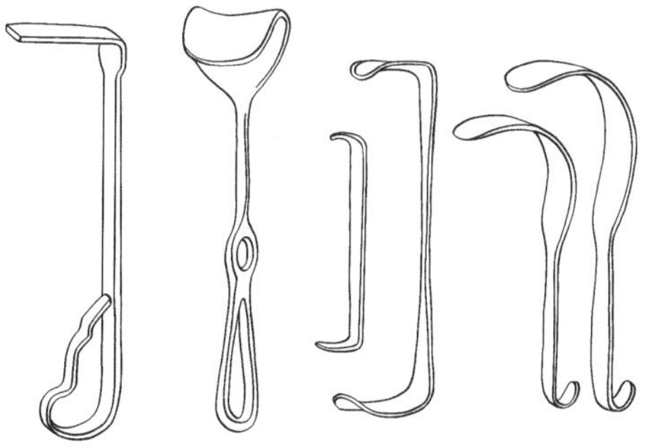

图3.45　不同规格拉钩

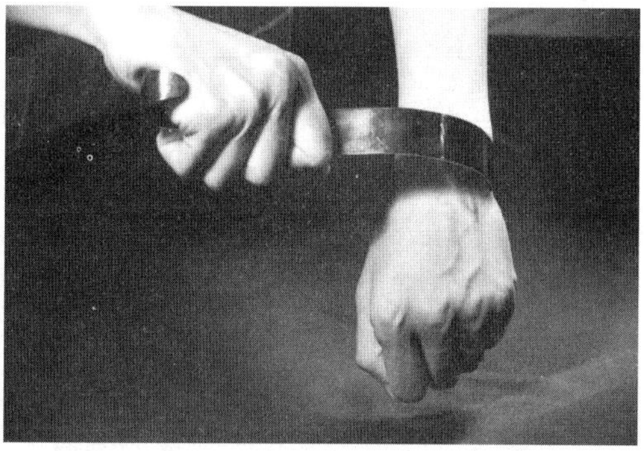

图3.46　拉钩使用方法

九、吸引器(suction)

吸引器用于吸引术野中的出血、渗出物、脓液、空腔脏器中的内容物和冲洗液,使术野清楚,减少污染机会。吸引器由吸引头、橡皮管、接头、吸引瓶及动力部分组成。动力又分马达电力和脚踏吸筒2种。吸引头结构和外形有多种,如:金属或一次性硬塑料双套管、单管等。双套管的外管有多个孔眼,内管在外套管内,尾部以橡皮管接于吸引器上,多孔的外套管可防止内管吸引时被周围的组织堵塞,保持吸引通畅。

十、敷料(dressing)

敷料一般有纱布和布类制品。

(1)纱布块　用于消毒皮肤,拭擦术中渗血、脓液及分泌物,术后覆盖缝合切口,进入腹腔应用温湿纱布,以垂直角度在积液处轻压,蘸除积液,不可揩擦、横擦,否则易损伤组织。

(2)小纱布分离球　将纱布卷紧成直径0.5～1 cm的圆球,用组织钳或长血管钳夹持作钝性分离组织用。

(3)大纱布垫　用于遮盖皮肤、腹膜,湿盐水纱布可作腹腔脏器的保护用,也可用来擦血,为防止遗留腹腔,常在一角附有带子,又称有尾巾。

任务4 手术器械打包与摆放

一旦术中污染手术器械，会造成患者手术区的感染，导致严重的并发症，外科手术器械包的作用就是存放手术器械。一般来说，外科手术器械包可以分为犬的阉割包、猫的阉割包、猫的卵巢切除包、犬的卵巢切除包、开腹术包、矫形术包、创伤或缝合包以及眼科包。所有的器械包都是双层打包，经过高压灭菌消毒，妥善放置于通风干燥的环境内。器械包消毒灭菌后可以维持两周的时间，一旦超过了两周需要重新消毒，以免造成器械的污染。

一、手术器械打包

为了恰当的准备一个器械包，一个助手需要知道普通的外科器械的名称。通常情况下，将这些器械分成三个大组：切割器械、抓取器械和特殊用途的器械。

以动物医院最常用犬猫开腹手术包为例，手术包中常用器械种类与数量(图 3.47)包括：1 把手术刀柄(常用 4 号刀柄)、2 把手术剪(1 把尖头剪、1 把钝头剪)、4 把止血钳、2 把组织镊(1 把平镊、1 把齿镊)、2 把组织钳、1 把持针器、4 把创巾钳、1 块有洞创巾。

手术包通常有两层包布(图 3.48)：确保所有器械没有卡死，整理放置在第一层包布中心，将清点完数量的纱布放在已归拢的器械上方，并放置灭菌指示带，按照长方形包裹好。再用第二层包布包好后，用带子扎好，然后将高压灭菌指示带贴在外包装上。

一些特殊器械，如牙科器械、骨板等，需要用纸袋或塑料袋包装，末端用已高压的灭菌带密封。所有的包装器械必须紧凑，并且大小适合高压灭菌。

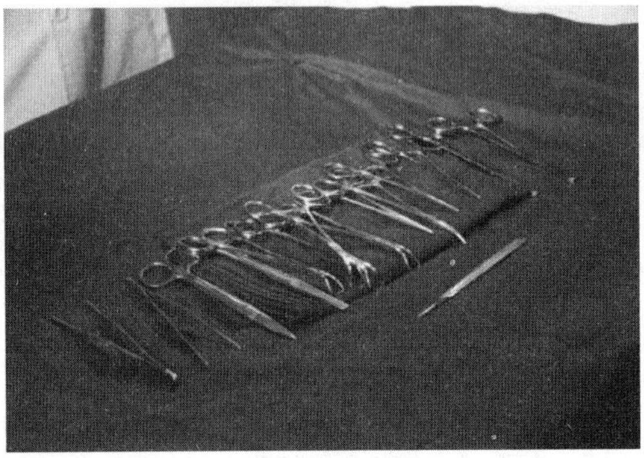

图 3.47 犬猫开腹手术常用器械种类与数量

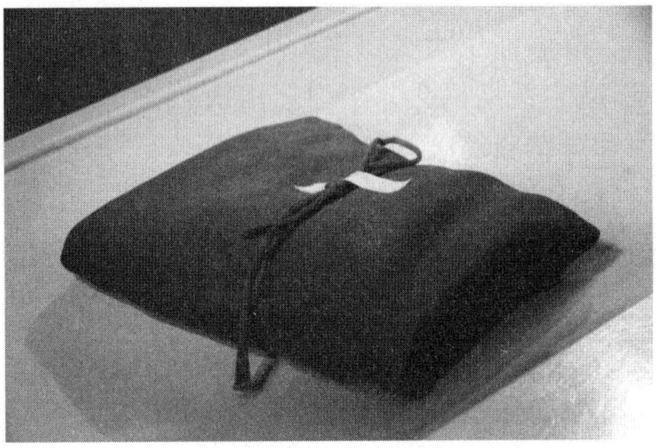

图 3.48 手术包

二、手术器械摆放

手术器械台准备一般由器械助手完成。将无菌布类包放在器械台上，打开外面的双层包布，再打开手术器械包，将器械放置在器械台上，按使用方便分门别类排列整齐。其原则有：

(1)严格分清无菌与有菌的界限，凡无菌物品一经接触有菌物品后即为污染，不得再作为无菌物品使用。

(2)器械台面和手术台面以下为有菌区，凡器械脱落至台面以下，即使未曾着地也不可再用，缝线自台面垂下部分，也作已污染处理。

(3)保持无菌布类干燥。铺无菌巾单时，器械台与手术切口周围应有四层以上，以保持适当厚度。

(4)台面保持干燥、整洁，器械安放有条不紊。将最常用的器械放在紧靠手术台的升降器械托盘上，以便随取随用。对用过的器械必须及时收回，清洁干净，安放在一定的位置，排列整齐；暂时不用的放置器械台的一角，不要混杂。

课程思政

本节内容重点启发学生从实际操作需求出发，基于问题开展实践活动，掌握客观规律，做到实践与理论相结合。

二十大报告指出：我们必须坚持解放思想、实事求是、与时俱进、求真务实，一切从实际出发，着眼解决新时代改革开放和社会主义现代化建设的实际问题，不断回答中国之问、世界之问、人民之问、时代之问，作出符合中国实际和时代要求的正确回答，得出符合客观规律的科学认识，形成与时俱进的理论成果，更好指导中国实践。

二维码 3-1　手术器械认知与使用

二维码 3-2　项目三图片

二维码 3-3　项目三测试题

项目四

外科手术基本操作

任何外科手术均需要通过手术基本操作完成，基本操作的熟练程度和标准化程度直接影响手术效果。因此，要求所有外科医生均需准确、熟练、轻巧地完成手术基本操作。基本技术操作大致可分为切开、止血、缝合、打结及包扎等方面。

任务1 切 开 技 术

手术中良好术野的显露，是手术顺利进行的先决条件。影响术野显露好坏的因素很多，如体位、术野的照明、良好的麻醉(以保证肌肉松弛)等。

切口的选择是术野显露的重要步骤。一般浅表病变的切除，切口多直接选择在病变的表面。胸腹腔内脏以及四肢关节等手术，切口选择则必须结合局部解剖情况全面考虑。

一、切开原则

在进行切开时，应遵循以下原则：

(1)切口部位要适当，靠近病变部位，以最短的距离达到手术区，显露病变组织或器官。

(2)切开组织必须整齐，力求一次切开(避免锯齿状，两则创缘要能密切接触，利于缝合和愈合)，肌肉不要横断，尽可能按皮肤纹理和肌纤维方向分层切开，并沿组织间隙分离。

(3)组织切开采用分层切开法，要避免损伤大血管、神经以及腺体的输出管，以免影响术部机能。

(4)切口部位要选择在健康组织上，坏死组织及被感染的组织要充分切除干净。二次手术避免在伤疤上做切口，以免影响愈合。

(5)切口要确保创液及渗出物顺利排出。

(6)在分离骨组织前，先要分离骨膜，尽可能地保存其健康部，以利于骨组织愈合。

二、切开方法

锐性切开：用刀或剪对组织进行准确、精细的切割。必须熟悉解剖操作，在直视条件下进行。

钝性分离：用刀柄、止血钳或手指等进行。适于正常肌肉、筋膜和良性肿瘤等的分离。钝性分离时，组织损伤较重，往往残留许多失去活性的组织细胞，术后组织反应较重，愈合较慢。

三、皮肤切开

由于皮肤活动性比较大，切皮时易造成皮肤和皮下组织切口不一致，为了防止上述现象的发生，在皮肤做切口时应由术者用拇指和食指将皮肤向切口两侧撑紧，或与助手用手共同固定预定切口两侧的皮肤，称为皮肤紧张切开法(图 4.1)。下刀时，先用刀尖在切口上角垂直刺透皮肤，然后刀刃倾斜约 45°，按预定方向、大小，用刀腹切透皮肤直至切口下角，然后刀刃与皮肤垂直提出，防止切口两端成斜坡(图 4.2)。避免多次切开而使切口呈锯齿状，以免造成不必要的皮肤损伤，影响创口愈合。

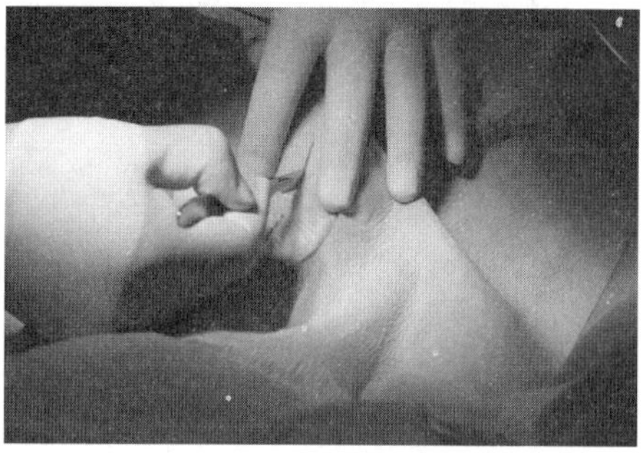

图 4.1 皮肤紧张切开法

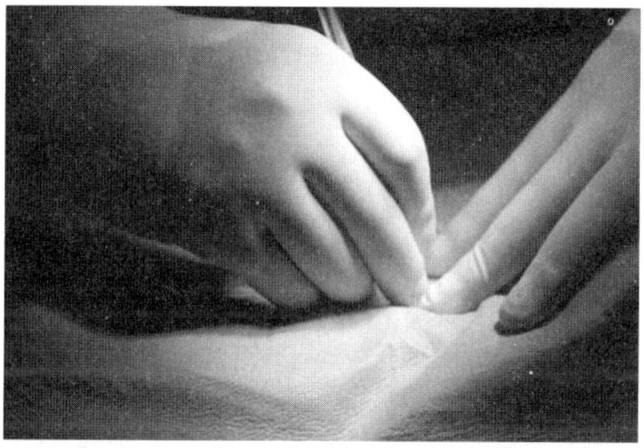

(1)

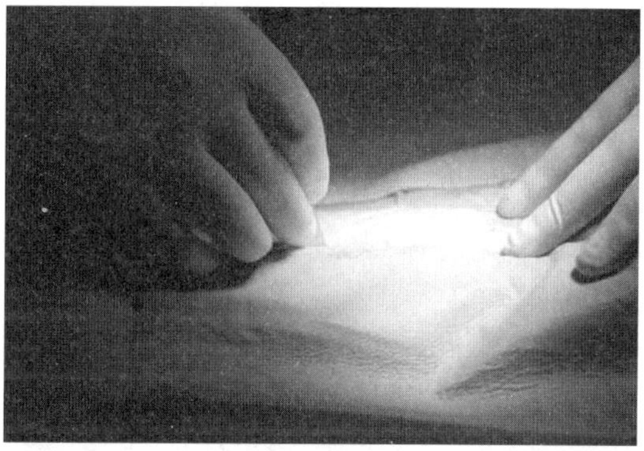

(2)

(1)垂直入刀 (2)水平运刀

图 4.2 皮肤切开运刀方式

在切口的下面有大血管、大神经、分泌管和重要器官，而皮下组织尤为疏松，为了使皮肤切口位置正确而不误伤其下面组织，术者和助手应在预定切线的两侧，用手指或镊子提拉皮肤呈垂直皱襞，并进行垂直切开，即进行皱襞切开(图 4.3)。

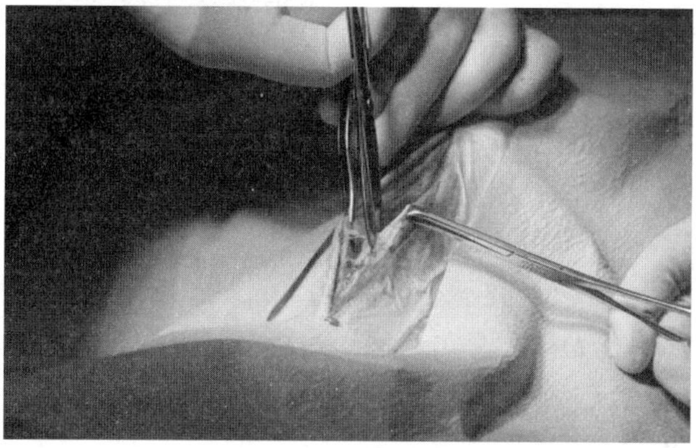

图 4.3 腹壁的皱襞切开

四、其他组织切开

皮下疏松结缔组织的分离(图 4.4):皮下结缔组织内分布许多小血管,故用钝性分离,先将组织刺破,再用器械分离。

筋膜分离(图 4.5):为了防止筋膜下血管、神经受到损伤,应先用镊子将筋膜提起切一个小口。用弯止血钳伸入切口,分离膜下组织和筋膜的联系,然后用手术剪剪开。

肌肉分离(图 4.6):一般沿肌纤维方向做钝性分离,先做一个沿纤维方向的小切口,然后用止血钳、刀柄等做钝性分离至所需要的长度,但在紧急情况下或肌肉较厚并含有大量腱质时,切开分离。横过切口的血管可用止血钳钳夹或用细缝线从两端结扎后,从中间将血管切断。

腹膜切开时,为了避免伤及内脏,可用组织钳或止血钳提起腹膜做一小切口,利用食指和中指或有沟探针引导,再用手术刀或剪分割(图 4.7)。

肠管侧壁切开时,一般于肠管纵带上纵行切开,并应避免损伤对侧肠管(图 4.8)。

骨组织切开时首先应分离骨膜,尽可能完善地保存健康部分,然后再分离骨组织(图 4.9)。

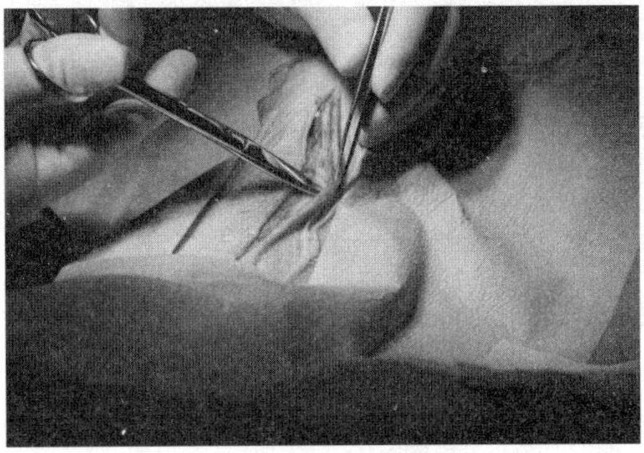

图 4.4　皮下疏松结缔组织的分离

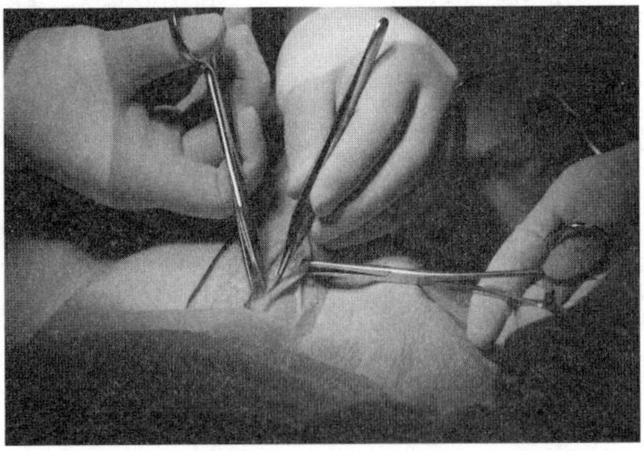

图 4.5　筋膜分离

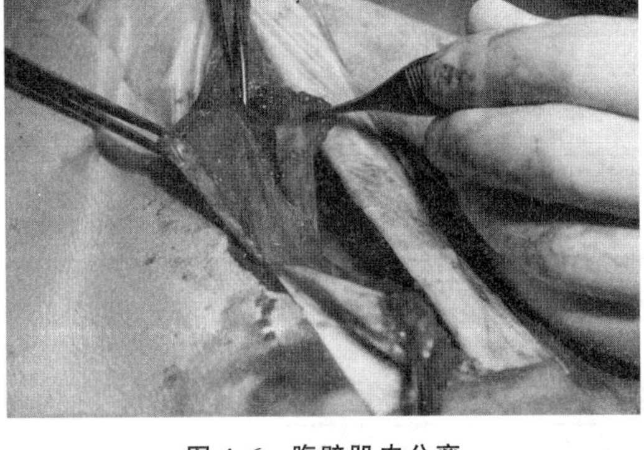

图 4.6　腹壁肌肉分离

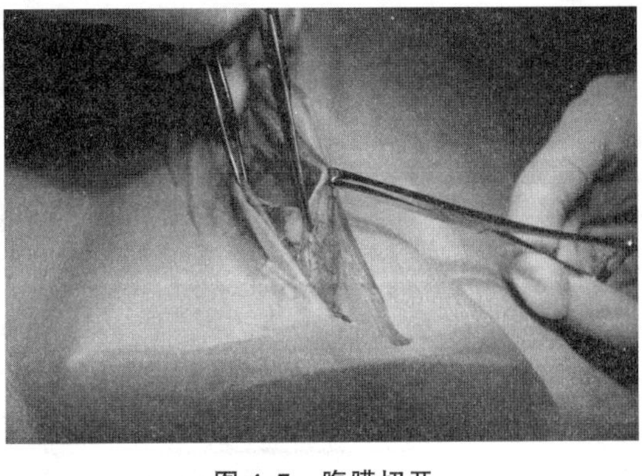

图 4.7　腹膜切开

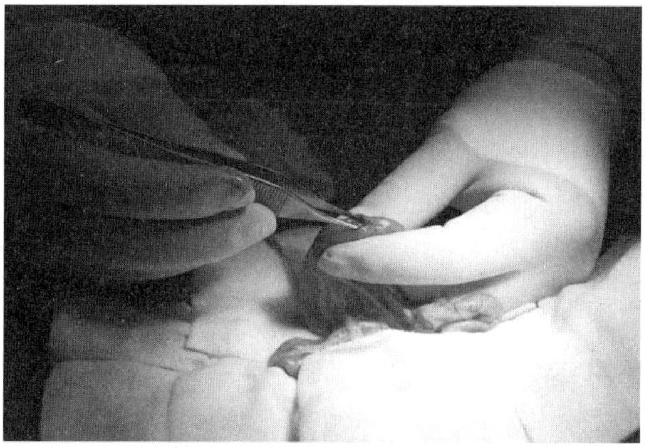

图 4.8 肠管切开

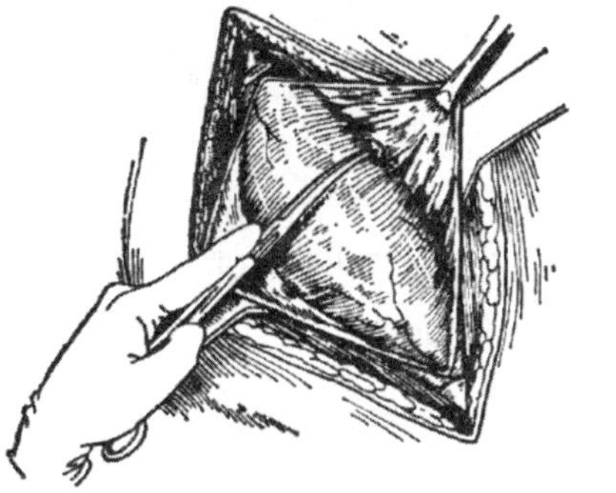

图 4.9 使用剥离子分离骨膜

任务2 止血技术

止血是手术过程中经常遇到而又必须立即处理的基本操作技术。手术中完善的止血,可以预防失血的危险和良好地显露手术部位,有利于争取手术时间,避免误伤重要器官,直接关系到动物的健康、切口的愈合和预防并发症。因此,手术中的止血必须迅速而可靠,并在手术前采取积极有效的预防性止血措施,以减少手术中出血。

手术过程中血液自血管流出,称出血。按照受伤血管的不同分为动脉出血、静脉出血、毛细血管出血。动脉出血时血色鲜红,呈喷射状流出,起伏的规律与心搏动一致。静脉出血时,血色暗红或紫红,出血速度缓慢,呈均匀不断的泉涌状流出。毛细血管出血时,血色介于动、静脉血之间,多呈渗出性点状出血。实质出血时,见于实质器官、骨松质及海绵组织的损伤,为混合性出血,血色与静脉血相似。

按血管出血后血液流注的部位分为外出血和内出血。当组织受损后,血液由创伤或天然孔流到体外,为外出血。血管受损出血后,血液积聚在组织内或腔体中,为内出血。

按照出血的次数和时间又分为:直接发生在组织受到创伤之后的初次出血,术后再次发生的二次出血、多次重复出血,经若干时间后发生的延期出血等。

常用的止血方法有以下几种。

一、全身预防性止血法

1.输血(图 4.10)

输血目的在于增加被施术动物血液的凝固性,刺激血管运动中枢反射性地引起血管的痉挛性收缩,以减少手术中的出血。

2.注射增高血液凝固性及促进血管收缩的药物

(1)肌内注射 0.3%凝血质注射液,以促进血液凝固。

(2)肌内注射维生素 K 注射液,以促进血液凝固,增加凝血酶原 1～2.5 mg/kg。

(3)肌内注射安络血注射液,以增强毛细血管的收缩力,降低毛细血管渗透性。

(4)肌内注射止血敏注射液,以增强血小板机能及粘合力,降低毛细血管渗透性。

(5)肌注或静注对羧基苄胺(抗血纤溶芳酸),以拮抗纤维蛋白的溶解,抑制纤维蛋白原的激活因子,使纤维蛋白溶酶原不能转变成纤维蛋白溶解酶,从而减少纤维蛋白的溶解而发挥止血作用。对于手术中的出血及渗血、尿血、消化道出血有较好的止血效果。使用时可加葡萄糖注射液或生理盐水注射,注射时宜缓慢。

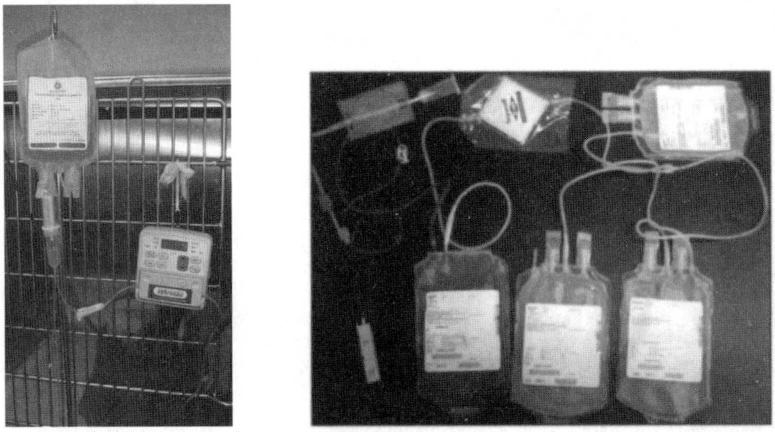

(1)　　　　　　　　(2)

(1)输血过程　(2)商品化的封闭式血液采集袋,可用于采集全血

图 4.10　输血

二、局部预防性止血法

1.肾上腺素止血

应用肾上腺素做局部预防性止血常配合局部麻醉进行。一般是在每 1 000 mL 的 0.5% 普鲁卡因溶液中加入 0.1% 肾上腺素溶液 2 mL,利用肾上腺素收缩血管的作用,达到减少手术局部出血的目的,作用可维持 20 min 至 2 h。但手术局部有炎症病灶时,其高度的酸性反应,可减弱肾上腺素的作用。此外,在肾上腺素作用消失后,小动脉管扩张,若血管内血栓形成不牢固,可能发生二次出血。

2.止血带止血(图 4.11)

止血带止血适用于四肢、阴茎和尾部手术。可暂时阻断血流,减少手术中的失血,有利于手术操作。用橡皮管止血带或其代用品(如绳索、绷带)时,局部应垫以纱布或手术巾,以防损伤软组织、血管及神经。

橡皮管止血带的操作方法是:用足够的力(以止血带远端脉搏将消失为度),在手术部位上 1/3 处缠绕数圈固定,保留时间不得超过 2～3 h,冬季不超过 40～60 min,在此时间内如手术尚未完成,可将止血带临时松开 10～30 s,然后重新缠扎。松开止血带时,宜用多次"松、紧、松、紧"的方法,严禁一次松开。

A. 膝关节上方止血带 B. 橡皮管止血带 C. 跗关节上方止血带

图 4.11 止血带止血

（引自 兽医外科手术学）

三、手术过程中止血法

1. 机械止血法

(1)压迫止血(图 4.12) 用纱布或泡沫塑料压迫出血部位，以清除术部的血液，辨清组织及出血点，以达到止血的目的。在毛细血管渗血和小血管出血时，如机体凝血机能正常，压迫片刻，出血即可自行停止。为了提高压迫止血的效果，可选用温生理盐水、1%～2%麻黄素、0.1%肾上腺素、2%氯化钙溶液中任意 1 种浸湿后扭干的纱布块做压迫止血。在止血时，必须是按压，不可擦拭，以免损伤组织或使血栓脱落。

(2)钳夹止血(图 4.13) 利用止血钳最前端夹住血管的断端，钳夹方向应尽量与血管垂直，钳住的组织要少，切不可大面积钳夹。

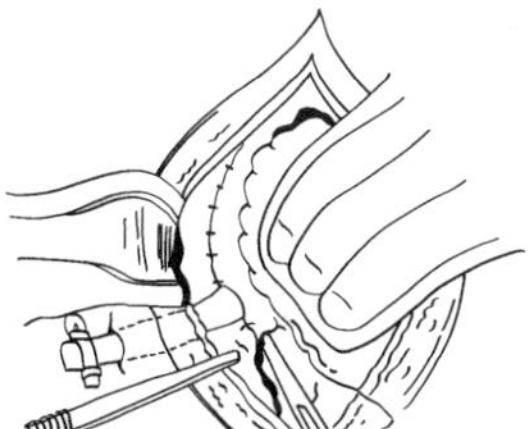

图 4.12 压迫止血

（引自 兽医外科手术学）

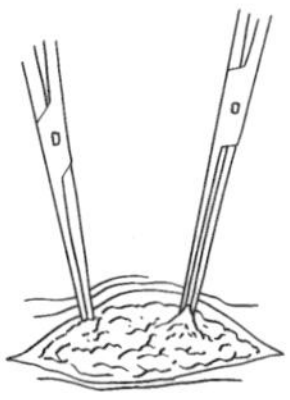

图 4.13 钳夹止血

（引自 兽医外科手术学）

(3)钳夹扭转止血(图 4.14) 用止血钳夹住血管断端，扭转止血钳 1～2 周，轻轻去钳，则断端闭合止血。如经钳夹扭转不能止血时，则应予以结扎，此法适用于小血管出血。

(4)钳夹结扎止血 是常用而可靠的基本止血法，多用于明显而较大血管出血的止血。其方法有 2 种：

单纯结扎止血(图 4.15) 用丝线绕过止血钳夹住的血管及少量组织而结扎。在结扎结扣的同时，由助手放松止血钳，于结扣收紧时，即可完全放开。止血钳放松过早，血管可能脱出，放松过晚则易扎住钳头不能收紧。结扎时所用的力量也应大小适中。

贯穿结扎止血(图 4.16) 将结扎线用缝针穿过所钳夹组织(注意避开血管)后进行结扎。

常用的方法有“8”字缝合结扎及单纯贯穿结扎 2 种。贯穿结扎止血的优点是结扎线不易脱落，适用于大血管或重要部分的止血。在不易用止血钳夹住的出血点，不可用单纯结扎止血，而宜采用贯穿结扎止血的方法。

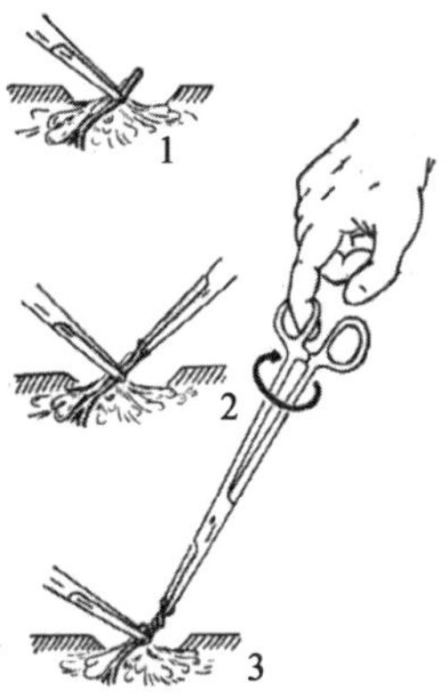

图 4.14 钳夹扭转止血

（引自 兽医外科手术学）

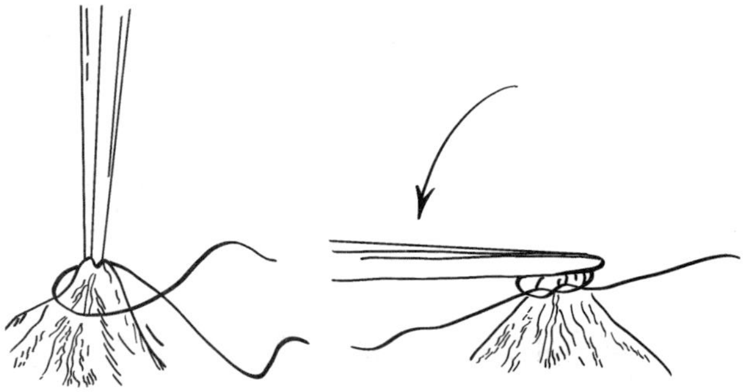

图 4.15 单纯结扎止血

（引自 兽医外科手术学）

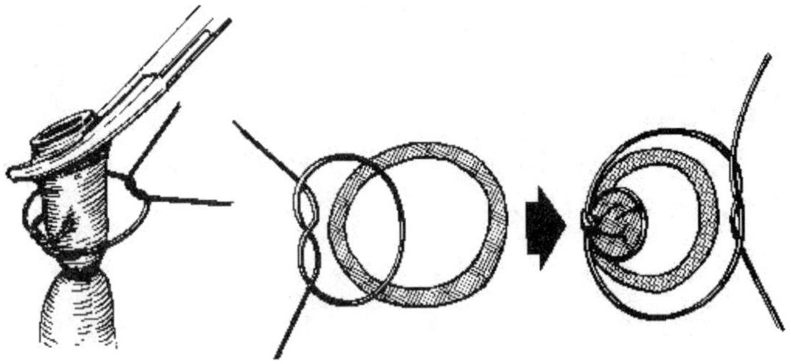

图 4.16 贯穿结扎止血

（引自 兽医外科手术学）

(5)创内留钳止血　用止血钳夹住创伤深部血管断端，并将止血钳留在创伤内 24～48 h。为了防止止血钳移动，可用绷带固定止血钳的柄环部拴在患畜的体躯上。创内留钳止血法，多用于大家畜去势后继发的精索内动脉大出血。

(6)填塞止血　本法用于深部大血管出血，一时找不到血管断端，钳夹或结扎止血困难时，用灭菌纱布紧塞于出血创腔或解剖腔内，压迫血管断端以达到止血的目的。在填入纱布时，必须将创腔填满，以便有足够的压力压迫血管断端。填塞止血留置的敷料通常在 12～48 h 后取出。

2. 电凝及烧烙止血法

(1)电凝止血(图 4.17)　利用高频电流凝固组织的作用达到止血目的。使用方法是用止血钳夹住血管断端，向上轻轻提起，擦干血液，将电凝器与止血钳接触，待局部发烟即可。电凝时间不宜过长，否则烧伤范围过大，影响切口愈合。在空腔脏器、大血管附近及皮肤等处不可用电凝止血，以免组织坏死，引起并发症。

电凝止血的优点是止血迅速，不留线结于组织内，但其止血效果不完全可靠，凝固的组织易脱落而再次出血，因此较大的血管仍应以结扎止血为宜，以免发生继发性出血。

(2)烧烙止血　是用电烧烙器或烙铁烧烙使血管断端收缩封闭而止血的方法。其缺点是损伤组织较多，兽医临诊上多用于弥漫性出血和某些摘除手术后的止血。使用烧烙止血时，应将电阻丝或烙铁烧得微红，才能达到止血的目的，但也不宜过热，以免组织炭化过多，使血管断端不能牢固堵塞。烧烙时，烙铁在出血处稍加按压后即迅速移开，否则组织黏附在烙铁上，当烙铁移开时会将组织扯离。

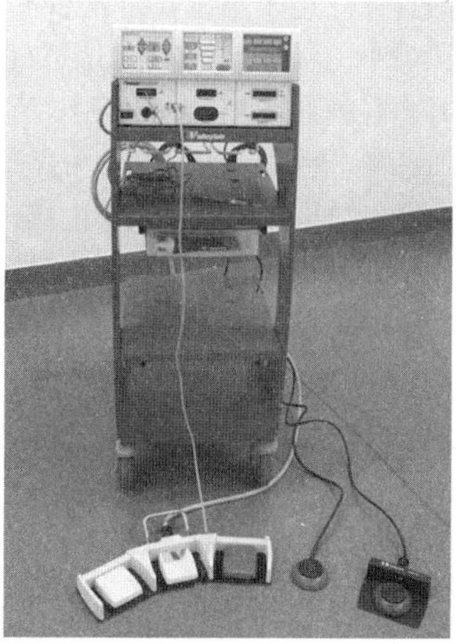

图 4.17　电凝止血

3.局部化学及生物学止血法

(1)麻黄素、肾上腺素止血　用1%～2%麻黄素溶液或0.1%肾上腺素溶液浸湿的纱布进行压迫止血(见压迫止血)。临床上也常用上述药品浸湿系有棉线绳的棉包做鼻出血、拔牙后齿槽出血的填塞止血，待止血后拉出棉包。

(2)止血明胶海绵止血　多用于一般方法难以止血的创面出血，实质器官、骨松质及海绵质出血。其能被组织吸收并使受伤血管日后保持贯通。使用时将止血明胶海绵铺在出血面上或填塞在出血的伤口内，即能达到止血的目的，如果在填塞后加以缝合，能发挥更好的止血效果。止血明胶海绵的种类很多，如纤维蛋白海绵、氧化纤维素、白明胶海绵及淀粉海绵等。它们止血的原理是促进血液凝固和提供凝血时所需要的支架结构。

(3)活组织填塞止血　是用自体组织(如网膜)填塞出血部位的止血方法。通常用于实质器官的止血，如肝脏损伤用网膜填塞止血，或用取自腹部切口的带蒂腹膜、筋膜和肌肉瓣，牢固地缝在损伤的肝脏上。

(4)骨蜡止血　外科临床上常用市售骨蜡制止骨质渗血，用于骨的手术和断角术。

任务3　外科打结

打结是外科手术最基本的操作之一。正确而牢固地打结是结扎止血和缝合的重要环节。熟练地打结，不仅可以防止结扎线松脱而造成的创伤裂开和继发性出血，而且可以缩短手术时间。

一、结的种类

1.术中常用的结

(1)方结(square knot)(图 4.18)　又称平结，由方向相反的两个单结组成，为手术中最常用的结扎方式。其特点是结扎线来回交错，着力均匀，打成后越拉越紧，不会松开或脱落，因而牢固可靠。用于小血管结扎和各种组织缝合结扎,不易滑脱。

(2)外科结(surgical knot)(图 4.19) 打第一个结时绕两次,使摩擦面增大,故打第二个结时不易滑脱和松动。此结牢固可靠。多用于大血管、张力较大的组织和皮肤缝合的打结。

(3)三叠结(triple knot/extra half hitch on reef knot) 又称加强结,是在方结的基础上再加一个结,共 3 个结,较牢固。第三个结和第一个结的方向相同。以加强结扎线间的摩擦力,防止线松散滑脱,因而牢固可靠,常用于有张力的缝合、大血管、瘤蒂的结扎或羊肠线、尼龙线等的打结。注意第一结必须保持缚紧状态。此结缺点为遗留在组织中的结扎线较多。

(4)单结(half hitch) 是外科结扣的基本组成部分,易松脱、解开,仅用于暂时阻断,如胆囊逆行切除暂时阻断胆囊管,而永久结扎时不能单独使用单结。

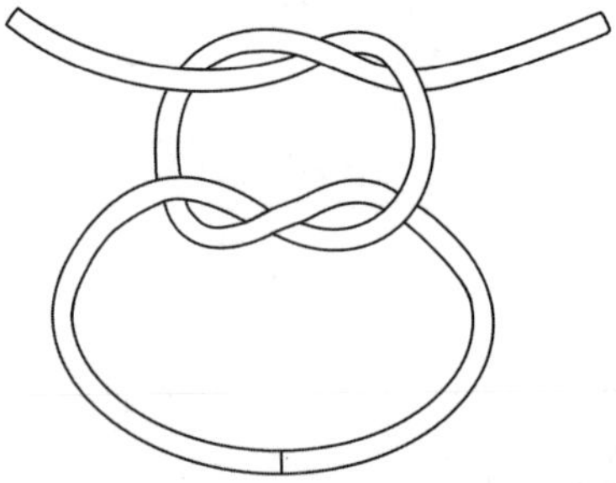

图 4.18 方结

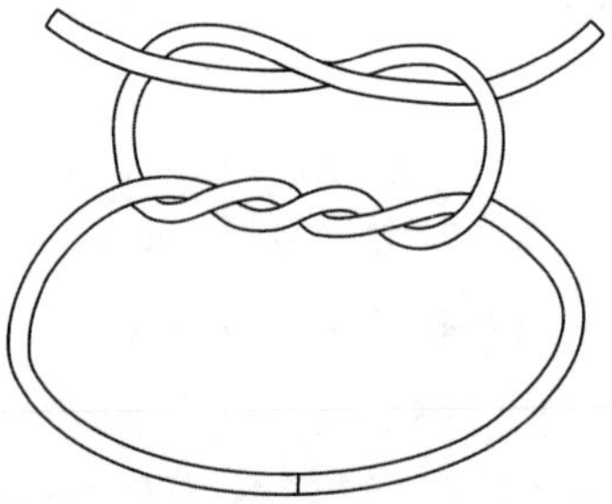

图 4.19 外科结

2.术中不宜采用的结

(1)假结(顺结、十字结)(false knot/granny knot)(图 4.20) 为两个方向相同(两道动作相同)的单结,其张力仅为方结的 1/10,结扎后易自行松散、滑脱。

(2)滑结(sliding knot/slip knot)(图 4.21) 两个单结的形式与方结相同,但由于在打结的过程中将其中一个线头拉紧,只用了另一个线头打结所形成。此结打后易滑脱。改变拉线力量分布及方向即可避免。

(3)松结 即第一个结或第二个结松弛,未扎紧而不牢固。

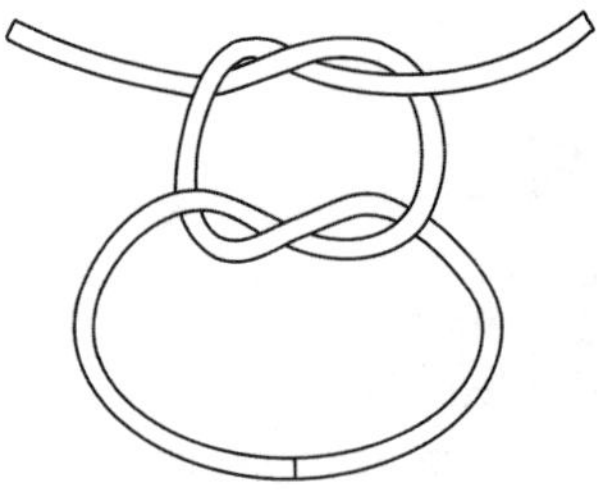

图 4.20 假结

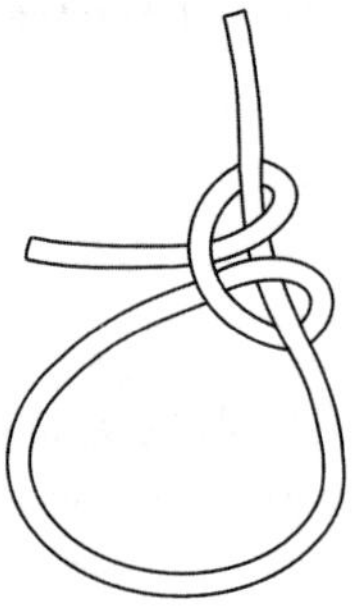

图 4.21 滑结

二、外科打结方法

(1)双手打结法(two-hand technique)(图 4.22) 其打结方法较单手打结法复杂,但更为可靠,不易滑结。除用于一般结扎外,对深部或组织张力较大的缝合结扎较为可靠、方便。

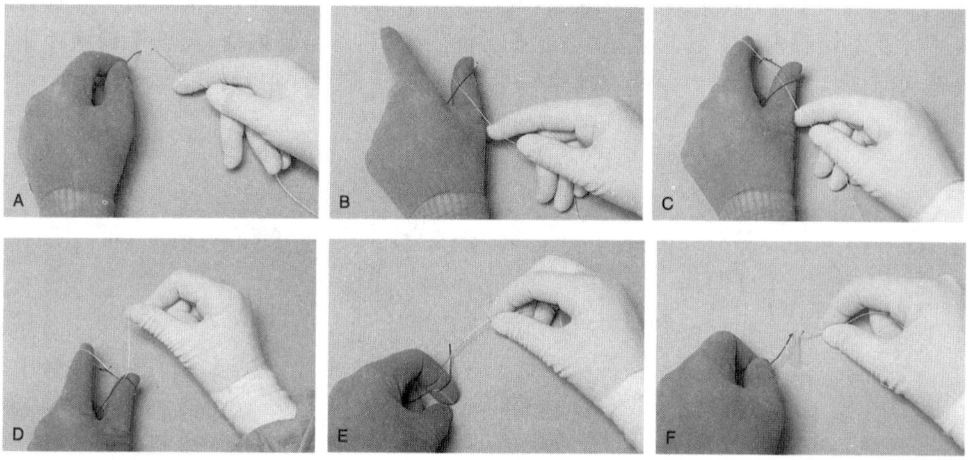

图 4.22 双手打结法

(2)单手打结法(one-hand technique)(图 4.23) 简单、迅速,左右两手均可进行,应用广泛,但操作不当易成滑结。打结时,一手持线,另一手动作打结,主要动作为拇、食、中三指。凡"持线""挑线""钩线"等动作必须运用手指末节近指端处,才能做到迅速有效。拉线作结时要注意线的方向。如用右手打结,右手所持的线要短些。此法适用于各部的结扎。

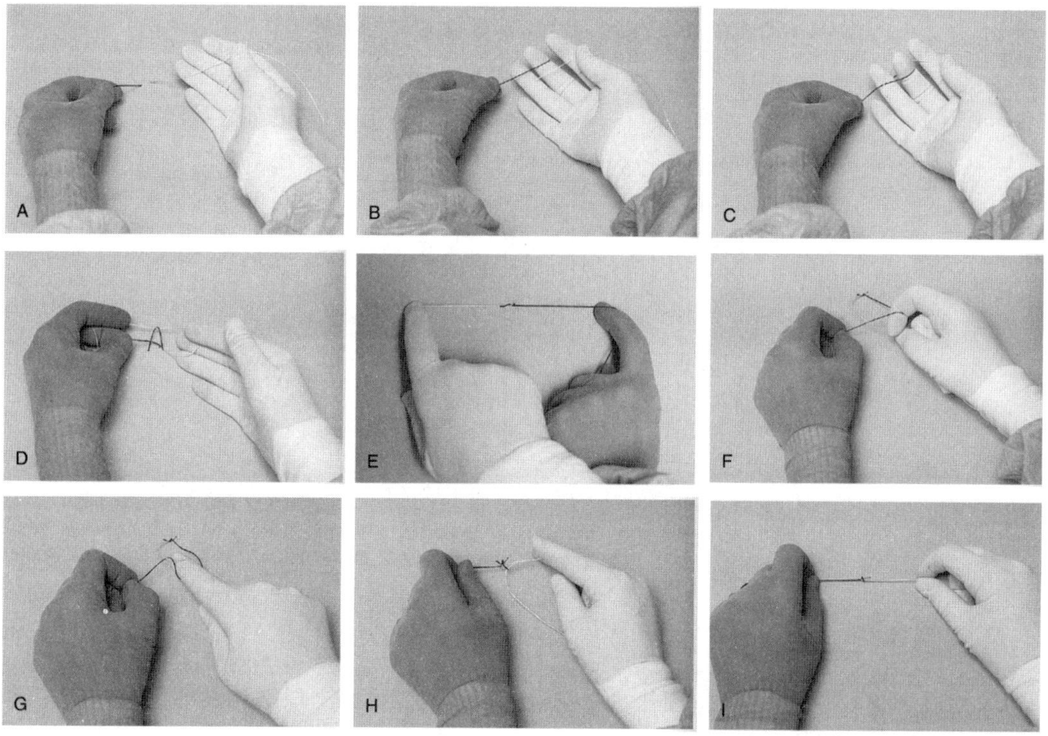

图 4.23 单手打结法

(3)器械打结法(持钳打结法 instrument tie)(图 4.24)　用血管钳或持针器打结,简单易学,适用于深部、狭小手术野的结扎或缝线,或过短用手打结有困难时。优点是可节省缝线,节约穿线时间及不妨碍视线。其缺点是,当有张力缝合时,第一结易松滑,需助手辅助才能扎紧。防止松滑的办法是改变结的方向或者助手给予辅助。

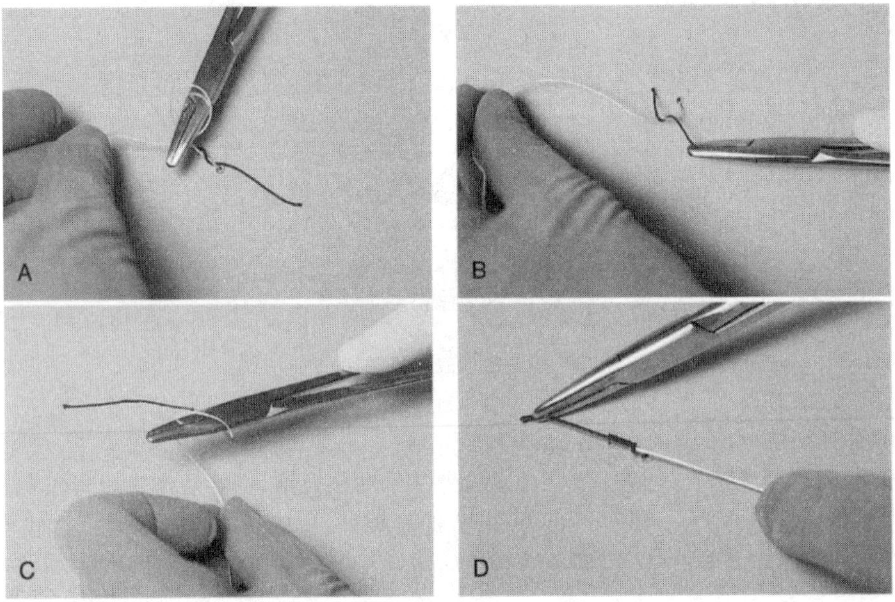

图 4.24　器械打结法

(4)深部打结(deep tie)(图 4.25)　腔内深部常用,不论用手或止血钳打结,在第一道线结起后,一侧线拉紧,另一侧将线结推下,同样以相反方向结扎第二个线结。

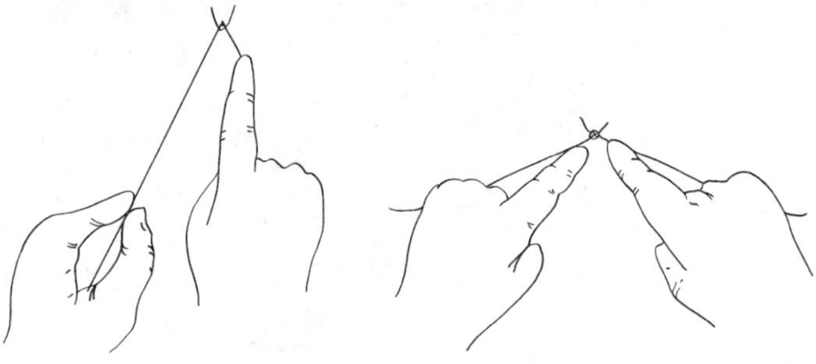

图 4.25　深部打结

三、注意事项

(1)结扎之前,需将束线在生理盐水中浸湿,然后再进行结扎,以增加线的重量,便于操作,并增加摩擦力,使线结牢固。

(2)打方结时,第一个单结与第二个单结方向不能相同,否则即成假结,容易滑脱。两手用力应均匀,否则也可成为滑结,应避免。深部打结时用一个手指按压线结附近,逐渐拉紧,要求两手用力点与结扎点成一直线，即三点一线，不可成角或向上提起，否则易使组织撕脱或线结松脱。

(3)打结时，每一个单结打完后线结不能有缠绕，否则应交叉调整位置，如有缠绕，打结后稍用力丝线容易断裂。

(4)打结时，用力应缓慢均匀，两手的距离不宜离线结太远，否则易将线扯断或因未扎紧而滑脱。

(5)遇张力大的组织结扎时，往往打第二结时第一结扣已松开，此时可在收紧第一结扣以后，由助手持无齿镊或血管钳夹住结扣(线不松动但不扣紧，以免伤线)，待第二结扣收紧时再移除器械。

(6)正确的剪线方法(图 4.26)：术者结扎完毕后，将双线尾并拢提起，助手将线剪微张，顺线尾向下滑至线结上端，再把剪刀略倾斜，将线剪断，留存线头 2～3 mm。

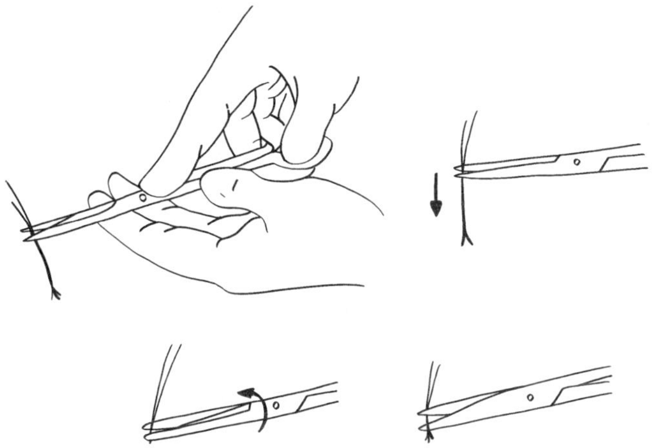

图 4.26 正确的剪线方法

(引自 兽医外科手术学)

任务4 缝合技术

缝合是将已切开、切断或因外伤而分离的组织、器官进行对接或重建其通道，保证创伤良好愈合的外科基本操作技术。缝合的目的在于为手术切口或因外伤性损伤而分离的组织或器官提供安定的环境，给组织的再生和愈合创造良好条件，保护创面免受感染，加速肉芽创面的愈合，防止创面对合处裂开。创伤的愈合是否完善与缝合的方法及操作技术有一定的关系，掌握缝合的基本操作技术，是动物外科手术的重要环节。

一、缝合的原则

(1)缝合时严格遵守无菌操作。

(2)缝合前创口必须止血，清除凝血块、异物及坏死的组织。

(3)创缘要均匀接近，在两针孔之间要有适当距离，以防拉穿组织。

(4)缝针刺入和穿出部位应彼此相对，针距相等，防止缝合创伤口形成皱襞和裂隙。

(5)无菌创伤经外科常规处理后，可做密闭缝合，而化脓腐败创伤及具有深包囊的创伤可不缝合，必要时做部分缝合。

(6)缝合组织时同层组织相缝合，除非特殊需要，不同类型的组织不可缝合在一起。

(7)缝合后打结应有利于创伤愈合，打结时既要适当收紧又要防止拉穿组织。

(8)创缘、创壁应互相均匀对合，皮肤创缘防止内翻，创伤深部不应留有死腔，防止积血和积液。

(9)缝合的创伤，在手术后出现感染症状，应迅速拆除部分缝线，以便排出创液。

二、缝合的基本步骤(图 4.27)

(1)进针　缝合时左手执有齿镊，提起皮肤边缘，右手执持针钳(执法见前面章节)，用腕臂力由外旋进，顺针的弧度刺入皮肤，经皮下从对侧切口皮缘穿出。

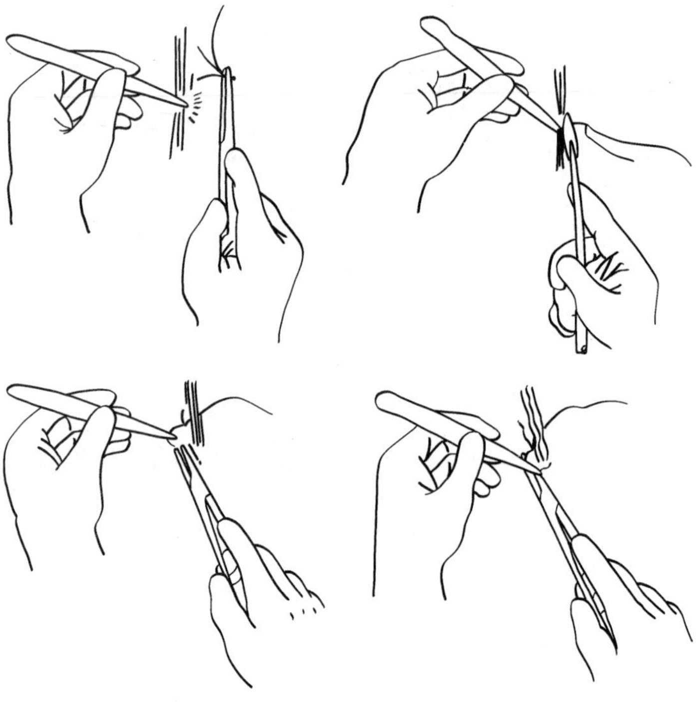

图 4.27　缝合步骤

(引自 兽医外科手术学)

(2)拔针　可用有齿镊持针前端顺针的弧度向外拔，同时持针器从针后部顺势前推。

(3)出针、夹针　当针要完全拔出时，阻力已很小，可松开持针器，单用镊子夹针继续外拔，持针器迅速转位再夹针体(后 1/3 弧处)，将针完全拔出，由第一助手打结，第二助手剪线，完成缝合步骤。

三、缝合方法

根据不同的要求，缝合分为 3 种类型：对接缝合、内翻缝合和张力缝合。

1.对接缝合

对接缝合主要用于皮肤等较平整组织的缝合。常见方法有：

(1)单纯间断缝合(图 4.28)　又称为结节缝合，是最常用、操作容易且迅速的缝合方法。缝合时，将缝针引入 15～20 cm 缝线，于创缘一侧垂直刺入，于对侧相应的部位穿出打结，每缝一针，打一次结。缝合要求，创缘要密切对合，缝线距创缘距离，根据缝合的皮肤厚度来决定。打结在切口一侧，防止压迫切口。用于皮肤、皮下组织、筋膜、黏膜、血管、神经、胃肠道的缝合。

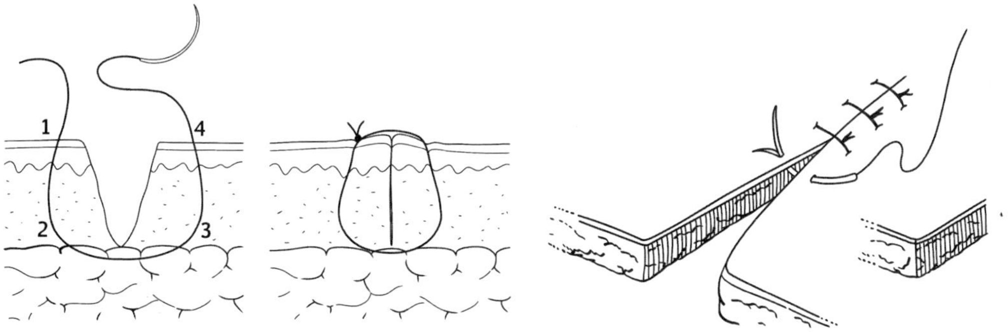

1～4 为缝针行进路线顺序

图 4.28　单纯间断缝合

(2)单纯连续缝合(图 4.29)　是用一条长的缝线自始至终连续地缝合一个创口，最后打结。第一针和打结操作同结节缝合，之后每缝一针前，对合创缘，避免创口形成皱褶，使用同一缝线以等距离缝合，拉紧缝线，最后留下线尾，在一侧打结。常用于具有弹性、无太大张力的较长创口，如皮肤、皮下组织、筋膜、血管、胃肠道的缝合。

(3)表皮下缝合(图 4.30)　缝合从切口一端开始，缝针刺入真皮下，再翻转缝针刺入另一侧真皮，在组织深处打结。应用连续水平褥式缝合平行切口。最后缝针回转刺向对侧真皮下打结，埋置在深部组织内。一般选择可吸收性缝合材料。

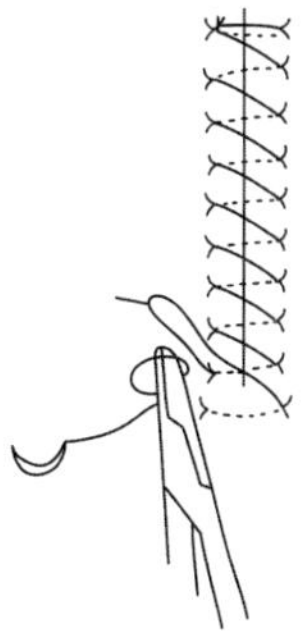

图 4.29　单纯连续缝合

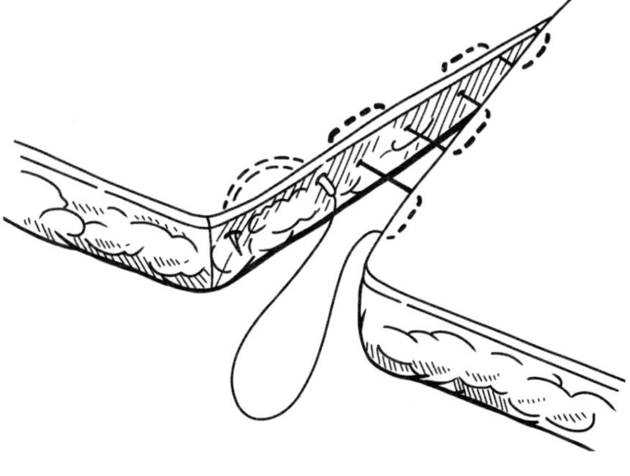

图 4.30　表皮下缝合

(4)挤压缝合　是用于肠管吻合的单层间断缝合法，犬、猫肠管吻合的临床观察认为，该法是很好的吻合缝合法，也用于大动物的肠管吻合。

挤压缝合如图 4.31 所示，缝针刺入浆膜、肌层、黏膜下层和黏膜层进入肠腔。在越过切口前，从肠腔再刺入黏膜到黏膜下层，越过切口转向对侧，从黏膜下层刺入黏膜层进入肠腔。在同侧从黏膜层、黏膜下层、肌层到浆膜刺出肠表面。两端缝线拉紧、打结。这种缝合使浆膜、肌层相对接，黏膜、黏膜下层内翻。这种缝合使肠本身的组织相互压挤，能有效地防止液体泄漏，肠管吻合对接密切并能保持正常的肠腔容积。

(5)十字缝合　这种缝合方法如图 4.32 所示，第一针从一侧到另一侧做结节缝合，第二针平行于第一针从一侧到另一侧穿过切口，缝线的两端在切口上交叉形成 X 形，拉紧打结。用于张力较大的皮肤缝合。

(6)连续锁边缝合(图 4.33)　这种缝合方法与单纯连续缝合基本相似。在缝合时每次将缝线交锁。此种缝合能使创缘闭合良好，并使每一针缝线在进行下一次缝合前就得以固定。多用于皮肤直线形切口及薄而活动性较大的部位缝合。

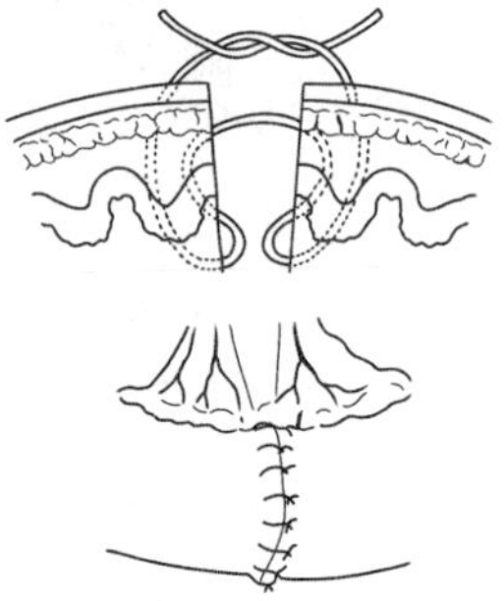

图 4.31　挤压缝合

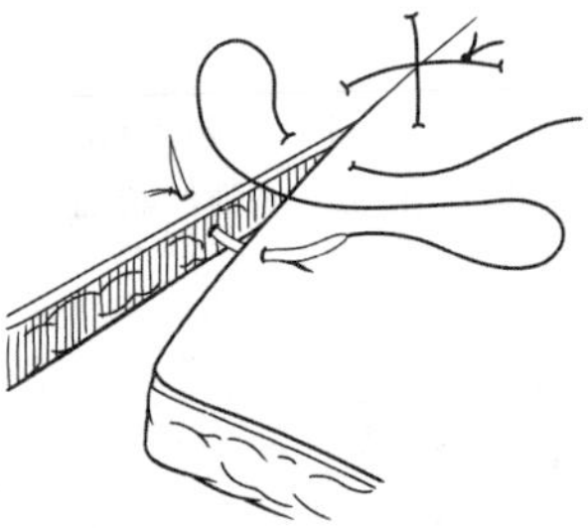

图 4.32　十字缝合

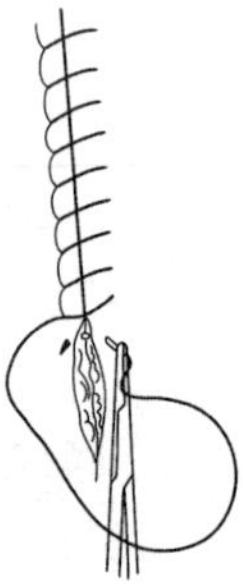

图 4.33　连续锁边缝合

2. 内翻缝合

内翻缝合用于胃、肠、子宫、膀胱等空腔器官的缝合，常见方法有：

(1)伦勃特氏缝合　是胃肠手术的传统缝合方法，又称为垂直褥式内翻缝合。此法可分为间断与连续两种，常用的为间断伦勃特氏缝合法。在胃或肠吻合时，用以缝合浆膜肌层。

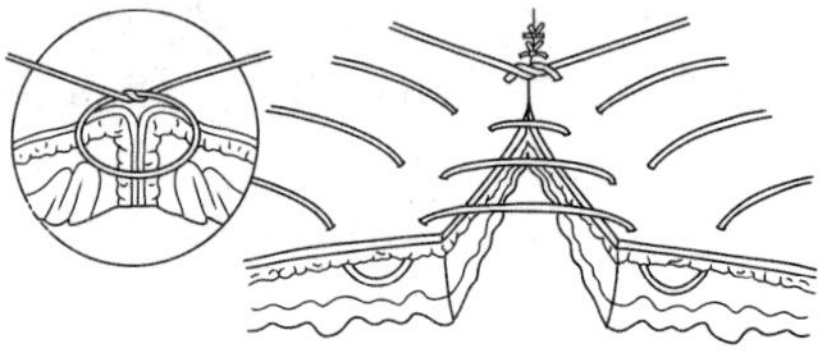

图 4.34　间断伦勃特式缝合

间断伦勃特氏缝合(图 4.34)：缝线分别穿过切口两侧浆膜及肌层即行打结，使部分浆膜内翻对合，用于胃肠道的外层缝合。

连续伦勃特氏缝合(图 4.35)：于切口一端开始先做一浆膜肌层间断内翻缝合，再用同一缝线做浆膜肌层连续缝合至切口另一端。其用途与间断内翻缝合相同。

图 4.35　连续伦勃特式缝合

(2)库兴式缝合(图 4.36)　又称连续水平褥式内翻缝合。这种缝合法是从伦勃特氏连续缝合演变来的，方法是于切口一端开始先做一浆膜肌层间断内翻缝合，再用同一缝线平行于切口做浆膜肌层连续缝合至切口另一端。适用于胃、子宫浆膜肌层缝合。

(3)康奈尔式缝合(图 4.37)　这种缝合法与连续水平褥式内翻缝合相同,仅在缝合时缝针要贯穿全层组织,当将缝线拉紧时,切面即翻向空腔内。多用于胃、肠、子宫壁缝合。

(4)荷包缝合(图 4.38)　即做环状的浆膜肌层连续缝合。主要用于胃肠壁上小范围的内翻缝合,如缝合小的胃肠穿孔。此外,还用于胃、肠、膀胱等造口引流固定的缝合。

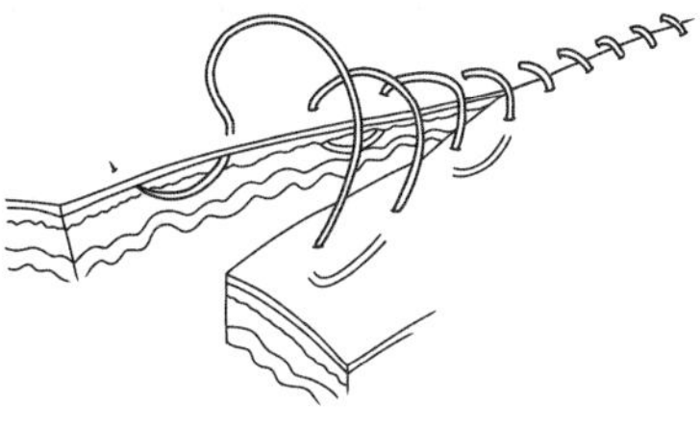

图 4.36　库兴式缝合

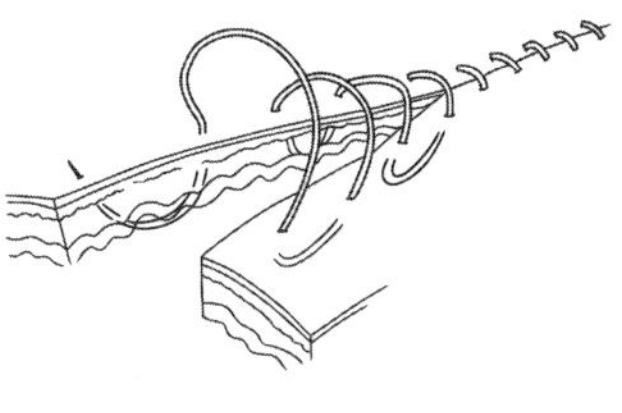

图 4.37　康奈尔式缝合

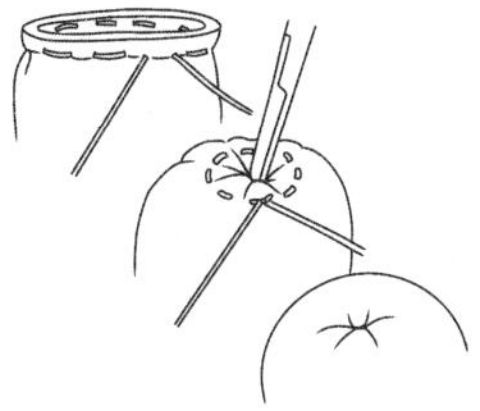

图 4.38　荷包缝合

3.张力缝合

(1)间断垂直褥式缝合(图 4.39)　针刺入皮肤,距离侧缘约 8 mm,创缘相互对合,越过切口到相应对侧刺出皮肤。然后缝针翻转在同侧距切口约 4 mm 刺入皮肤,越过切口到相应对侧距切口约 4 mm 刺出皮肤,与另一端缝线打结。该缝合要求缝针刺入皮肤时,只能刺入真皮下,接近切口的两侧刺入点要求接近切口,这样皮肤创缘对合良好,不出现外翻。缝线间距为 5 mm。

(2)间断水平褥式缝合(图 4.40)　针刺入皮肤,距创缘 2～3 mm,创缘相互对合,越过切口到对侧相应部位刺出皮肤,然后缝线与切口平行向前约 8 mm,再刺入皮肤,越过切口到相应对侧刺出皮肤,与另一端缝线打结,该缝合要求缝针刺入皮肤时刺入真皮下,不能刺入皮下组织,这样皮肤创缘才能对合良好,不出现外翻。根据缝合组织的张力,每个水平褥式缝合间距为 4 mm。

(3)近远-远近缝合(图 4.41)　第一针接近创缘垂直刺入皮肤,越过创底,到对侧距切口较远处垂直刺出皮肤。翻转缝针,越过创口到第一针刺入侧,距创缘较远处,垂直刺入皮肤,越过创底,到对侧距创缘近处垂直刺出皮肤,与第一针缝线末端拉紧打结。

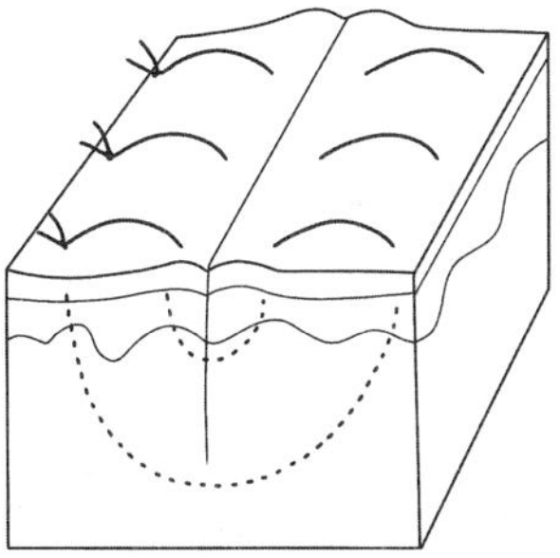

图 4.39　间断垂直褥式缝合

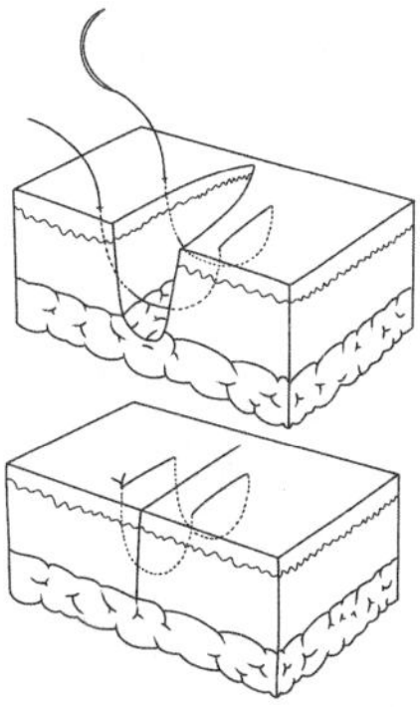

图 4.40　间断水平褥式缝合

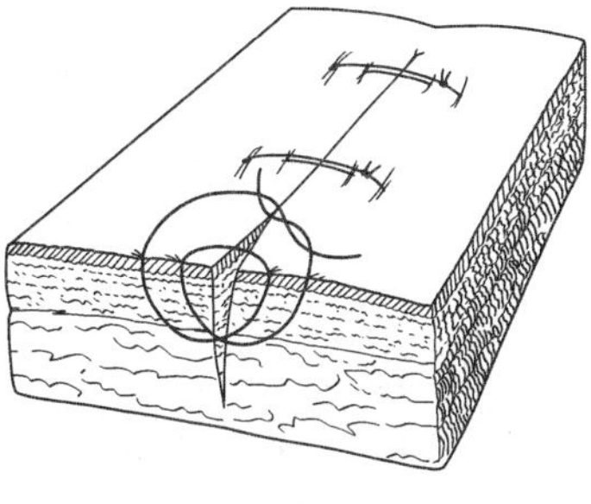

图 4.41　近远-远近缝合

四、各种软组织的缝合技术

(1)皮肤缝合　缝合前创缘必须对好,缝线要在同一深度将两侧皮下组织拉拢,以免皮下组织内遗留空隙。两侧针眼离创缘1～2 cm,距离要相等。皮肤缝合采用间断缝合,缝线在创缘侧面打结,打结不能过紧。皮肤缝合完毕后,必须再次将创缘对好。

(2)皮下组织缝合　缝合时要使创缘两侧皮下组织相互接触,一定要消除组织的空隙。使用可吸收性缝线,打结应埋置在组织内。

(3)筋膜缝合　根据其张力强度,筋膜的切口应与张力线平行,而不能垂直于张力线,在筋膜缝合时,要垂直于张力线,使用间断缝合。大量筋膜切除或缺损时,缝合应使用垂直褥式或近远-远近等张力缝合法。

(4)肌肉缝合　肌肉缝合时应将纵行纤维紧密连接,瘢痕组织生成后,不能影响肌肉收缩功能。可采用结节缝合,分别缝合各层肌肉。当小动物手术时,肌肉一般是纵行分离而不切断,因此,肌肉组织经手术细微整理后,可不需要缝合。对于横断肌肉,因其张力大,应该在麻醉或肌肉松弛的情况下连同筋膜一起缝合,进行结节缝合或水平褥式缝合。

(5)腹膜缝合　腹膜薄且不易耐受缝合,应连同部分肌肉组织缝合腹膜。腹膜缝合必须完全闭合,不能使网膜或肠管漏出腹膜,嵌闭在缝合切口处。

(6)血管缝合　血管缝合常见的并发症是出血和血栓形成。操作要轻巧、细致,不得损伤血管壁。血管端端吻合要严格执行无菌操作,防止感染。血管内膜紧密相对,因此,血管的边缘必须外翻,让内膜接触,外膜不得进入血管腔。

(7)神经缝合　操作要轻柔,用精细的缝合器械,神经横断面要准确对合,避免神经鞘内和神经周围出血,缝合时不能损伤神经组织。

(8)腱的缝合　腱的断端应紧密连接,如果末端间有裂缝被结缔组织填补,将影响腱的功能。操作要轻柔,不能使腱的末端挫伤而引起坏死,缝合部位周围粘连,会妨碍腱愈合后的运动。因此,腱的缝合要求腱鞘要保留或重建;腱、腱鞘和皮肤缝合部位,不要相互重叠,以减少腱周围的粘连。

(9)空腔器官缝合　空腔器官是指胃、肠、子宫、膀胱等器官,根据空腔器官的生理解剖学和组织学特点,对于不同动物和不同器官,缝合要求是不同的。

胃缝合:胃内具有高浓度的酸性内容物和消化酶。缝合时要求良好的密闭性,防止污染,缝线要保持一定的张力强度,因为术后动物呕吐或胃扩张对切口产生较强压力;术后胃腔容积减少,对动物影响不大。因此,胃缝合第一层连续全层缝合或连续水平褥式内翻缝合。第二层缝合采用浆膜肌层间断或连续垂直褥式内翻缝合。

小肠缝合:小肠肠腔较小,缝合时防止肠腔狭窄是很重要的。犬、猫小肠切口的缝合使用简单结节缝合,小肠端端吻合时也采用该法。常用挤压缝合法能达到良好对接,不易发生泄漏、狭窄和感染。缝合切口愈合快,有少量纤维结缔组织沉积,反应轻微,愈合后瘢痕较小,肠腔直径变化很小。

大肠缝合:大肠内容物为固态,细菌含量多。大肠缝合并发症是内容物泄漏和感染。内翻缝合是唯一安全的方法。内翻缝合浆膜与浆膜对合,防止肠内容物泄漏,并能保持足够的缝合张力强度。内翻缝合采用第一层连续全层或连续水平内翻缝合,第二层采用间断垂直褥式浆肌层内翻缝合。

子宫缝合：剖宫取胎术实行子宫缝合有其特殊的意义，因为子宫缝合不良会导致不孕，术后出血和腹腔内粘连。第一层简单连续缝合黏膜层和肌层，第二层内翻缝合。

任务5 拆 线

拆线是指拆除皮肤缝线。缝线拆除的时间，一般是在手术后 8～10 d，凡营养不良、贫血、老龄动物、缝合部位活动性较大、创缘呈紧张状态等，应适当延长拆线时间。但创伤已化脓或创缘已被缝线撕断时，可根据创伤治疗需要随时拆除全部或部分缝线，方法如下(图 4.42)：

(1)用碘酊消毒创口、缝线及创口周围皮肤后，将线结用镊子轻轻提起，剪刀插入线结下，紧贴针眼将线剪断。

(2)拉出缝线，拉线方向应向拆线的一侧，动作要轻巧，如强行向对侧硬拉，则可能将伤口拉开。

(3)再次用碘酊消毒创口及周围皮肤。

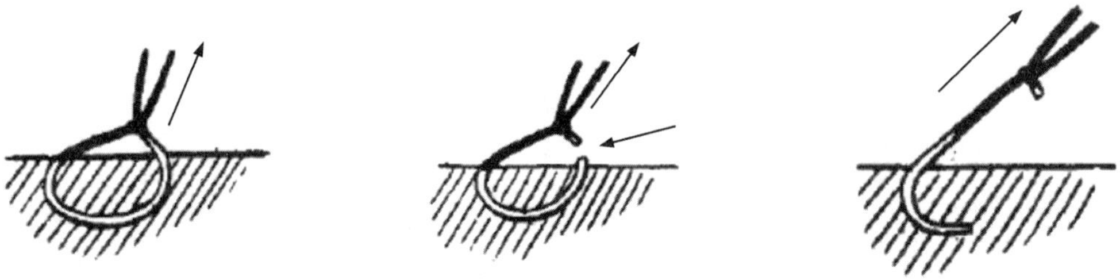

图 4.42 拆线

(引自 兽医外科手术学)

任务6 包扎技术

包扎法是利用敷料、绷带等材料进行包扎止血、保护创面、防止自我损伤、吸收创液、限制活动、保持创伤安静、促进受伤组织愈合的方法。

一、包扎法分类

根据敷料、绷带性质及其不同用法，包扎法有以下几类。

(1)干绷带法　又称干敷法，是临床上最常用的包扎法。凡敷料不与其下层组织粘连的均可用此法包扎。

(2)湿敷法　对于严重感染、脓汁多和组织水肿的创伤，可用湿敷法。此法有助于除去创内湿性组织坏死，降低分泌物黏性，促进引流等。

(3)生物学敷法　指皮肤移植，是将健康的动物皮肤移植到缺损处，消除创面，加速愈合，减少瘢痕的形成。

(4)硬绷带法　指夹板和石膏绷带等。这类绷带可限制动物活动,减轻疼痛,降低创伤应激,缓解缝线张力,防止创口裂开和术后肿胀等。

二、包扎材料

(一)敷料

常用敷料有纱布、海绵纱布及棉花等。

纱布要求质软、吸水性强。多选用医用的脱脂纱布。根据需要剪叠成不同大小的纱布块。其纱布块四边要光滑、没有脱落棉纱,并用双层纱布包好,高压蒸汽灭菌后备用。用于覆盖创口、止血、填充创腔和吸液等。

海绵纱布是一种多孔皱褶的纺织品(一般是棉制的)。质柔软,吸水性比纱布好,其用法同纱布。

棉花选用脱脂棉花。棉花不能直接与创面接触,应先放纱布块,棉花则放在纱布上。为此,常可预制棉垫,即在两层纱布间铺一层脱脂棉,再将纱布四周毛边向棉花折转,使其成方形或长方形棉垫。其大小按需要制作。棉花也是四肢骨折外固定的重要敷料。

(二)绷带

绷带多由纱布、棉布等制作成圆筒状,故称卷轴绷带或卷轴带,是将布剪成狭长的带条,用途最广。按其制作材质可分为纱布绷带、棉布绷带、弹力绷带和胶带 4 种类型。

(1)纱布绷带　是临床上常用的绷带,有多种规格。长度一般 6 m,宽度有 3 cm、5 cm、7 cm、10 cm 和 15 cm 不等。根据临床需要选用不同规格。纱布绷带质柔软,压力均匀,价格便宜,但在使用时易起皱、滑脱。

(2)棉布绷带　用本色棉布按上述规格制作。因其原料厚,坚固耐洗,施加压力不变形或断裂,常用以固定夹板、肢体等。

(3)弹力绷带　是一种弹性网状织品,质地柔软,包扎后有伸缩力,故常用于烧伤、关节损伤等。此绷带不与皮肤、被毛粘连,故拆除时动物无不适感。

(4)胶带　目前多数胶带是多孔的,能让空气进入其下层纱布、创面,避免创口潮湿。目前多用布制胶带,也称胶布或橡皮膏。胶带是包扎不可缺少的材料。常在使用纱布或棉布绷带后,用胶带缠绕固定。

根据绷带的临床用途及其制作材料的不同,还有其他命名,如复绷带、石膏绷带等。

(1)复绷带　复绷带是按动物体一定部位的形状而缝制,具有一定结构、大小双层盖布,在盖布上缝合若干布条以便打结固定。在宠物临床中常使用大纱布或纯棉布料自制复绷带。复绷带虽然形式多样,但都要求装置简便、固定确实。

装置复绷带时应注意的问题:

盖布的大小、形状应适合患部解剖形状和大小的需要,否则外物易进入患部。

包扎固定须牢靠,以免动物运动时松动。

绷带的材料与质地应优良,以便经过处理后反复使用。

(2)结系绷带　或称缝合包扎,是用缝线代替绷带固定敷料的一种保护手术创口或减轻伤口张力的绷带。结系绷带可装在身体的任何部位,其方法是在圆枕缝合的基础上利用游离的线尾,将若干层灭菌纱布固定在圆枕之间和创口之上。

(3)支架绷带(图 4.43) 是在绷带的基础上,内有作为固定敷料的支柱装置的一种绷带。这种绷带应用于动物的四肢时,使用套有橡皮管的软金属丝或细绳构成的支架,借以牢固地固定敷料,而不会因动物的走动失去它的作用。髻甲、背腰部的支架绷带为被纱布包住的弓状金属支架,使用时可用布条或软绳将金属架固定于患部。支架绷带具有防止摩擦、保护创伤、保持创伤安静和通气的作用,因此为创伤的愈合提供了良好条件。

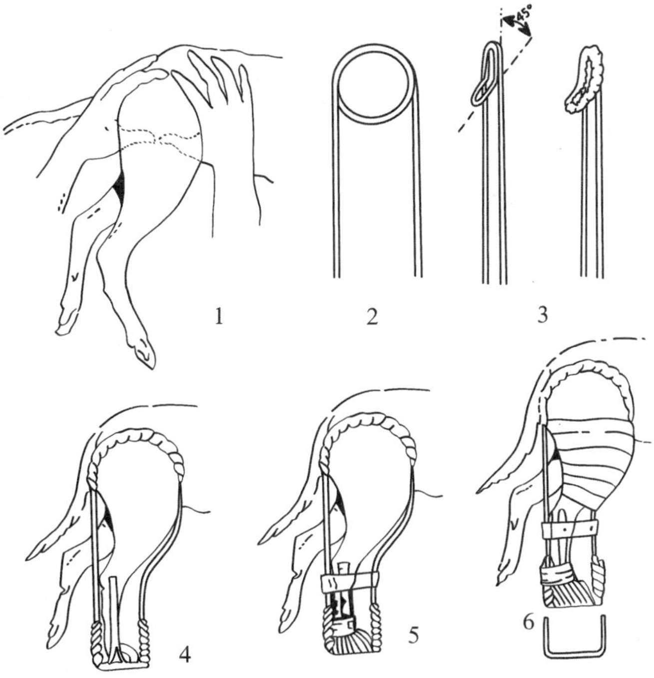

1.测量股部直径 2.如图制作环架 3.调整环架角度 4.安装支架 5.胶带固定支架 6.增加远端保护

图 4.43 支架绷带铝制夹板棒制成的侧吊带

(4)夹板绷带(图 4.44) 是借助于夹板的作用达到保持患部安静,避免加重损伤、移位和使伤部进一步复杂化的一种起制动作用的绷带,分临时夹板绷带和预制夹板绷带两种。前者通常用于骨折、关节脱位时的紧急救治,后者可作为较长期的制动。

临时夹板绷带可用胶合板、普通薄木板、竹板等作为夹板材料。预制夹板绷带常用金属丝、薄铁板、木料等制成适合四肢解剖形状的夹板。无论临时夹板绷带或预制夹板绷带,皆由作为衬垫的内层、夹板和各种固定材料构成。

夹板绷带的包扎方法是先将患部皮肤洗净,包上较厚的棉花、纱布棉花垫或毡片等衬垫并用蛇形带加以固定,尔后装置夹板。夹板的宽度视需要而定,长度既应包括骨折部上下两个关节、使上下两个关节同时得到固定,又要短于衬垫材料,避免夹板两端损伤皮肤。最后用螺旋带或结实的细绳加以捆绑固定,铁制夹板可加皮带固定。

(5)硬化绷带 又称石膏绷带,是在淀粉液浆制过的大网眼纱布上加上锻制石膏粉制成的。这种绷带用水浸后质地柔软,可塑制成任何形状敷于伤肢,一般十几分钟后开始硬化,干燥后成为坚固的石膏夹。根据这一特性,石膏绷带应用于整复后的骨折、脱位的外固定或矫形,都可收到满意的效果。

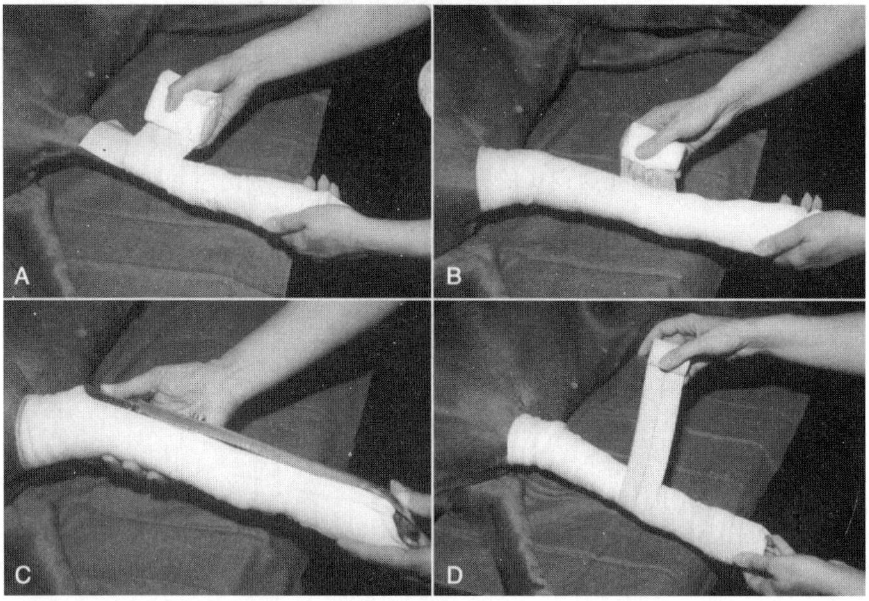

图 4.44　夹板绷带

煅石膏及石膏绷带市场上均有出售。根据动物大小，制成长 2～4 m，宽 5～10 cm（四肢用）或 15 cm（躯干用）的石膏绷带卷。

应用石膏绷带治疗骨折时，可分为无衬垫和有衬垫两种，一般认为无衬垫石膏绷带疗效较好。骨折整复后，消除皮肤上污物，涂布滑石粉，尔后于肢体上、下端各绕一圈薄纱布棉垫，其范围应超出装置石膏绷带卷的预定范围。根据操作时的速度逐个地将石膏绷带卷轻轻地横放到盛有 30～35 ℃的温水桶中，使整个绷带卷被淹没。待气泡出完后，两手握住石膏绷带圈的两端取出，用两手掌轻轻对挤，除去多余水分。从病肢的下端先做环形包扎，后做螺旋包扎向上缠绕，直至预定的部位。每缠一圈绷带都必须均匀地涂抹石膏泥使绷带紧密结合。

骨的突起部，应放置棉花垫加以保护，绷带上、下端不能超过衬垫物并且松紧要适宜。根据伤肢重力和肌肉牵引力的不同，可缠绕 6～8 层（大动物）或 2～4 层（小动物）。在包扎最后一层时，必须将上、下衬垫向外翻转，包住石膏绷带的边缘，最后表面涂石膏泥，待数分钟后成形。但为了加速绷带的硬化，可用电吹风机吹干。

犬、猫石膏绷带应从第二、四指（趾）近端开始，当开放性骨折或有伴发创伤的其他四肢疾病时，为了观察和处理创伤，常应用有窗石膏绷带。“开窗”的方法是在创口上覆盖灭菌创巾，将大于创口的杯子或其他器皿放于创巾上，杯子固定后，绕过杯子按前法缠绕石膏绷带，在石膏未硬固之前用刀做窗，取下杯子即成窗口，窗口边缘用石膏泥涂抹平。有窗石膏绷带虽然有便于观察和处理创伤之优点，但其缺点是可引起静脉淤血和创伤肿胀。若窗孔过大往往影响绷带的坚固性。为了满足治疗上的需要和不影响绷带的坚固性，可采用桥形石膏绷带。其制作方法是用 5～6 层卷轴石膏绷带缠绕于创伤的上、下部，作为窗孔的基础，待石膏硬化后于无石膏绷带部分的前后左右各放置一条弓形金属板，即“桥”，代替一段石膏绷带的支持作用，金属板的两端放置在患部上、下方绷带上，然后再缠绕 3～4 层卷轴石膏绷带加以固定。

为了便于固定和拆除，外科临床上也使用长压布石膏绷带。其制作和使用方法是：取纱布宽度为拟固定部位圆周的一半长度(视需要而定),将纱布均匀地布满煅石膏粉后,逐层重叠,再浸以温水,挤去多余水分后放在患肢前面。同法做成另一半长压布,放在患肢后面。待干燥之后再用卷轴绷带将两页固定于患部。在兽医临床上有时为了加强石膏绷带的硬度和固定作用,可在卷轴石膏绷带缠绕后的第1、2层暂停缠绕,修整平滑并置入夹板材料,使之成为石膏夹板绷带。

包扎石膏绷带时应注意的事项:

①将一切物品备齐,然后开始操作,以免临时出现问题延误时间。由于水的温度直接影响着石膏硬化时间(水温降低会延缓硬化过程),应予以注意。

②患病动物必须保定确实,必要时可做全身或局部麻醉。

③骨折的患肢在装置前必须将骨折断端整复到解剖位置,使病肢的主要力线和肢轴尽量一致。为此,在装置前最好应用X光片检查。

④长骨骨折时,为了达到制动目的,一般应固定与骨折部位相邻的上、下两个关节,才能达到制动的作用。

⑤骨折发生后,使用石膏绷带作外固定时,必须尽早进行。若在局部出现肿胀后包扎,则在肿胀消退后,皮肤与绷带间出现空隙,达不到固定作用。此时,可施以临时石膏绷带,待炎性肿胀消退后将其拆除,重新包扎石膏绷带。缠绕时要松紧适宜,过紧会影响血流循环,过松会失去固定作用。一般在石膏绷带两端以插入一手指为宜。缠绕的基本方法是把石膏绷带"贴上去",而不是拉紧"缠上去",每层力求平整,为此,应一边缠绕一边用手将石膏泥抹平使其厚薄均匀一致。

⑥未硬化的石膏绷带不要指压,以免向下凹陷、压迫组织影响血液循环或发生溃疡、坏死。

⑦石膏绷带敷缠完毕后,为了使石膏绷带表面光滑美观,有时用干石膏粉少许,加水调成糊涂在表面,使之光滑整齐。石膏夹两端的边缘应修理光滑,并将石膏绷带两端的衬垫翻到外面,以免摩擦皮肤。

⑧最后用有色铅笔或毛笔在石膏夹表面写明装置和拆除石膏绷带的日期,并尽可能标记出骨折线。

石膏绷带拆除的时间,应根据不同的病畜和病理过程而定。一般大动物为6～8周,小动物3～4周,但遇下列情况,应提前拆除或拆开另行处理。

①石膏夹内有大出血或严重感染。

②患病动物出现原因不明的高热。

③包扎过紧,肢体受压,影响血液循环。表现为动物不安,食欲减少,末梢部肿胀,蹄变冷。

④肢体萎缩,石膏夹过大或严重损坏失去作用。由于石膏绷带干燥后十分坚硬,拆除时多用专门工具,包括锯、刀剪、石膏分开器等。

拆除的方法是:先用热醋、双氧水或饱和食盐水在石膏夹表面划好拆除线,使之软化,然后沿拆除线用石膏刀切开或石膏锯锯开,也可用石膏剪逐层剪开。为了减少拆除时可能发生的组织损伤,拆除线应选择在较平整和软组织较多处。外科临床上也常直接用长柄石膏剪沿石膏绷带近端外侧缘纵行剪开,尔后用石膏分开器将其分开。石膏剪向前推进时,剪的两页应与肢体的长轴平行,以免损伤皮肤。

其他硬化绷带有Vet-Lite和纤维玻璃绷带。Vet-Lite是一种热熔可塑型的塑料浸满在网孔的纺织物上。如将其放在水中加热至71～77℃则变得很软,并可产生黏性,然后置室温冷却,几分钟后可硬化。Vet-Lite多用作小动物的硬化夹板。纤维玻璃绷带是一种树脂黏合材料。绷带浸泡冷水中10～15 s就起化学反应,随后在室温条件下几分钟则开始热化和硬固。纤维玻璃绷带主要用于四肢的圆筒铸型,也可用作夹板。具有重量轻、硬度强、多孔及防水等特性。

三、卷轴绷带包扎方法

卷轴绷带多用于动物四肢游离部、尾部、头部、胸部和腹部等的包扎。包扎时,一般以左手持绷带的开端,右手持绷带卷,以绷带的背面紧贴肢体表面,由左向右缠绕。当第一圈缠好之后,将绷带的游离端反转盖在第一圈绷带上,再缠第二圈压住第一圈绷带。然后根据需要进行不同形式的包扎法缠绕。无论用何种包扎法,均应以环形开始并以环形终止。包扎结束后将绷带末端剪成两条打个半结,以防撕裂。最后打结于肢体外侧,或以胶布将末端加以固定。卷轴绷带的基本包扎法如下:

(1)环形包扎法(图4.45)　用于其他形式包扎的起始和结尾,以及用于系部、掌部、跖部等较小创口的包扎。方法是在患部把卷轴带呈环形缠数圈,每圈盖住前一圈,最后将绷带末端剪开打结或以胶布加以固定。

(2)螺旋形包扎法(图4.46)　以螺旋形自下向上缠绕,每后一圈均遮盖前一圈的1/3～1/2。用于掌部、跖部及尾部等的包扎。

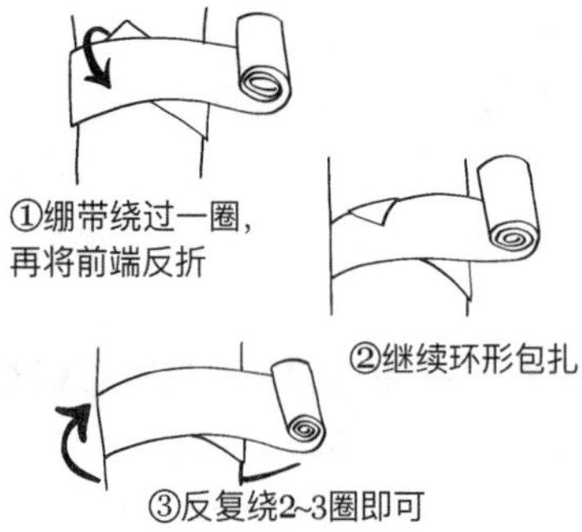

图4.45　环形包扎法

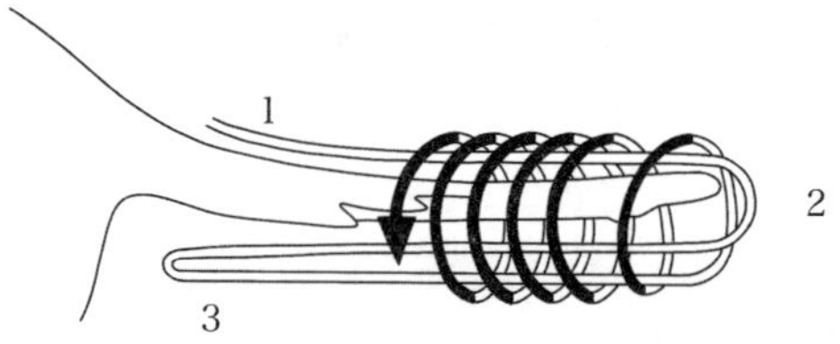

1～3为绷带缠绕路线顺序

图4.46　螺旋形包扎法

(3)折转包扎法　又称螺旋回返包扎法(图4.47)　用于上粗下细径圈不一致的部位,如前臂和小腿部。方法是由上向下做螺旋形包扎,每一圈均应向下回折,逐圈遮盖上圈的1/3～1/2。

(4)蛇形包扎法　又称蔓延包扎法,斜行向上延伸,各圈互不遮盖。用于固定夹板绷带的衬垫材料。

(5)交叉包扎法　又称"8"字形包扎法(图4.48),用于腕、肘、跗关节等部位,方便关节屈曲。包扎方法是在关节下方做一环形带,然后在关节前面斜向关节上方,做一圈环形带后再斜行经过关节前面至关节下方。如上操作至患部完全被包扎住,最后以环形带结束。

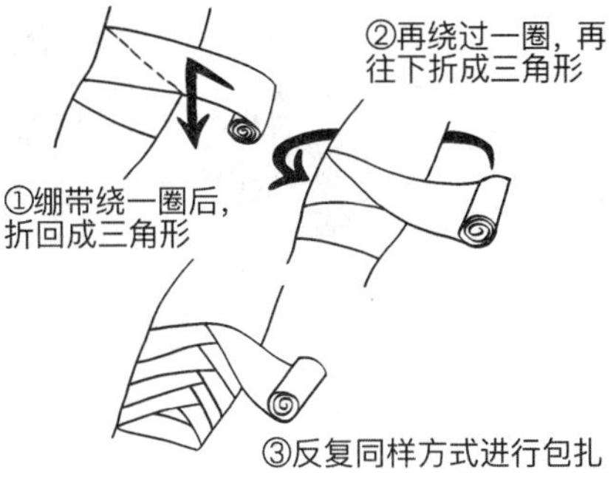

图 4.47 螺旋回返包扎

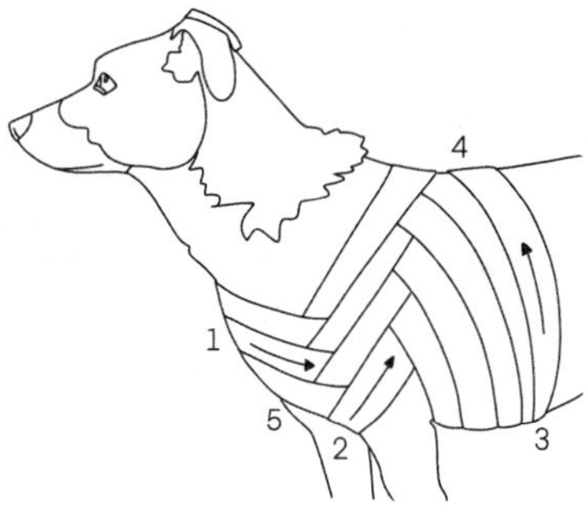

1～5 为绷带缠绕路线顺序

图 4.48 交叉包扎法

四、各部位包扎技术

(一)足包扎法(图 4.49)

将绷带的起始部留出约 20 cm 作为缠绕的支点，在系部做环形包扎数圈后，绷带由一侧斜经掌前壁向下，折过指尖经过趾底与游离部分扭缠，以反方向由另一侧斜经掌前壁做经过趾底的缠绕。同样操作至整个足底被包扎，最后与游离部打结固定于系部。为防止绷带被污染，可在外部加上帆布套。

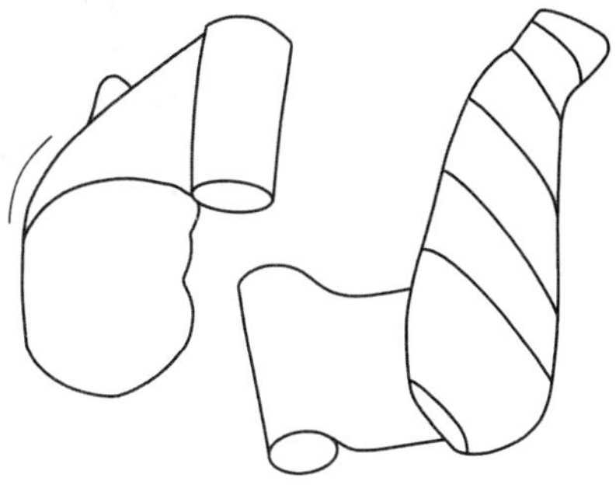

图 4.49 螺旋形包扎法

(二)尾包扎法(图 4.46)

用于尾部创伤或用于后躯、肛门、会阴部施术前、后固定尾部。先在尾根做环形包扎，然后将部分尾毛折转向上做尾的环形包扎后，将折转的尾毛放下，做环形包扎，目的是防止包扎滑脱，如此反复多次，用绷带做螺旋形缠绕至尾尖时，将尾毛全部折转做数圈环形包扎后，绷带末端穿入尾毛折转所形成的圈内。

(三)耳包扎法

用于耳部手术后，如耳血肿、外耳道切除、立耳术等。

1.垂耳包扎法

如图 4.50 所示，先在患耳背侧安置棉垫，将患耳及棉垫反折使其贴在头顶部，并在患耳耳廓内侧填塞纱布。然后绷带从耳内侧基部向上延伸到健耳后方，并向下绕过颈上方到患耳，再绕到健耳前方。如此缠绕 3～4 圈将耳包扎。

2.竖耳包扎法

多用于耳成形术。先用纱布或材料做成圆柱形支撑物填塞于两耳廓内，再分别用短胶布条从耳根背侧向内缠绕，每条胶布断端相交于耳内侧支撑上，依次向上贴紧。最后用胶带“8”字形包扎将两耳拉紧竖直。

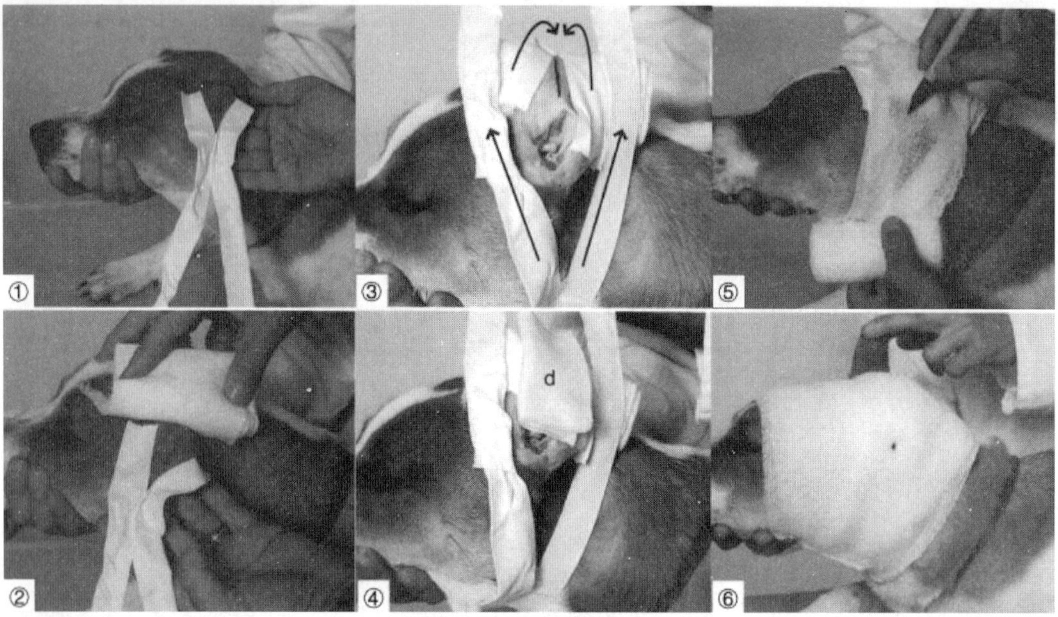

图 4.50　垂耳包扎法

五、包扎的注意事项

(1)按包扎部位的大小、形状选择宽度适宜的绷带。绷带过宽,使用不便,包扎不平;过窄则难以固定,包扎不牢固。

(2)包扎要求迅速确实,用力均匀,松紧适宜,避免一圈松一圈紧。压力不可过大,避免发生循环障碍,但也不宜过松,以防脱落或固定不牢。在操作时绷带不得脱落污染。

(3)在临床治疗中不宜使用湿绷带进行包扎,因为湿布不仅会刺激皮肤,而且容易造成感染。

(4)对四肢部的包扎须按静脉血流方向,即从四肢的远端开始向近端包扎,以免静脉淤血。

(5)包扎至最后末端应妥善固定以免松脱,一般用胶布贴住,这样比打结更为光滑、平整舒适。如果采用末端撕开系结则结扣不可置于隆突处或结面上。结的位置也应避免啃咬而松结。

(6)包扎应美观,绷带应平整无折皱,以免发生不均匀的压迫。交叉或折转应成一线,每圈遮盖多少要一致,并除去绷带边上活动的线头。

(7)解除绷带时先将末端的固定结松开,再朝缠绕反方向以双手相互传递松解。解下的部分应握在手中,不要拉得很长或拖在地上。紧急时可用剪刀剪开。

(8)对破伤风等厌氧菌感染的创口,即使做过较彻底的外科处理,也不宜用绷带包扎。

任务 7　手部基本功训练

任何先进的器械都不能完全替代外科医师灵巧的双手。相反,手术基本功会成为将来更大发展的坚实基础。灵巧的双手对于外科医生来讲十分重要,执着基本功训练是对外科专业的强烈追求和高度敬业精神的体现。经过认真训练、锻炼，才能在大脑建立牢固的条件反射，形成动作定型。

一、手的训练与要求

真正外科医师的手要具备：

(1)力量　是技术的基础。外科医师的手，握力起码有 30 kg，用咬骨钳咬断肋骨毫无困难。手的力量可通过各种训练获得。

(2)速度　即反应要快、敏捷、迅速。

(3)灵活　腕关节(即手腕)、手指及关节协调灵活，分指动作活动范围大而灵巧。

(4)手感好　手是人的第二双眼睛，触摸精细物感觉确切，判断准确。

二、止血钳套指飞转训练

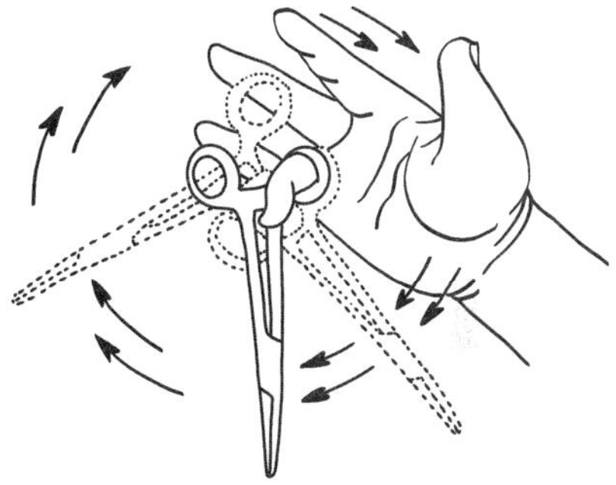

图 4.51　止血钳套指飞转训练

如图 4.51 所示，用大号止血钳或持针器套入右手无名指指间关节，时快时慢飞转，训练提高手指对器械的控制力、灵活性，以及强化手脑的协调、结合，形成条件反射。久之，每当持拿各种手术器械时，均感觉轻快、稳准、有力，而且顺手、灵便，为手术操作达到“金标准”奠定重要基础。

三、打结的要求与训练

打结应该成为衡量外科医师手术基本功熟练程度的最主要的依据，集中体现了手术者的艺术气质和技术成就。

打结基本要求为：要求两手指与结扎点三点成一线，避免反结、滑结，拉用力适中均匀；结扎血管要求百分之百的安全可靠；每分钟能打 60 个单结，飞快如自动化程度；双手均能打结，做到左右开弓，熟练打方结、外科结；深部定位、定点打结，双手持捏长线提紧，结扎时手指顺线下滑用力，难度较大，要求较高。

四、持剪训练

手术剪是由两把刀子组成、具有多种功能的手术器械，可用于剪开、剪断、剪线、游离等操作，手术时不仅术者使用，助手、器械护士也用，是多人应用的手术器械。可通过训练来熟练掌握各种持剪法，充分发挥剪刀的作用。如图 4.52 所示，首先训练剪刀携带位与使用位的变换方法，直到熟练掌握。其次训练高难持剪技能，如反剪、倒剪及双手持剪法。

由于在手术过程中应用剪刀的人最多，操作机会最多，时间最长，因此，对手术的安全、质量及速度影响也最大。反剪、倒剪既是高超技能，也是非凡技巧，颇难熟练掌握。

五、持钳训练

如图 4.53 所示，训练时以拇指与中、食指及小指握钳身，以食指压在钳轴近端，构成稳定

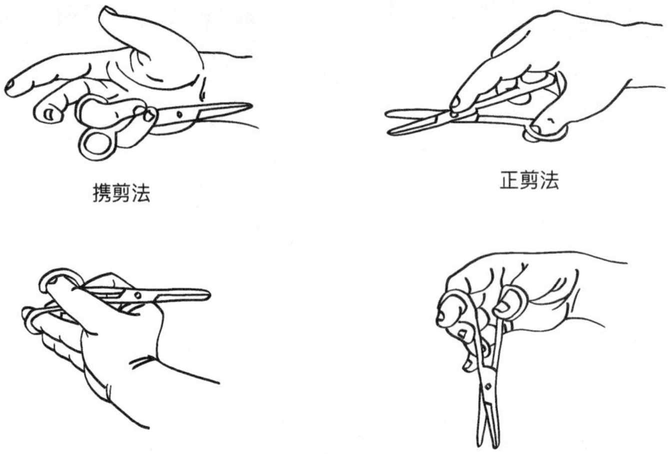

图 4.52　持剪训练

力学三角，牢靠、稳定及有力。以拇指关节及大鱼际肌的活动来控制持针器张开与闭合的动作范围，要反复进行张闭训练，体会要领，才能习惯这种持拿法。一旦手术实践中熟练掌握，就可在缝合时比较容易做到稳、准、轻、快及巧，而且可以发挥正缝、反缝及转针缝合等多方位缝合的优点。持针器持拿方法，直接关系到缝合的速度和质量。相较而言，用一把抓来进行深部缝合，要比指套法和掌指法优越很多。

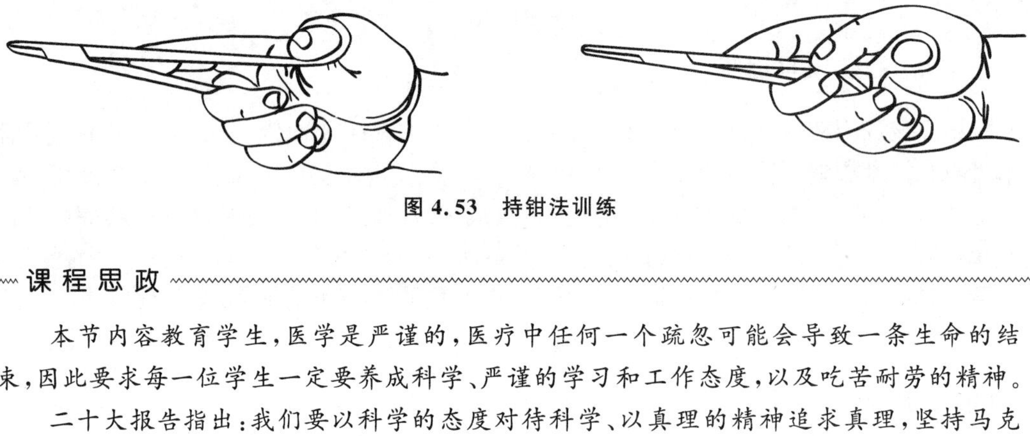

图 4.53　持钳法训练

课 程 思 政

本节内容教育学生，医学是严谨的，医疗中任何一个疏忽可能会导致一条生命的结束，因此要求每一位学生一定要养成科学、严谨的学习和工作态度，以及吃苦耐劳的精神。

二十大报告指出：我们要以科学的态度对待科学、以真理的精神追求真理，坚持马克思主义基本原理不动摇，坚持党的全面领导不动摇，坚持中国特色社会主义不动摇。

二维码 4-1　外科手术基本操作

二维码 4-2　项目四图片

项目五

外科手术基本流程

任务1 术 前 准 备

术前准备常包括拟定手术计划、术者准备、动物准备及手术器械和用品准备等工作。

一、拟定手术计划

手术计划的拟定是术前的必备工作，根据全身检查的结果，定出手术实施方案。手术计划是外科医生判断力的综合体现，也是检查判断力的依据。在手术进行中，有计划和有秩序地工作，可以减少手术中的失误，即或出现某些意外，也能设法应付，不致出现忙乱，造成贻误，这对初学者尤为重要。手术计划不强求一律，但一般应包括如下内容：

(1)手术的名称、目的、日期及手术人员的分工。

(2)手术前必须采取的相关措施，如禁食、胃肠减压、灌肠、导尿、给药的种类与方法等。

(3)所需用的手术器械、药品、敷料，其他用品的种类、数量及消毒的方法、保定及麻醉的方法；手术操作过程中应注意的问题。

(4)手术动物的体况、并发症。手术过程中可能出现的问题，如大出血、休克、窒息应如何预防及急救等。

(5)术后苏醒护理及治疗措施。

(6)术后的治疗与管理

①预防术后感染。术前使用抗生素，并坚持无菌操作，可有效地减少术中和术后感染的发生。根据手术类型的不同及其他并发症，术后可坚持使用一段时间广谱抗生素。

②维持水、电解质和酸碱平衡。通过静脉输液纠正代谢紊乱。

③术后护理。注意动物的保暖，在麻醉苏醒期注意看护，防止动物自伤。在动物完全苏醒后，才能给予少量饮水，以防止误吸。术后注意监测体温、呼吸、脉搏，以便及时掌握动物的状况。通过戴脖圈、穿手术衣等措施防止动物啃、舔伤口。

二、术者准备

外科手术是一项集体活动，术前要有良好的分工，以便在手术期间各尽其职、有条不紊地工作。术者和手术人员在手术时要了解每个人的职责，切实做好准备工作。一般可做如下分工：

(1)术者　拟定手术计划并在手术时执刀的人。术者是手术的主要操作者、组织者。

(2)助手　协助术者进行手术。视具体情况可设1～3人。第一助手负责局部麻醉、术部消毒、手术术部隔离及配合术者进行切开、止血、结扎、缝合、清理术部和显露术部等。助手必须经常留意，不断给术者创造操作条件并及时给予配合。当术者因故不能继续进行手术时，第一助手将顶替术者完成手术。第一助手的位置一般设在术者的对面或术者的左侧。第二、三助手的职责，主要是补充第一助手的不足，如牵拉创钩，显露深部组织、清理术部或协助器械助手准备缝线、传递器械等。其位置可根据手术需要设在术者的对面或近旁。

(3)麻醉助手　负责麻醉前给药和给麻醉药，在手术过程中要正确掌握麻醉的进程；与术者配合，根据手术的需要调整麻醉深度，确保手术的顺利进行；同时在动物麻醉过程中，连续监视动物的呼吸、循环、体温以及动物各种反射变化；评价动物供氧和二氧化碳排除的状态及水和电解质的稳定情况，发现异常要尽快找出原因并加以纠正，使动物能在相对的正常生理范围内耐受手术。

(4)器械助手　负责器械及敷料的供应和传递。因此，器械助手事先必须掌握手术操作及进程，能敏捷地配合手术的需要，传递默契。还要利用手术的空隙时间经常维持器械台的整齐和清洁，随时清除剩余线头、血迹、归类放置器械，使工作完全处于有条不紊的状态。在闭合胸、腹之前，要清点敷料和器械的数目。术后负责器械的清洁和整理。

(5)保定助手　负责手术过程中的动物保定。人数要根据手术的性质、麻醉的方法等确定。

上述的分工，对不同的手术不是相同的，要根据手术的大小和繁简、动物的种类、疾病的程度等决定。原则是既不浪费人力，又要有利于手术的进行。手术人员各司其职固然重要，但他们之间的配合对手术的顺利完成、缩短手术时间、减少手术中的失误起决定性作用。

1.术者与助手的配合

术者与助手的配合直接关系到手术的进程和效果。术者的每一个操作几乎都离不开助手的配合。心领神会的配合是术者与其助手长期同台磨合的结果。这种娴熟默契的配合不仅有利于顺利完成高质量的手术，而且还可以避免手术人员之间的意外损伤。作为术者应熟练掌握手术常规步骤，并及时给予助手如何配合的暗示，不可一人包揽全部操作；作为助手更应主动积极地领会术者的意图和操作习惯，正确做好配合操作，不可随意发表意见扰乱术者的思想情绪，更不可代替术者操作。例如，术者在切割皮肤和皮下组织时，伤口出血，助手应立即用纱布压迫并持血管钳钳夹出血点；术者在做深部组织切开时，助手应及时用纱布或吸引器清理术野，以便术者在直视下完成下一步操作；术者分离组织时，助手用血管钳或手术镊做对抗牵引，以更清楚地显露组织层次；术者在游离带有较大血管的网膜、系膜、韧带时，术者先用血管钳分离出要切断的血管，助手应持血管钳插入术者所持血管钳的对侧，用两钳夹住血管，术者在两钳之间将血管切断，然后将血管结扎；术者在缝合时，应将线尾递给助手抓住，助手应及时清理术野，可用纱布擦拭，吸引器清除渗血、渗液，充分显露缝合的组织，在缝针露出针头后应夹持固定在原处，避免缝针回缩，以便术者夹针、拔针；助手结扎时，术者轻轻提起血管钳，将夹持组织的尖端固定在原处，待助手抽紧缝线做第一个单结时才可撤去血管钳。遇张力较大时术者还要帮助夹住近线结处，以免在做第二个单结时前一个单结松滑。术中的配合需要术者和其他参加手术人员灵活机动地进行。然而，术者是手术小组的核心，助手的任何操作都不应影响术者的操作，所以，助手的操作动作应在尽可能小的范围内进行，为术者提供充分的操作空间。

2.器械助手与术者的配合

器械助手密切注意手术进程，及时准备和递送手术所需的物品，熟悉术者的操作习惯，领会术者的暗示性动作，主动递送各种适当的手术用具。

3.麻醉助手与术者的配合

麻醉助手只有使手术动物无痛和肌肉松弛，术者才能更好地手术，术中密切观察病畜的生命体征，如有异常，及时通报手术人员做出相应的处理，保障生命安全。

三、动物准备

动物准备是外科手术的重要组成部分。动物术前准备工作的任务，是尽可能使手术动物处于正常生理状态，各项生理指标接近于正常，从而提高动物对手术的耐受力。因此可以认为，术前准备得如何，直接或间接影响手术的效果和并发症的发生率。

手术前准备的时间视疾病情况而定，按手术的紧迫性分为紧急手术、择期手术和限期手术。

紧急手术如大创伤、大出血、胃肠穿孔和肠胃阻塞等。手术前准备要求迅速和及时，绝不能因为准备而延误手术时机。择期手术是指手术时间的早与晚可以选择，又不致影响治疗效果，如十二指肠溃疡的胃切除手术和慢性瘤胃食滞的胃切开手术等，有充分时间做准备。限期手术如恶性肿瘤的摘除，当确诊之后应积极做好术前准备，不得拖延。

通常动物的术前准备如下：

(1)禁食　有许多手术术前要求禁食，如开腹术，充满腹腔的肠管形成机械障碍，会影响手术操作。禁食时间不是一成不变的，要根据动物患病的性质和动物身体状况而定，禁食时间也属于外科判断力的一个部分。多数病例以禁食 24 h 为宜，禁水不超过 12 h 即可满足手术要求。因为小动物消化管比大动物短，容易将肠内容物排空，故禁食一般不要超过 12 h。禁食使饥饿的肝脏降低糖原的贮备，过长的禁食是不适宜的。当肛门或阴门手术时，为防止粪便污染，术前要求直肠排空，将肛门做假缝合或行灌肠术，以截断排泄，可大大减少污染。

(2)营养　动物在手术之前，由于慢性病或禁食时间过长、大创伤、大出血等造成营养低下或水电解质失衡，从而增加手术的危险性和术后并发症。蛋白质是动物生长和组织修复不可缺少的物质，是维持代谢功能和血浆渗透压的重要因素。同时也要注意碳水化合物、维生素的补充。

(3)保持安静　为了使动物平稳地进入麻醉状态，术前要减少动物的紧张与恐惧。尽量减少麻醉和手术给动物造成的应激、代谢紊乱和水电解质平衡失调，要注意术前补液，特别是休克动物。

(4)特殊准备　对不同器官的功能不全，术前应做出预测和准备，如肺部疾病，要做特殊的肺部检查。因为麻醉、手术和动物的体位变化均能影响肺的通气量，如果肺通气量减少到85%以下者，并发感染增加，故宜早些采取措施；肝功能不良的动物应检查肝功能，评价出对手术的耐受力。肾功能不全直接影响体内代谢产物的排泄，而且肾是调节水、电解质和维持酸碱平衡的重要器官。若发现异常，在术前要进行纠正，补充血容量。此外，在术前和术后避免应用对肾脏有明显损害的药物，如卡那霉素、多粘菌素、磺胺类药物等。有些对肾血管产生强烈收缩的药物,如去甲肾上腺素等也应避免使用。

四、手术器械和用品准备

手术器械包因外科医生的偏好和目的的不同而异。手术器械清洗和干燥之后,就被分别组成一个新的包装。不同的医生给出了每种器械应该用于哪种手术包的建议,关键在于一种手术包的内容物由外科医生的偏好来决定。大部分手术包都会有一个说明,这个说明上面带有名称和手术包内每种手术器械的数量。经常遇到的器械包有犬的阉割包、猫的阉割包、猫的卵巢切除包、犬的卵巢切除包、开腹术包、矫形术包、创伤或缝合包以及眼科包等。每种类型手术包的目录清单通常贴在放有这些器械的橱门内侧。找到手术包的目录清单,使用三环式装订将这些清单装订好,储存于外科手术准备区域。

为了恰当地准备一个手术器械包,助手需要将这些器械分成三个大组:切割器械、抓取器械和特殊用途的器械。

切割器械又进一步分为剪刀和手术刀。剪刀又有弯身和直身两种。刀刃可以是钝加钝、钝加锋利或锋利加锋利,一些还是凹口的。刀身的长度不同,柄的长度各异,用途也各不相同。手术刀柄有不同的长度、宽度,而且也有直末端或尖末端之分。手术刀刃也存在不同的规格和形状。

抓取器械是手术镊。拇指镊是通过用拇指和食指一起挤压两柄来使用的,两个柄是各式各样的。拇指镊可以是直的或尖的,长度各异。敷料手术镊有锯齿状边缘。组织手术镊带“齿”,并根据它们所带的齿和它们的型号进行描述(例如,2/3 或 1×2)。在其他手术镊的柄上有一个棘轮锁定柄,在没有外科医生且必须将压力施加到器械顶端的情况下提供一个组织的连续固定。固定针头、止血器、肠镊、外科用纱布镊和毛巾夹钳也可在这一类见到,长度和形状也与前面的几类不同。

特殊用途器械有相当多的种类。它们包括切除卵巢用的弯刀,切除扁桃体用的勒除器,各种眼科和矫形用的器械,以及各式各样的牵扩器。不幸的是,实际情况下只有有限数量器械被使用。仔细察看每一件器械,其末端注明不同,以了解它们的名称和使用方法。

除了手术器械之外,手术包中还有薄纱海绵纱布。当它们被放入的时候,需要计数,而且当完成外科手术的时候需再数一次,“放入多少就取出多少。”通过计算海绵纱布的数量,使任意一块纱布没有机会留在动物体内。

任务2　手术基本程序

手术的成功源于良好的计划、对潜在风险的意识以及合适的手术方法。一个完整的手术通常包括以下步骤。

一、术前检查

手术医师术前通过对动物的科学检查和诊断,如检测血常规,凝血,检查心、肺、肝、肾功能等(详见“麻醉前检查”),根据动物病情和主人的需求,提出手术初步方案。

二、确定手术方案

手术医师术前应充分了解动物病情、病史、诊断和检查结果，对病情与手术方案做全面考虑，包括手术方式、手术适应证和手术禁忌证；根据患病动物病情，确定手术步骤；充分评估麻醉风险，制定合理的麻醉方案；疑难病例要经过会诊讨论；制定出周密的手术方案。经与动物主人充分沟通后，签署麻醉和手术同意书。

三、术前准备

根据具体手术要求进行一些准备性的操作治疗，如手术前动物应安置静脉留置针；结肠、直肠手术前 2 d 开始口服肠道抑菌药物。术前 24 h 禁食，以防麻醉后呕吐，引起误吸或窒息。同时进行灌肠清便。检查有无体温升高等情况。

对营养不良、高血压、糖尿病或心、肺、肝、肾功能不良的动物，应根据不同情况进行治疗，达到耐受手术标准后，方能进行手术。

(1)手术体位的确定　手术时动物的体位应方便操作、动物又能耐受为原则。采用仰卧保定、俯卧保定、头低尾高保定等方式，保定手术动物。

(2)手术部位的准备　剃去手术区毛发并清洗，按照无菌原则依次由外向内消毒手术区，铺无菌创巾。

(3)手术人员准备　手术人员术前戴好口罩和帽子，要洗手，更衣。

(4)器械与仪器准备　手术助理按照手术的要求准备消毒好的各种器械，将消毒好的手术器械放置于器械托盘或消毒创巾上，调试好各种仪器。

四、实施手术

手术人员进入手术室或手术场所按照手术方案进行手术。外科手术操作主要概括为三个步骤：打开手术通路，进行主手术，闭合切口。

打开手术通路是为主手术服务的，切口的大小要有利于主手术的操作，而且又要恰到好处，如果手术通路位置不正、切口过大过小都会对主手术的进行产生不利影响。

主手术是指为完成手术任务而进行的操作。

闭合切口是指主手术完成后将切口进行闭合。但有些污染手术切口或创口不一定要闭合，以促进净化，防止感染。

每个手术的具体情况不同，都有应特别注意的问题。例如，鼻腔手术时，应注意防止吸入血液；食管梗塞的手术疗法，应注意避免大量唾液分泌物玷污切口；妊娠后期在保定及麻醉方法的选择上，要特别注意避免引起流产等。每个手术应该注意的问题，都应反映在手术计划中。

手术中共同应注意的是自始至终都要严格遵守无菌原则，手术人员应该有正确的无菌概念和养成无菌操作的习惯。对于手术时的环境、物品、人员、畜体等，哪些部分应认为是无菌的，哪些是可疑的，哪些是污染的，应该有一个明确的概念，并在行动上加以严格的区分。为了保证达到无菌要求，手术中应注意下列事项：

(1)手术人员应自觉地遵守无菌原则进行操作，发现有违反无菌规则时，应及时指出并加以纠正。

(2)避免不必要的谈话和走动,不许在手术区咳嗽或喷嚏,避免飞沫及汗水等进入手术区。

(3)手术人员消毒后的手,在未操作前均应放在手术衣的护手布内,不要垂至腰下部或接触没必要接触的东西,即使这些东西是经过消毒或灭菌的。其他人员参观或协助工作时,应避免触及手术者的手、臂及无菌区。

(4)器械不应在手术人员的背后,不要在腰部以下或头顶(无菌区)传递;用于污染部位的器械应分开放置,不可再回到无菌区;暂时不用的手术器械,不可随手放置。

(5)手术时间较长或有污染可能时,根据需要随时进行手的消毒。潮湿的手术巾或创布,由于毛细管作用已失去术部隔离的作用,也应及时予以更换。

(6)闭合切口前应清除创内凝血块、创液、组织碎片等,并清点器械、纱布数量是否相符,缝线线头是否剪除,用灭菌生理盐水冲洗创腔。最后用碘酊消毒缝合的切口。

五、手术中对病畜的监护

在手术进行的整个过程中,都应置病畜于监护之下,对于休克的预防和救治尤其重要。在兽医临床上极少采用特制的病畜监护仪。通常对病畜进行下列几方面的检查:

1.外周循环的灌流状态

通过视诊齿龈和舌的颜色,微循环良好时色彩红润有光泽,微循环障碍时呈干枯紫蓝色。用指压齿龈或挤压舌缘驱血后,一般在 1 s 内恢复灌流,如果数秒钟后才恢复说明微循环障碍,也可见耳、鼻、四肢发凉,体表静脉瘪陷。

2.脉搏、血压与体温

血压是病畜监护的重要指标,休克时血压下降。

3.呼吸频率

休克时由于补偿代谢性酸中毒使呼吸频率增加。

4.肾脏功能障碍

休克出现的早期,由于肾灌流量减少致使尿量趋于减少。

应该着重指出,任何一项检查的单次指标,都不如其动态更为重要。因而间隔时间重复检查,以掌握病情的发展变化,有利于采取及时和有效的救治措施。

六、术后管理

手术完成后移去所有创巾;检查所有器械,清点纱布以防缺失;清洗手术部位,擦去所有血迹;检查伤口有无出血,认真包扎;检查黏膜的颜色,测心律和呼吸等。

如果是吸入麻醉,当动物重新开始吞咽和咳嗽时,拔出气管插管,保证动物呼吸顺畅且舒适。将动物送出手术室,移交动物主人或看护人员,注意保暖。

手术医师应将动物术后护理、治疗、喂食和伤口保护的注意事项告知动物主人。避免动物在术后舔咬伤口、抓挠缝合线或过量运动。如果术后发生问题,主人应及时与手术医师联系。

术后采取各种必要的措施,减轻动物痛苦,预防和及时处理术后并发症,使动物顺利恢复健康。根据动物的体征对需要的动物进行监护或重症监护。

七、手术小结

手术记录是对手术过程的书面记载，不仅是具有法律意义的医疗文件，也是科学研究的重要档案资料，所以，术者在完成手术以后应立即以严肃认真、实事求是的态度书写。在书写手术记录时首先要准确填写有关病畜的一般项目资料，如动物的名、性别、年龄、品种、体重，以及畜主的姓名、联系方式等；还要填写手术时间、参加手术人员和手术前后的诊断，然后书写最为重要的手术经过。手术经过一般包括以下内容：

(1)麻醉方法及麻醉效果。

(2)手术体位，消毒铺巾范围。

(3)手术切口名称、切口长度和切开时所经过的组织层次。

(4)术中探查，肉眼观查病变部位及其周围器官的病理生理改变。一般来说，急诊手术探查从病变器官开始，然后探查周围的器官。如腹部闭合性损伤应首先探查最可能受伤的器官，如果探查到出血或穿孔性病变，应立即做出相应的处理，阻止病变的进一步发展，以后再探查是否合并有其他器官的损伤；非急诊手术探查应从可能尚未发生病变的器官开始，最后探查病变器官。如肿瘤手术应首先探查肿瘤邻近器官，注意是否有肿瘤的转移或播散，在进行肿瘤探查时尚需保护好周围的器官，以免导致医源性播散。

(5)根据术中所见病理改变做出尽可能准确的诊断，及时决定施行的手术方式。

(6)使用医学专业术语，实事求是地描写手术范围及手术步骤。

(7)手术出血情况如术中出血量、输血输液总量，术中引流方式及各引流管放置的位置等。

(8)清理手术野和清点敷料、器械结果。确认术野无活动性出血和敷料、器械与术前数量相符后才能缝闭手术切口。

(9)术中发生的意外情况及术后标本的处理。

(10)术后的处理及注意事项。

任务3 术后护理

手术完成后，并不等于治疗的任务已完成。所谓“三分治疗，七分护理”。为了落实术后应注意的措施，应将护理方法及有关注意事项告诉直接负责的护理人员，并说明如果疏忽时可能造成的后果，以引起重视。术后护理和治疗有关的事项如下。

一、术后护理的一般注意事项

手术后的动物如果是经全身麻醉的，在完全苏醒前，应有专人看管。不可饮水或喂饲，因吞咽功能未完全恢复。而且动物体温往往偏低，应该注意保温。手术后一段时间内应加以细致观察，特别注意有无术后出血或其他并发症，以便及时处理。一般在术后，每天最少检测体温1～2次，并注意观察脉搏、呼吸、精神状态、食欲、排便以及切口的局部变化，根据病情需要还应做临床或实验室的检查，并将检查结果详细记录，以便及时采取相应的措施。术后能走动的，则根据具体情况，决定其应该运动或限制其运动的时间，早期适当运动能帮助消化、促进循环、增强体质，有利于术部功能的恢复以及切口的愈合。例如，在一般腹部手术，如果动物在术后能自由走动，术后第二、三天即可开始做牵遛运动。初时运动宜短，每次 15 min，以后逐渐增加时间。但过早或过量运动可能导致术后出血、缝线裂开、机体疲劳（尤其在衰弱动物），反而不利于创伤愈合和机体的恢复。对于截腱术、截趾术等四肢手术以及颈静脉结扎术等有术后出血危险的病例，术后应防止动物过早运动。

二、合理的饲养

动物在手术（尤其是大手术）中都经受了一定程度的组织损伤、出血和体液的丧失，术后又往往影响食欲、饮欲，使营养摄入减少，而需要量则有所增加。因此，营养的补给是必须的，补给营养以喂饲容易消化而富含蛋白质和维生素的食物为宜。

术后饮水，除在全麻后规定的禁饮时间外，一般不加限制。

在非消化道手术，如果术后动物精神、食欲良好的，一般并不需要限制喂饮，但术后机体衰弱或消化道功能未完全恢复的动物则仍应以递增的方式逐渐恢复至正常饲喂，避免一次食入过量，造成消化功能紊乱。最后还应该指出，术后动物食欲的递进，营养的改善，对于创伤的愈合和机体的恢复是有利的。

三、输液

输液是手术后治疗中常用的措施之一。如果在术前由于疾病的原因造成水、电解质和酸碱平衡的失调，要尽可能在术前加以纠正。输液目的在于补充必要的水分、热量、纠正电解质和酸碱平衡的紊乱，以及维持手术后动物的循环血量和血压等。动物在术后是否需要输液则视术后的病情而定，如出现上述输液的适应证而未能采取措施加以及时的纠正，会延迟伤口愈合和健康的恢复，甚至可能发展为酸中毒、碱中毒、循环衰竭或休克，以致死亡。

四、术后感染的预防和控制

手术的感染率与手术时无菌操作的执行情况、清创是否彻底以及动物的全身抵抗力等密切相关，同时与术后的护理情况也有很大关系，有时术后护理不良是术部感染的主要原因。因此，手术后首先对畜体（尤其是术部）应尽量保持清洁，并防止切口与墙壁或地面接触，为了避免啃咬、摩擦、践踏等对切口外部的刺激和污染，应根据需要采取相应的措施，例如戴项圈加以头部保定，去势创或后躯切口，常采用尾绷带固定。在四肢下部的手术创，除按常规加绷带外，有时采用特制的套鞋以保护切口。

通常在手术后 4 d 内，着重注意动物体温的变化。在手术中组织破坏较多的病例，由于血液、淋巴液、分解的组织等所形成的创液被吸收，可以引起暂时性的体温增高，但一般不高于正常温度 1～2℃，而且不久即可复原。如果体温偏高且持续时间较久，则应注意检查手术切口的状态，看是不是感染造成的，在手术后 3 d 内可出现轻度炎性水肿（无菌性炎症），随即逐渐消退。如果切口持续敏感、水肿、局温升高并流出较多量创液，应立即拆除 1～2 针缝线，检查创口情况，给予适当处理。

在蚊蝇孽生的季节，对于开放的切口，为了避免蚊蝇对伤口的骚扰、污染或发生蝇蛆症，在伤口周围涂抹驱蝇油类。

在破伤风感染率较高的地区，或者某些污染大、创伤深或感染破伤风可能性较大的手术，为了预防术后可能发生的破伤风感染，最好能在术前 2 周以上的时间，预先注射破伤风类毒素，或在必要时，手术的同时注射抗破伤风毒素（犬 1 200～3 000 U）。

为了预防或控制术后感染，提高手术治愈率，适当配合应用抗生素和磺胺类药物，可收到良好效果。例如，在容易造成污染的环境条件下施术，或对感染可能性较大的一些手术（如精索窦道、胃肠手术等），如能及早配合使用抗菌药物，有助于预防或控制感染的发生或发展。然而在动物机体状态良好，手术过程中能严格执行无菌原则，或在非感染的手术中，不一定要采用抗菌药物。如果滥用抗菌药物，不仅会造成浪费，还可能导致周围环境内耐药菌株的增加，致使感染一旦发生时更难以控制。

常用的抗菌药物主要有磺胺类药物和抗生素。磺胺类药物只有抑菌而无杀菌作用，而各种抗生素中有的具有抑菌作用，有的能直接杀菌，但都不是绝对的。青霉素、链霉素、卡那霉素、新霉素、多黏菌素在低浓度时是抑菌的，在高浓度时是杀菌的，但四环素族、氯霉素和红霉素族都是抑菌的。

在使用抗菌药物时应注意以下几点：

（1）药物的选择　因为磺胺类药和抗生素的作用是有高度选择性的，所以应该针对各种感染的主要病原菌，按照其抗菌谱来选择相应的药物。

（2）用药时机和剂量　对于感染可能性大的手术，最好从术前开始用药，对于术后感染一旦确诊，应尽早用药。用药的剂量应该一开始即用足量，因为剂量不足，不仅没有疗效，反有导致细菌抗药性增加的危险。

（3）用药的途径和停药时机　根据病情采取不同的用药途径，例如，在一般感染，可采用口服或肌内注射，病情严重（如全身化脓性感染或中毒性休克时）应采用大剂量的静脉注射；作为肠管手术准备，可以口服肠管不易吸收的磺胺类药；经久不愈合的伤口，则局部应用抗生素溶液或软膏。停药时机不宜过早，有时可见感染重新加剧，一般应在体温正常、局部症状消失、白细胞计数及分类正常后两三天再停药。

（4）创造必要条件以提高药物疗效　例如，清除伤口内的坏死组织、凝固血块和脓汁，可以增强抗菌药物在伤口的作用；采用碳酸氢钠使尿碱化，可以避免磺胺类药物在酸性尿中形成结晶，导致机械性尿闭；链霉素在碱性尿中作用也较强，可在并发尿路感染时使用。

课程思政

本节内容要求学生能够将单项操作进行综合应用，掌握系统学习的方法，找到各项技能相互之间的联系，并以整体观念进行执行。

二十大报告指出：必须坚持系统观念。万事万物是相互联系、相互依存的。只有用普遍联系的、全面系统的、发展变化的观点观察事物，才能把握事物发展规律。

二维码 5-1　外科手术基本流程

项目六

犬猫常见外科手术

任务1　开　腹　术

一、适应证

开腹术适用于腹腔脏器的手术治疗以及腹部疾病的探查，如胃肠道手术（胃切开术、肠切开术、肠吻合术等）、膀胱切开术、子宫卵巢摘除术、剖宫产术等。

二、局部解剖

腹腔位于胸腔与骨盆腔之间，以膈为胸腔和腹腔的分界。腹腔背侧为最后胸椎和腰椎，侧壁为第8～3肋骨及腹壁肌肉。腹壁的层次由外向内分别是皮肤、皮下组织、腹黄筋膜、腹外斜肌、腹内斜肌、腹直肌、腹横肌和腹膜。腹白线是由剑状软骨至耻前腱沿腹中线纵行的白色纤维索，是两侧的腹斜肌和腹横肌的腱膜在腹中线处结合形成的，中部有脐孔的位置。两条腹直肌对称列于腹中线两侧。

三、术前准备

全身麻醉，仰卧保定。根据手术切口定位剃毛消毒。

四、手术切口定位

术部位于剑状软骨至耻前腱的腹中线上，以脐孔为标记，根据手术类型进行切口定位：

（1）胃切开术　剑状软骨至脐孔腹中线切开。

（2）子宫卵巢摘除术　由脐孔或脐后1～2 cm向后切开，切口3～10 cm。小肠手术也可经此切口开腹。

（3）剖宫产术　由脐孔上1～2 cm向后切开5～15 cm。

（4）母犬膀胱切开术　耻骨前缘腹中线切开3～5 cm，或体外触及膀胱位置定位。

（5）公犬膀胱切开术　阴茎旁1～1.5 cm平行于腹中线切开，由包皮头向后切开3～5 cm，钝性分离皮下组织后由腹白线切开腹腔。

五、术式

(1)紧张切开皮肤,钝性分离皮下组织,显露腹白线。

(2)皱襞切开腹白线,显露腹腔。在切开脐孔部位时,要钝性分离镰状韧带。

(3)完成主手术。

(4)关闭腹腔。用可吸收缝线或丝线连续缝合腹壁肌肉,连带皮下组织用可吸收线结节缝合加固,最后结节缝合皮肤。

六、术后护理

创口包扎、防止动物舔舐伤口。根据主手术要求进行术后护理。术后 7～10 d 拆线。

任务 2　胃切开与缝合术

一、适应证

胃切开与缝合术适用于胃内异物、胃内肿瘤切除、胃壁活组织检查取材等。

二、局部解剖

胃由贲门部、胃底部、胃体部和幽门部组成,各部之间无明显的分界。胃弯曲呈"C"形,胃大弯主要面对左侧,胃小弯面对右侧。血管沿胃大弯和胃小弯进入胃壁。

三、术前准备

非紧急手术,术前应禁食 12 h 以上(幼年动物和虚弱的动物除外)。术前调整动物体况,确保血容量充足并纠正酸碱平衡紊乱。在胃扩张时,经口插入胃管或经皮肤穿刺减压。

四、术式

(1)全身麻醉,仰卧保定。胸后部和腹部剃毛、消毒,铺设创巾后进行手术。

(2)腹中线剑状软骨至脐孔皮肤切开,钝性分离皮下组织,常规切开腹腔,进行腹内探查。

(3)用手或组织钳将胃牵拉出腹壁切口,用数块温生理盐水纱布填塞在胃和腹壁切口之间,起隔离作用。在胃的预定切开线两端,通过浆膜肌层穿入两条牵引线,助手提拉。

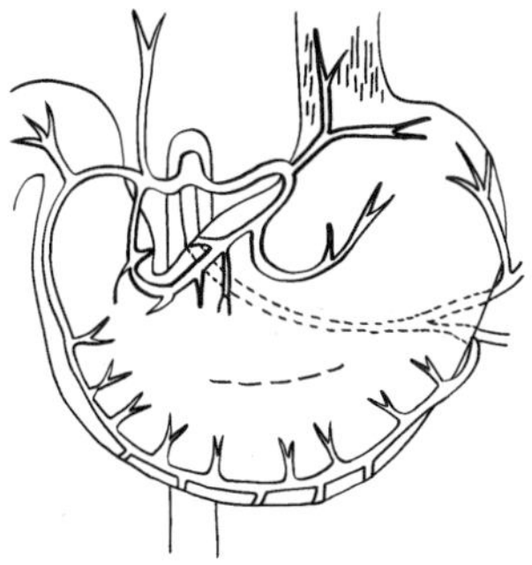

图 6.1　胃切口位置

(4)切开。胃的切口位于胃体部胃大弯和胃小弯之间的无血管区(图 6.1)。先用手术刀刺穿胃壁戳一小口,然后用手术剪扩大切口至理想大小(图 6.2A、B)。取出异物时注意不要让胃内容物污染手术区域。

(5)胃的缝合。用可吸收缝线。第一层用库兴氏或简单连续缝合(全层)。用温生理盐水冲洗后，第二层进行伦伯特或库兴氏缝合（浆膜和肌层）（图 6.2C、D）。若胃壁较厚，第一层可单独缝合黏膜层和黏膜下层。

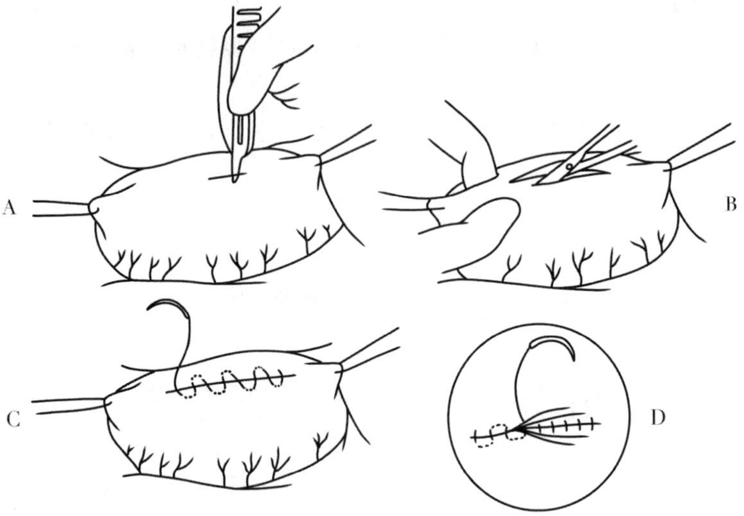

A.用手术刀刺穿胃壁切一小口　B.用手术剪扩大切口至理想大小

C.库兴氏缝合胃壁（第一层）　D.库兴氏缝合浆膜和肌层（第二层）

图 6.2　胃切开缝合示意图

(6)冲洗。用温生理盐水冲洗胃壁，拆除牵引线，撤除隔离巾，将胃还纳腹腔。

(7)更换无菌器械，常规闭合腹壁切口。

五、术后护理

包扎创口，防止动物舔咬。术后加强护理，积极治疗原发病。术后禁食 24～48 h，开始饮食时，应少量多次，以易消化的流食逐渐向正常饮食过渡。在未恢复正常饮食前，给予支持疗法。术后 10～14 d 拆线。

任务 3　肠 切 开 术

一、适应证

肠切开术适用于肠内异物取出，各种原因（如肠扭转、肠套叠、肠阻塞、肠肿瘤等）引起的肠局部坏死，也可用于活组织检查采样（图 6.3）。

二、术前准备

非紧急手术，术前禁食 12 h 以上（幼年动物和体况虚弱的动物除外）。对于病情严重，体况差的动物，术前积极调整体况，纠正体液、电解质和酸碱平衡紊乱。

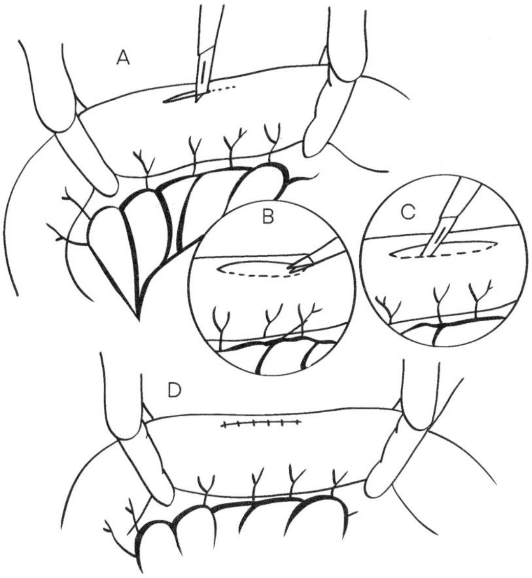

A. 沿肠管背侧纵向切开浆膜层　B. 分离肌层　C. 切开黏膜层　D. 进行肠管全层结节缝合

图 6.3　肠切开活检采样

三、术式

(1)全身麻醉，仰卧保定。腹部剃毛消毒，铺设创巾后进行手术。

(2)脐后腹中线切口，常规开腹，显露腹腔。探查病变的肠管。将病变的肠管小心牵拉至切口外，并在肠管和腹腔之间衬垫用灭菌生理盐水浸湿的隔离巾，防止肠切开后内容物流出，污染腹腔。判断肠管是否有活力，以决定实施肠切开缝合术还是肠切除吻合术。

(3)肠切开术。在健康肠管处肠系膜对侧，沿肠管纵轴方向切开肠壁，切口的长度根据肠阻塞物的大小形状而定，取出阻塞物。如果阻塞处近端有液体或气体积聚，也由此切口排出。清洁肠壁切口，用可吸收缝线结节缝合肠壁。用温生理盐水冲洗干净后，用大网膜包裹肠管，还纳腹腔。

任务 4　肠切除端端吻合术

一、肠切除的范围

确认肠管活力情况，对坏死肠管进行充分切除，确保切除后吻合处肠管断端组织足够健康，切除前的肠钳夹住预备切除部分的两端。注意内容物不要污染术野。展开肠系膜，在相应的肠系膜上做 V 形切除，血管双重结扎(图 6.4)。

二、肠管端端吻合

肠管端端吻合(图 6.5)是最常用的肠管吻合方法。犬猫小肠的缝合采用简单间断缝合技术。用可吸收缝线穿透全层缝合,肠系膜缺损处用可吸收线间断缝合。较粗的肠管,第一层简单连续缝合,第二层伦伯特缝合。检查无漏点后,冲洗肠管,用大网膜包裹,还纳腹腔。取下周围隔离巾,根据需要冲洗腹腔,更换手术器械,转入无菌操作。

三、其他肠吻合方法

侧侧吻合适用于较细肠管,不会造成肠腔狭窄。端侧吻合仅在两肠管口径相差悬殊时使用。

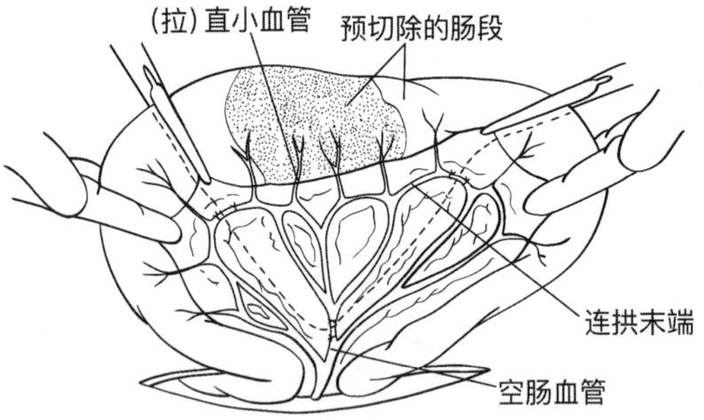

图 6.4　肠切除范围

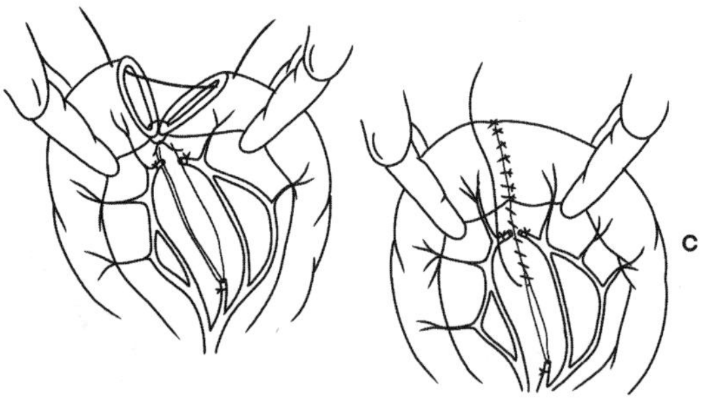

图 6.5　肠端端吻合

四、术后护理

常规缝合腹壁,术部包扎。术后加强护理,积极治疗。术后禁食 24～48 h,开始饮食时,应少量多次,以易消化的流食逐渐向正常饮食过渡。在未恢复正常饮食前,给予支持疗法。术后 10～14 d 拆线。

任务 5　卵巢子宫摘除术

一、适应证

该手术用于阻止动物发情和繁衍后代,也适用于卵巢囊肿、卵巢肿瘤、子宫积脓等疾病的治疗。

二、术前准备

术前禁食 12 h,幼年犬猫禁食 4～8 h。病理性子宫卵巢摘除术前要进行全面的检查,积极调整体况,纠正体液、电解质和酸碱平衡紊乱。

三、术式

(1)全身麻醉,仰卧保定。腹部剃毛消毒,铺设创巾进行手术。

(2)母猫卵巢子宫摘除术。脐后 0.5 cm 向下腹中线切开约 2 cm。钝性分离皮下组织,由腹白线剪开腹壁。左手食指进入腹腔将一侧子宫拉出切口。用止血钳夹住卵巢固有韧带,由助手向上提拉，暴露卵巢悬吊韧带。在卵巢系膜无血管区穿出小孔，用丝线双重结扎卵巢悬吊韧带、卵巢动脉和卵巢静脉，剪断，尽量多地暴露子宫角，丝线双重结扎子宫角和伴行的子宫动静脉，摘除。同法摘除另一侧卵巢和子宫角。探查腹腔未见出血后关腹。

(3)母犬卵巢子宫摘除术(图6.6)。脐后腹中线切开3～10 cm，常规开腹。手指紧贴腹壁进入腹腔，将一侧子宫拉出切口。或使用组织钳夹持子宫阔韧带将其牵拉出切口。用止血钳夹住卵巢固有韧带，由助手向上提拉，暴露卵巢悬吊韧带。在卵巢系膜无血管区穿出小孔，用丝线双重结扎卵巢悬吊韧带、卵巢动脉和卵巢静脉。在结扎线与卵巢之间剪断。将子宫角拉出切口，在子宫动脉外钝性分离子宫阔韧带后撕断。为防止出血，可用可吸收线进行结扎。同法分离另一侧卵巢和子宫角。将两侧子宫角牵拉出切口，暴露子宫体，丝线双重结扎子宫体和伴行的子宫动静脉，在结扎线前端剪断，摘除两侧的子宫和卵巢。探查腹腔未见出血后关腹。

(4)常规缝合腹壁，包扎创口。

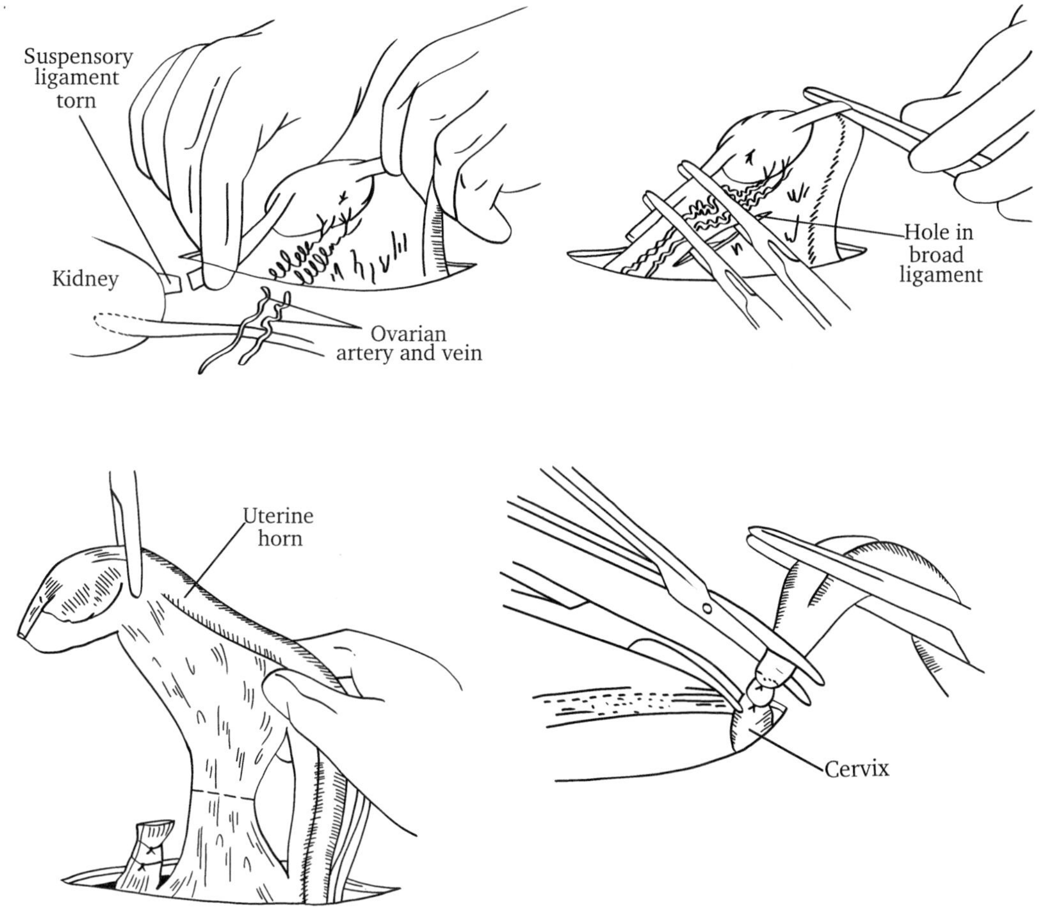

suspensory ligament torn：撕裂悬韧带；kidney：肾脏；ovarian artery and vein：卵巢动脉和静脉；hole in broad ligament：阔韧带孔；uterine horn：子宫角；cervix：子宫颈

图6.6 犬子宫卵巢摘除术示意图

四、术后护理

生理手术术后常规护理。病理手术术后积极治疗，纠正体况，管理并发症。术后 8～14 d 拆线。

任务6 去 势 术

一、适应证

该手术适用于阻止动物繁衍后代，也适用于预防和治疗某些雄激素相关性疾病，如前列腺增生、肛周腺瘤和会阴疝等。

二、公猫去势术

(1)术前准备。全身麻醉、侧卧保定，两后肢向腹前方伸展固定，猫尾向背侧固定，充分暴露阴囊。阴囊拔毛，消毒。用新洁尔灭浸湿纱布，剪洞，铺设创巾。

(2)术者右手依次握止血钳、尖剪和组织钳 3 把器械。左手拇指、食指和中指固定一侧睾丸，绷紧皮肤，右手持刀片在一侧阴囊中部平行阴囊缝由腹侧切开，切开肉膜和总鞘膜，显露睾丸。

(3)组织钳夹住附睾尾，暴露三角区，剪断总鞘膜。用止血钳将精索自体打结(图 6.7)，剪掉睾丸与附睾。

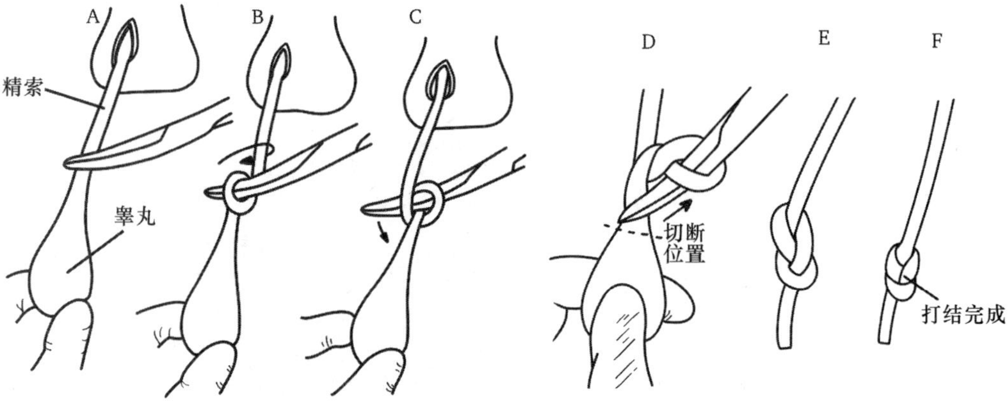

图 6.7　公猫去势术，精索自体打结示意图

(4)推紧结，剪掉多余残端。提拉阴囊，使打结的精索残端回缩。

(5)同法摘除另一侧睾丸。

(6)对合皮肤切口，碘酊消毒，无需缝合。

(7)术后护理，佩戴脖圈，防止舔舐伤口。

三、公犬去势术(图 6.8)

(1)全身麻醉、仰卧保定。后腹部和会阴部剃毛、消毒、铺设创巾。

(2)术者左手推动一侧睾丸至阴囊缝前端中线上，绷紧皮肤。右手持手术刀沿长轴一次性切开皮肤、肉膜和总鞘膜，挤出睾丸。

(3)左手用纱布抓住睾丸，右手持止血钳夹住附睾尾韧带，将其钝性撕开。丝线双重结扎精索，摘除睾丸。对总鞘膜上的血管进行捻转止血，将其还纳阴囊。

(4)由同一切口摘除另一侧睾丸。

(5)结节缝合创口。穿透皮肤、皮下组织和阴囊中隔。术部涂布碘酊，腹部包扎。

(6)术后护理。保护创口，防止舔舐。生理手术术后常规护理，7～10 d 拆线。病理手术术后积极治疗，纠正体况，防止并发症。术后 10～14 d 视愈合情况拆线。

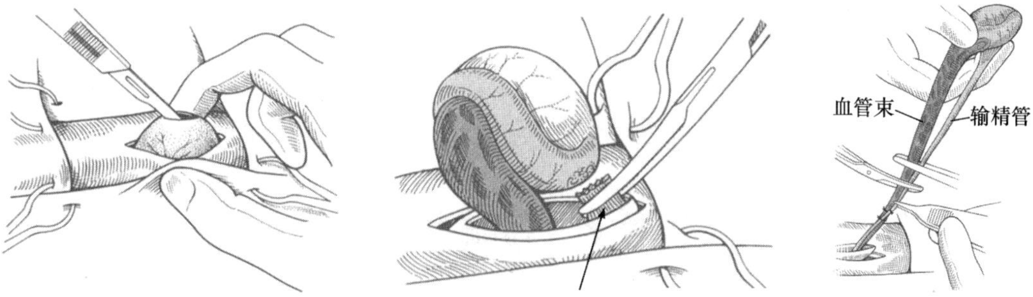

(1)　　　　(2)　　　　(3)

(1)沿长轴一次性切开皮肤、肉膜和总鞘膜，挤出睾丸　(2)钝性撕开附睾尾韧带(箭头所指为附睾尾韧带)

(3)结扎精索，摘除睾丸

图 6.8　公犬去势术示意图

任务 7　剖宫产术

一、适应证

剖宫产术适用于各种原因造成的，经人工助产无法解决的难产，如产道狭窄、产力不足或胎儿过大造成的胎儿不能正常娩出。

二、术前准备

打开静脉通路，确保血容量充足，纠正体液电解质、酸碱平衡紊乱。手术人员和接生人员的安排，准备好初生幼犬或幼猫的保温箱。

三、术式

(1)全身麻醉，仰卧保定。腹部剃毛消毒，铺设创巾。

(2)在腹中线上由脐孔上 1～2 cm 向后切开 5～15 cm，常规开腹。

(3)将两侧子宫角和子宫体缓慢牵拉出切口外。用隔离巾将子宫与切口间进行隔离。

(4)在子宫体与子宫角交界处沿大弯部纵行切开子宫 4～6 cm。轻轻挤压切口处的胎儿，连同胎膜一起取出。撕开胎膜，将胎儿与胎盘交给接生助手。依次取出两侧子宫角内的全部胎儿。

(5)用可吸收线缝合子宫。第一层简单连续缝合黏膜层和肌层,第二层内翻缝合浆膜层。

(6)用温生理盐水冲洗子宫浆膜面后,除去隔离巾,将子宫还纳腹腔。

(7)常规闭合腹腔,包扎创口。

四、术后护理

包扎时注意将乳头露出。母犬苏醒后再将幼犬放至身边。注意观察母犬是否有正常的母性行为,如不能哺育幼犬,则需人工喂养。根据动物体况积极治疗,纠正代谢紊乱。防止舔舐伤口。术后 10~14 d 视创口情况拆线。

五、接生幼犬/幼猫的护理

撕开胎膜,吸干口腔和鼻腔中的液体。结扎脐带并剪断,断端用碘酊消毒。擦干动物的身体,按压胸部刺激自主呼吸。注意保温。待母犬/猫从麻醉中完全苏醒后将其放至母犬/猫身边。

任务 8 膀胱切开术

一、适应证

膀胱切开术适用于膀胱或尿道结石、膀胱肿瘤、膀胱破裂修补等。

二、术前准备

导尿。将尿道内的结石冲至膀胱,排空积尿。对母犬暂时留置导尿管。积极治疗肾后性氮血症,纠正电解质、酸碱平衡紊乱。

三、术式

(1)全身麻醉,仰卧保定。腹部剃毛消毒,铺设创巾。

(2)腹壁切口定位(图 6.9)。母犬由脐孔下至耻骨前缘腹中线切开,常规开腹。公犬由阴茎旁皮肤切开,至耻骨前缘。分离皮下组织后,牵拉皮肤,暴露腹白线,由腹白线切开腹壁。

(3)用组织钳将膀胱拉出皮肤切口,用无菌纱布与腹腔隔离。

(4)由膀胱背侧至膀胱顶无血管处切开。大块结石用钳夹取出。由尿道插入导尿管,用大量生理盐水逆向冲洗,冲出结石残渣,保证尿道和膀胱内无残留。

(5)膀胱缝合。可吸收缝线进行双层缝合。第一层简单连续缝合黏膜层和肌层;第二层连续内翻缝合肌层和浆膜层(伦伯特或库兴氏)。撤除隔离巾,将膀胱还纳腹腔。

(6)常规缝合腹壁。包扎。

四、术后护理

积极进行输液治疗,维持水、电解质和酸碱平衡。若留置导尿管和尿袋,注意监测每日尿量和尿液的性状。保证尿管畅通,保持创口干燥。术后 3~5 d 拆除导尿管。术后 10~14 d 视创口愈合情况拆线。

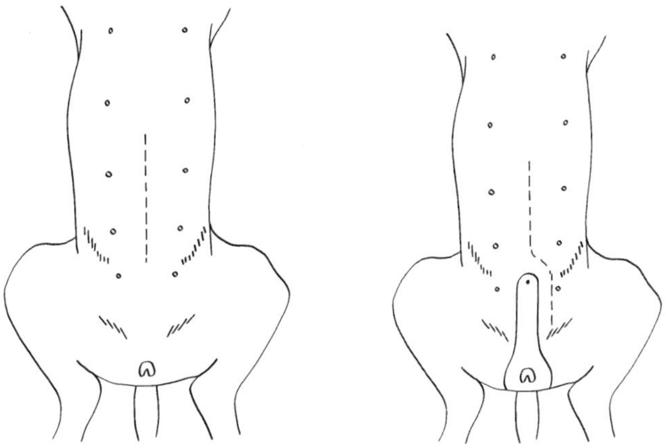

图 6.9 犬膀胱切开术腹壁切口定位

任务9 脐疝修补术

一、适应证

脐疝修补术适用于可复性或嵌闭性脐疝。

二、术前准备

根据脐疝的病因和性质而定。引起肠管嵌闭的脐疝术前需调整体况,纠正代谢紊乱。全身麻醉,仰卧保定。术部剃毛消毒,铺设创巾。

三、术式

(1)沿疝囊基部梭形切开皮肤,分离皮下组织,显露疝轮,辨认疝内容物。若为脂肪,可结扎摘除或还纳腹腔。若为脏器或肠管,需仔细与疝轮分离,检查是否有粘连、变性或坏死。若嵌闭的肠管坏死,需实施肠管切除吻合术。健康的疝内容物可还纳腹腔。

(2)修剪疝环,制造新鲜创面。用可吸收线连续缝合腹壁,结节缝合皮下组织,皮肤结节缝合。

(3)术部涂布碘酊,包扎。

四、术后护理

根据脐疝的病因和手术情况而定。防止舔舐伤口,术后 7～10 d 拆线。

任务10 腹股沟疝修补术

一、适应证

腹股沟疝修补术适用于可复性或嵌闭性腹股沟疝。

二、术前准备

根据腹股沟疝的病因和性质而定。全身麻醉,仰卧保定。术部剃毛消毒,铺设创巾。

三、术式

(1)沿腹股沟方向皱襞切开腹股沟环腹侧的皮肤,分离皮下组织,显露腹股沟外环与鞘膜管(公犬)或鞘突。

(2)剪开鞘膜或鞘突,分离疝内容物,还纳腹腔。若内容物为嵌闭的肠管或子宫,已发生坏死的需进行肠管部分切除吻合术,或子宫卵巢摘除术。若公犬发生腹股沟阴囊疝,需实施睾丸摘除术。

(3)用丝线结节缝合或扣状缝合闭合疝环。注意不能压迫疝环后端进出腹腔的大血管。

(4)用可吸收线缝合皮下组织,结节缝合皮肤。涂布碘酊,包扎。

四、术后护理

常规护理,术后 10～14 d 视愈合情况拆线。

任务11 会阴疝修补术

一、适应证

会阴疝修补术适用于单侧或双侧会阴疝。

二、术前准备

术前禁食 1～2 d。若疝内容物为膀胱,术前插入导尿管。积极调整动物体况,实施支持疗法,纠正电解质、酸碱平衡紊乱。

三、术式(图 6.10)

(1)全身麻醉。动物俯卧保定,后驱垫高,尾巴向前牵拉固定。

(2)会阴部和尾根剃毛。清理直肠内粪便和肛囊内容物,肛门内塞入棉球,荷包缝合。术部消毒,铺设创巾。

(3)在肛门旁 2 cm 弧形切开皮肤,由尾根切至疝囊底部。分离皮下组织,切开疝囊,暴露疝内容物。检查疝内容物状态，将其还纳。分清疝轮周围的肌肉：内侧的肛门外括约肌，背外侧的肛提肌和尾骨肌，以及腹侧的闭孔内肌。

(4)用丝线结节缝合疝环两侧的肌肉，在腹侧可从坐骨上分离部分闭孔内肌与肛门外括约肌缝合。

(5)皮下组织用可吸收线结节缝合，皮肤结节缝合。

(6)取出直肠内的棉球，保留荷包缝合。若会阴疝内嵌闭的膀胱有较严重的病变，可考虑留置导尿管 3～5 d。

(7)发生会阴疝的未去势公犬应同时实施睾丸摘除术。

(8)术部涂布碘酊，包扎。

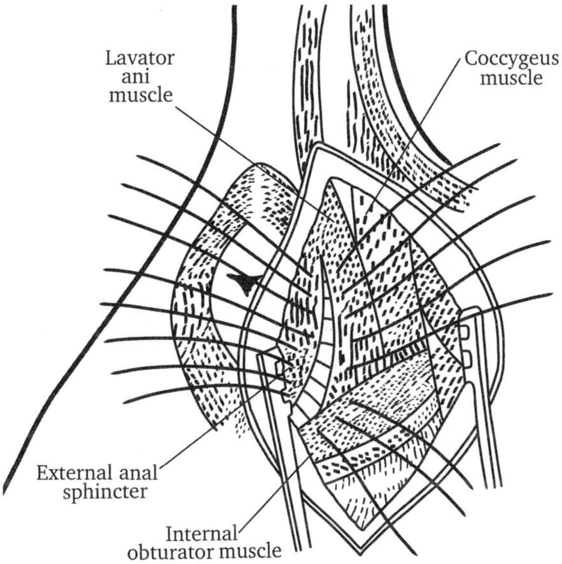

Levator ani muscle：提肛肌；Coccygeus muscle：尾肌；

External anal sphincter：肛门外括约肌；Internal obturator muscle：闭孔内肌

图 6.10 犬会阴疝修补术

四、术后护理

术后 3～5 d 内控制饮食，并实施支持疗法。饲喂易消化的食物，减少粪便量。注意及时清理肛周的粪便，预防感染、创口开裂等并发症。术后 3～5 d 拆除肛门荷包缝合，术后 10～14 d 视愈合情况拆除皮肤缝线。

五、并发症

创口感染、脱肛、里急后重、大便失禁、排尿异常、坐骨神经麻痹，以及会阴疝复发等。

任务 12　脾脏摘除术

一、适应证

脾脏摘除术适用于脾脏破裂、巨脾症、脾脏肿瘤等。

二、局部解剖

犬的脾长而狭窄，镰刀形，下端稍宽，上端尖，位于最后肋骨和第一腰椎横突的腹侧，在胃的左端和左肾之间。当胃充满时，脾的长轴方向与最后肋骨一致，较松弛地附着在大网膜上。

三、术前准备

全身麻醉。仰卧保定或侧卧保定。

四、术式

术部在腹正中线，脐前方 4～5 cm 处切开腹壁。如果是脾脏破裂，由于腹腔内大出血，开腹后腹腔内血液会大量涌出，血压可能会急剧下降，因此，此时应该注意维持血容量充足，加快输液和输血的速度。术者将手伸入腹腔检查脾脏情况，若创口小可以扩大，继而将脾脏拉至创口或创口外，网膜可用浸有温生理盐水的纱布覆盖，防止干燥。分离脾脏周围的血管及结缔组织，在其基部结扎血管，确实结扎止血。用止血钳夹住基部与脾脏之间，然后切断将脾脏摘出。认为结扎确实，无出血后，将网膜及各种组织还纳腹腔，按剖腹术方法闭合腹腔。

五、术后护理

术后以抗生素药物进行全身或局部治疗。手术中脾脏的血管要结扎确实，以防出血。

任务 13　犬肛门囊切除术

一、适应证

犬肛门囊切除术适用于慢性肛门囊炎、肛门囊脓肿、肛门囊瘘。

二、局部解剖

在犬的肛门左右各有一个特殊的腺体称为肛门囊。肛门囊位于肛门外括约肌和肛门提肌之间，呈球形。根据犬的大小其肛门囊大小不等，从樱桃大到胡桃大。有长约 1 cm 的排泄管，排泄管沿着肛门内外括约肌之间走向肛门黏膜和皮肤的移行部 3 mm 的外侧呈漏斗开口。内括约肌和囊壁之间的下方有直肠动脉的两个分支。

三、术前准备

全身麻醉或尾椎硬膜外麻醉。俯卧保定，尾部向上抬起固定，暴露出肛门部。

四、术式

术前 24 h 禁食，视情况可在术前灌肠排除直肠内宿粪，防止污染手术部位。用 0.1% 新洁尔灭溶液或 1%～2% 来苏尔溶液清洗肛门部及周围，消毒。先将肛门囊内容物挤压排出，用 1%～2% 来苏尔溶液清洗囊内。用探针插入肛门囊内，作为标记，沿着探针切开肛门囊，用止血钳子夹住囊壁，将肛门囊与其他组织分离开，注意止血，结扎直肠动脉分支。注意勿伤及肛门内括约肌。分离排泄管后，随同排泄管以及肛门囊全部摘除，用缝合线将其空腔进 2～3 针埋没缝合。用结节缝合法缝合皮肤，碘酊消毒。用同样方法切除对侧肛门囊(图 6.11)。

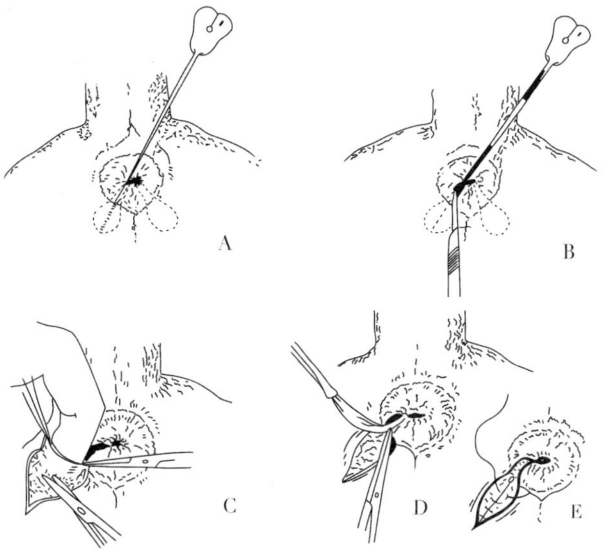

A. 有钩探针探查肛门囊的深度　B. 在探针指引下，切开肛门囊导管和肛门囊　C. 对于中型或大型品种犬，可用食指插入肛门囊，使其与肛门外括约肌分离　D. 牵引肛门囊，钝性分离其下层组织　E. 结节缝合肛外括约肌和皮下组织，再分别做皮内和皮肤结节缝合

图 6.11　肛门囊摘除术

五、术后护理

术后积极护理术部创口，预防或控制术部感染，可全身或局部使用抗生素，安装颈圈，防止啃咬。术后 7 d 左右拆线。

任务 14 公犬尿道切开术

一、适应证

公犬尿道切开术适用于尿道结石、肿瘤。

二、术前准备

全身麻醉或局部浸润麻醉。仰卧保定。

三、术式

使用导尿插管或探针插入尿道，确定尿道阻塞部位。根据阻塞部位，选择手术通路，可分为前方尿道切开术和后方尿道切开术。

1. 前方尿道切开术

应用导尿管或探针插入尿道，确定阻塞部位是阴茎骨后方。术部确定为阴茎骨后方到阴囊之间。包皮腹侧面皮肤剃毛、消毒。左手握住阴茎骨提起包皮和阴茎，使皮肤紧张伸展。在阴茎骨后方和阴囊之间正中线做 3～4 cm 的切口，切开皮肤，分离皮下组织，显露阴茎缩肌并移向侧方，切开尿道海绵体，使用插管或探针指示尿道。在结石处做纵行切开尿道 1～2 cm。用钝刮匙插入尿道小心取出结石。然后导尿管进一步向前推进到膀胱，证明尿道通畅，冲洗创口。如果尿道无严重损伤，应用可吸收性缝合材料缝合尿道。如果尿道损伤严重，进行外科处理，不缝合尿道，大约 3 周即可愈合。

2. 后方尿道切开术

术部选择在坐骨弓与阴囊之间，正中线切开。术前应用柔软的导尿管插入尿道。切开皮肤，钝性分离皮下组织，大的血管必须结扎止血，在结石部位切开尿道，取出结石，生理盐水冲洗尿道，清洗松散结石碎块。其他操作同尿道切开术。

四、术后护理

术后全身给予抗生素治疗 7 d 左右。留置导尿管 36～48 h 拔出。术后监测动物排尿情况，若再出现排尿困难或尿闭时，马上拆除缝线，仔细探诊尿道是否有结石嵌留。

任务 15 乳腺肿瘤切除手术

一、适应证

乳腺肿瘤是该手术的主要适应证。另外，乳房外伤或感染有时也需摘除病变乳腺组织（犬、猫在 1 岁半以前做绝育手术，可防止乳腺肿瘤及生殖系统疾病的发生）。

二、术前准备

1.局部解剖

犬、猫的乳腺位于胸腹壁两侧皮下，左右各一排，称纺锤形排列，在前后乳区的中间处变窄，在乳头处乳腺发达。乳腺自腋窝胸部向后延伸至股内侧耻骨前缘。犬正常每侧有 5 个乳腺，也有 4～6 个不等；猫每侧有 4 个乳腺。根据部位不同，乳腺从前向后分别称为胸前乳区（第一）、胸后乳区（第二）、腹前乳区（第三）、腹后乳区（第四）及腹股沟乳区（第五）。胸部乳腺与胸肌连接紧密，腹部与腹股沟部乳腺则连接疏松而悬垂，尤其发情期或泌乳期更显著。腺体组织位于皮肤与皮肌、乳腺悬韧带之间。

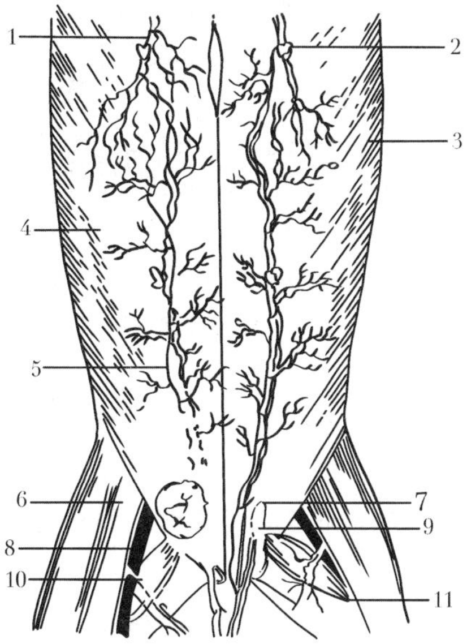

1.腹壁前浅动静脉 2.腹前乳头 3.第十三肋骨 4.腹外斜肌 5.腹壁后浅动静脉 6.缝匠肌 7.腹股沟外环 8.股动静脉 9.鞘膜囊 10.耻骨肌 11.阴部外动静脉

图 6.12 乳腺动静脉分布

第一和第二乳腺动脉血供给来自胸内动脉的胸骨分支和肋间及胸外动脉的分支，第三乳腺主要由腹壁前浅动脉（来自腹壁前动脉）和胸内动脉分支，后者与腹壁后浅动脉分支（由阴部外动脉分出）相吻合而终止，并供给第四、第五乳腺动脉血。除此以外，前腹壁深动脉分支、部分腹外侧壁动脉、阴唇动脉及旋髂深动脉等也参与腹部和腹股沟乳腺的血液循环。静脉一般伴随同名动脉而行。第一、第二乳腺静脉血回流主要进入腹壁前浅静脉和胸内静脉，第三、第四及第五乳腺静脉主要汇入腹壁后浅静脉（图 6.12）。小的静脉有时越过腹中线至对侧腋淋巴结位于胸肌下，接受第一、第二乳腺淋巴的回流。腹股沟浅淋巴结位于腹股沟外环附近，接受第四、第五乳腺淋巴的回流。第三乳腺淋巴最常引流入腋淋巴结，但在犬也可向后引流。不过，如仅有 4 对乳腺时，第二与第三乳腺间无淋巴联系（图 6.13）。

2.麻醉

全身麻醉。

3.保定

仰卧保定，四肢向两侧牵拉固定，以充分暴露胸部和腹股沟部。

三、术式

乳腺切除的选择取决于动物体况和乳房患病的部位及淋巴流向。有以下 4 种乳腺切除方法，可选其中一种：

(1)单个乳腺切除 仅切除一个乳腺。

(2)一侧乳腺切除 切除整个一侧乳腺链（图 6.14a）。

(3)区域乳腺切除 切除几个患病乳腺或切除同一淋巴流向的乳腺（图 6.14b、c）。

(4)两侧乳腺切除　切除所有乳腺。

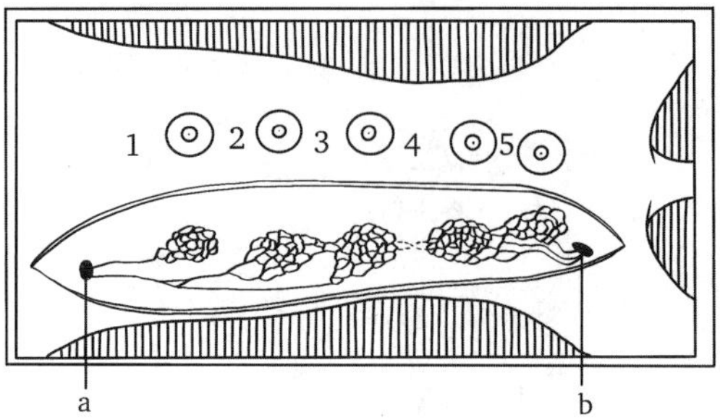

a.腋淋巴结　b.浅腹股沟淋巴结

图 6.13　乳腺及其淋巴回流

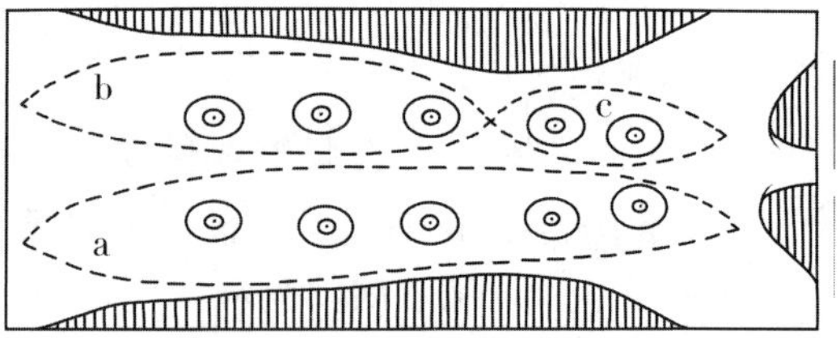

a.同侧乳腺的切除　b.第一、第二及第三乳腺的切除

c.第四及第五乳腺的切除

图 6.14　乳腺切除示意图

皮肤切口视使用方法不同而异。对于单个、区域或同侧乳腺的切除,在所涉及乳腺的周围做椭圆形皮肤切口。切口外侧缘应是在乳腺组织的外侧,切口内侧缘应在腹中线。第一乳腺切除时,其皮肤切口可向前延伸至腋部以便将腋下淋巴结摘除;第五乳腺的切除,皮肤切口可向后延伸至阴唇水平处,应将腹股沟淋巴结一同摘除。对于两侧乳腺全切除者,仍是以椭圆形切开两侧乳腺的皮肤,但胸前部应做"Y"形皮肤切口,以免在缝合胸后部时产生过多的张力。皮肤切开后,先分离、结扎大的血管,再做深层分离。分离时,尤其注意腹壁后浅动、静脉。第一、第二乳腺与胸肌筋膜紧密相连,故需仔细分离使其游离。其他乳腺与腹壁肌筋膜连接疏松,易钝性分离开。若肿瘤已侵蚀体壁肌肉和筋膜,需小心将肌肉和筋膜一同切除。如胸部乳腺肿瘤未增大或未侵蚀周围组织,腋淋巴结一般不予切除,因该淋巴结位置深,接近臂神经丛。腹股沟浅淋巴结紧靠腹股沟乳腺,通常连同腹股沟脂肪一起切除。

缝合皮肤前,应认真检查皮肤内侧缘,确保皮肤上无残留乳腺及肿瘤组织。皮肤缝合是本手术最困难的部分,尤其切除双侧乳腺。大的皮肤缺损缝合需先做水平褥式缝合,使皮肤创缘靠拢并保持一致的张力和压力分布。然后做第二道结节缝合以闭合创缘。如皮肤结节缝合恰当,可减少因褥式缝合引起的皮肤张力。如有过多的死腔,特别在腹股沟部易出现血清肿,应在手术部位安置引流管。

四、术后护理

使用腹绷带 5～7 d,用厚的纱布块压迫术部,消除死腔,防止血清肿或血肿、污染和自我损伤。如创腔比较大可放入引流管,并保持引流管通畅。术后应用抗生素 3～5 d,控制感染。术后 2～3 d 拔除引流管,并于术后 4～5 d 拆除褥式缝线,以减轻局部刺激和瘢痕形成。术后 10～12 d 拆除结节缝线。

任务16 犬猫拔牙术

一、适应证

严重龋齿、化脓性齿髓炎、齿折、齿松动、多生齿、齿生长过长或齿错位等为拔牙手术的适应证。为防止动物咬人致伤，也可用此手术拔除其犬齿。

二、局部解剖

犬上颌有 20 个恒齿（其中 6 个切齿、2 个犬齿和 12 个臼齿）。下颌有 22 个恒齿（6 个切齿、2 个犬齿和 14 个臼齿）。猫上颌有 16 个恒齿（6 个切齿、2 个犬齿和 8 个臼齿），下颌有 14 个恒齿（6 个切齿、2 个犬齿和 6 个臼齿）。犬猫少数臼齿称扇形齿或食肉齿，齿大，切割、磨碎功能强，反映了食肉动物的特性，最大扇形齿为上颌第四前臼齿和下颌第一后臼齿。犬切齿、犬齿、上下颌第一前臼齿和下颌第三后臼齿均有一个齿根，剩余下颌臼齿和上颌第二、三前臼齿有 2 个齿根，其余上颌第四前臼齿和第一、二后臼齿有 3 个齿根。猫仅扇形齿有 3 个齿根，扇形齿根两个在前，一个在后。

三、术前准备

动物需全身麻醉，最好用吸入麻醉，采取侧卧位保定，颈后及身躯垫高，或头放低，防止异物性吸入。用开口器打开口腔。口腔清洗干净，局部消毒。

四、术式

1. 单齿根齿的拔除（图 6.15）

单齿根齿指的是切齿和犬齿。如拔除切齿，先用牙挺紧贴牙齿颈部向齿槽方向用力旋转和撬动等，使牙松动，再用牙钳夹持齿冠拔除。因犬齿齿根粗而长，应先切开外侧齿龈，向两侧剥离，暴露外侧齿槽骨，并用齿凿切除齿槽骨。然后用牙挺紧贴内侧齿缘用力剥离，再用齿钳夹持齿冠旋转和撬动，使牙松动脱离齿槽，最后将其拔除。清洗齿槽，用可吸收线或丝线结节缝合齿龈瓣。如有出血，可填塞棉球止血。

2. 多齿根齿的拔除（图 6.16）

当拔除两个齿根的牙时（如上、下前臼齿），可用齿凿（或齿锯）在齿冠处纵向凿开（或锯开）使之成为两半，再按单齿根齿拔除。对于 3 个齿根的牙（上颌第四前臼齿和第一、二后臼齿），需用齿凿或齿锯在齿冠处纵向分割将牙切分成 2～3 片，再分别将其拔除。也可先分离齿周围的附着组织，显露齿根分叉，牙挺经齿根分叉旋钻楔入，迫使齿根松动，然后将其拔除。

五、术后护理

术后全身应用抗生素 2～3 d。犬猫对拔牙耐受力强，多数病例在术后第 2 天即可吃食。术后 21～28 d，齿槽新骨生长而将其填塞。

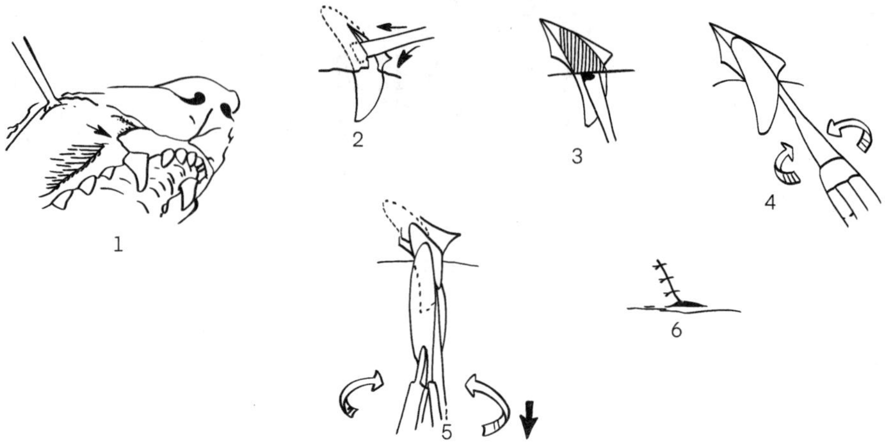

1.齿根部位齿龈切开线(箭头所指) 2.分离齿龈 3.切除外侧齿槽
4.用牙挺松动牙齿 5.用齿钳夹持齿冠旋转、拔出 6.缝合齿龈

图 6.15 单齿根齿的拔除

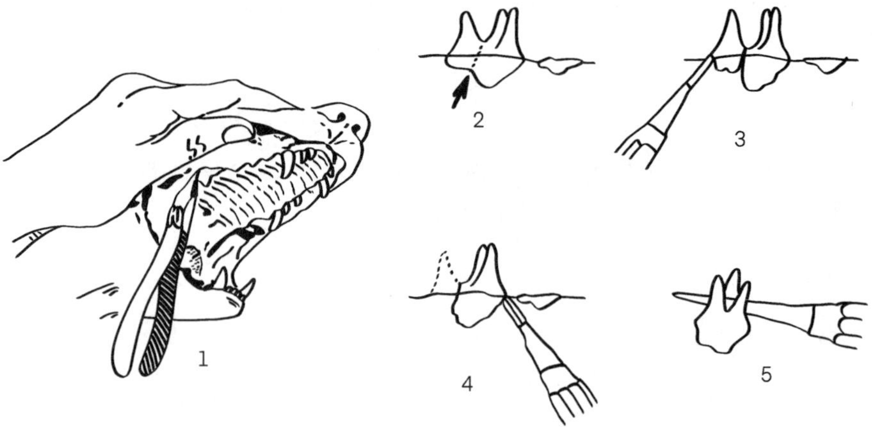

1、2.齿被凿开分为两部分 3、4.依次分离两部分齿周围组织并将齿拔除
5.使用牙挺楔入齿根间(齿根分叉)

图 6.16 多齿根齿的拔除

任务 17 第三眼睑腺脱出切除术

一、适应证

第三眼睑腺脱出切除术适用于第三眼睑腺增生脱出。

二、术前准备

全身麻醉。侧卧保定,患眼朝上。用无菌生理盐水或抗生素眼药水冲洗结膜囊、眼球表面、第三眼睑等。

三、术式

用创巾钳或组织钳夹持突出的第三眼睑腺，将其牵出睑裂。用止血钳紧贴第三眼睑根部夹持，沿止血钳剪去第三眼睑腺。用无菌生理盐水浸湿纱布遮盖角膜，用电烙铁对创面进行烧烙止血。烧烙过程中不断用生理盐水浸湿纱布，防止角膜烫伤。充分止血后，松开止血钳，结膜囊内涂布抗生素眼药膏。

四、术后护理

创腔内涂布抗生素眼膏，对于感染性病灶，全身应用抗生素。佩戴脖圈防止动物抓挠术部。

任务 18　眼球摘除术

一、适应证

严重的眼球损伤、眼内肿瘤、难以治愈的青光眼、全眼球炎等适宜做眼球摘除术。

二、局部解剖

眼球似球形，位于眼眶的前部和眼睑的后侧，在眼球周围和尾侧有眼球直肌、眼球斜肌、眼球退缩肌，神经和脂肪的间隙称眼球后间隙。眼球借助视神经通过视神经孔与大脑相连接，眼睑的内面被覆眼睑结膜，翻转到眼球上的称为眼球结膜，翻转处称为眼球穹窿。

三、术前准备

全身麻醉。侧卧保定，患眼朝上。用生理盐水或氯霉素眼药水冲洗眼球。若采用经眼睑摘除术式，眼睑皮肤剃毛消毒准备。

四、术式

分为经眼睑和经结膜两种眼球摘除方法。前者当全眼球化脓和眶内肿瘤已蔓延到眼睑时最为适用。

1.经眼睑眼球摘除术(图 6.17)

手术时，先做连续缝合，将上、下眼睑缝合一起，环绕眼睑缘做一个椭圆形切口，切开皮肤、眼轮匝肌至睑结膜(不要切开睑结膜)后，一边牵拉眼球，一边分离球后组织，并紧贴眼球壁切断眼外肌，以显露眼球退缩肌。用弯止血钳伸入眼窝底连同眼缩肌及其周围的动、静脉和神经一起钳住，再用手术刀或者弯剪沿止血钳上缘将其切断，取出眼球。于止血钳下面结扎动、静脉，控制出血。移走止血钳，再将球后组织连同眼外肌一并结扎，堵塞眶内死腔。此法既可止血，又可替代纱布填塞死腔。最后结节缝合皮肤切口，并做结系绷带或装置眼绷带以保护创口。

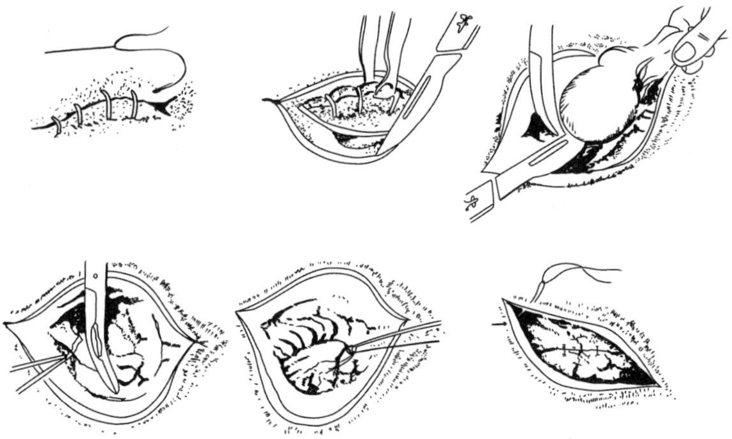

1.缝合上、下眼睑　2.环绕眼睑作椭圆形切口　3.摘除眼球　4.于止血钳下结扎动、静脉
5.一并结扎球后组织和眼外肌　6.缝合皮肤

图 6.17　经眼睑眼球摘除术

2.经结膜眼球摘除术(图 6.18)

用眼睑开张器张开眼睑。为了扩大眼裂,先在眼外眦切开皮肤 1～2 cm。用组织钳夹持角膜缘,并在其缘外侧的球结膜上作环形切开。用弯剪顺巩膜面向眼球赤道方向分离筋膜囊,暴露四条直肌和上、下斜肌的止端,再用手术剪挑起,尽可能靠近巩膜将其剪断。

眼外肌剪断后,术者一手用止血钳夹持眼球直肌残端,一手持弯剪紧贴巩膜,利用其开闭向深处分离眼球周围组织至眼球后部。用止血钳夹持眼球壁作旋转运动,眼球可随意转动,证明各眼肌已断离,仅遗留退缩肌及视神经束。将眼球继续前提,弯剪继续深入球后剪断退缩肌和视神经束。

眼球摘除后,立即用温生理盐水纱布填塞眼眶,压迫止血。出血停止,取出纱布块,再用生理盐水清洗创腔。将各条眼外肌和眶筋膜对应靠拢缝合。也可先在眶内放置球形填充物,再将眼外肌覆盖于其上面缝合,可减少眼眶内腔隙。将球结膜和筋膜创缘作间断缝合,最后闭合上下眼睑。

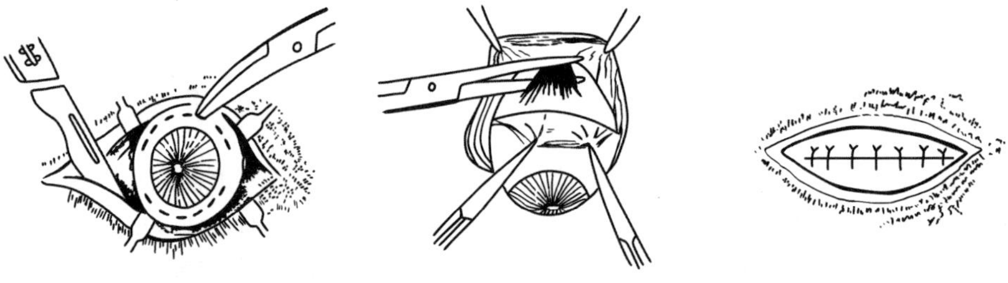

1　2　3

1.眼球周围球结膜切开　2.视神经和血管结扎　3.创口缝合

图 6.18　经结膜眼球摘除术

五、术后护理

创腔内涂布红霉素眼膏，对于感染性眼部损伤，全身应用抗生素。佩戴脖圈防止动物抓挠术部。术后可能因眶内出血使术部肿胀，且从创口处或鼻孔流出血清色液体。术后 3～4 d 渗出物可逐渐减少。术后 7～10 d 拆除眼睑缝线。眼睑会逐渐萎缩塌陷。

任务 19 犬的耳廓截断术

一、适应证

犬的耳廓截断术，即犬断耳术，是犬常见的外科整形美容术，也用于治疗犬耳廓皮肤溃疡、坏死和耳廓肿物。目前，许多犬种的标准中都要求为犬断耳，使犬耳直立，脸部更显威武。这类犬种主要有大丹犬、拳师犬、美国史丹福㹴、杜宾犬等（表 6.1）。

表 6.1 犬断耳年龄及断耳后长度

品种	截耳年龄(周)	截耳后长度(cm)
大丹犬	7	8.3
拳师犬	9～10	6.2
杜宾犬	7～8	6.8～7.0
小史猱查㹴	8～12	断去耳尖
巨型史猱查㹴	9～10	6.3
比利时格林芬犬	8～22	耳朵直立，剪成尖状
美国史丹福㹴	任何年龄	尽可能长

二、术前准备

犬全身麻醉，俯卧保定，用带子将嘴缚住，并打结固定于头后部。

三、术式

施行手术之前，应在耳道内塞入棉塞，以避免血液流入。双耳剃毛、消毒，用创巾隔离。先将犬一耳尖向头顶部拉伸，根据犬的品种、年龄和头形，用直尺测量所需耳的长度。测量方法是从耳廓与头部皮肤折转点到耳前缘边缘处，在须去除位置的耳边缘插入细针做标记。再将对侧耳向头顶拉伸，使两耳尖重合，助手双手固定好后，在细针标记的稍上方剪一缺口，作为手术切除的标记。取下细针，由助手将两侧耳壳的外部皮肤向头后部的中线牵引以避免耳廓软骨外缘的暴露，为切创的愈合创造良好条件。然后用一对断耳夹由前向后，在标记位置，分别斜向装置在每个犬耳上，使耳廓全部位于耳夹子的正上方。在一耳缺口的标记处，用手术刀或手术剪沿耳尖外侧边缘切割（图 6.19）。

用手术刀切割至耳尖部时，改用手术剪，这样可使耳尖部保持平滑直立的形状。切的一侧可用作另一侧将被切割耳朵的标尺。切后用耳夹夹 2～3 min 取下。然后用已截除的断片来审查另一只耳廓上耳夹子的位置,确认无误后,才能进行对侧耳廓的修剪。除去耳夹子,对出血点进行止血。此时,如耳软骨外露,则应该对这一部分做补充剪除。用直针进行结节缝合,使皮肤覆盖耳软骨。除去耳塞,在头后部铺一层灭菌药棉,然后将两侧耳廓向后弯曲,再在其上铺一层棉花或纱布,进行头部包扎。

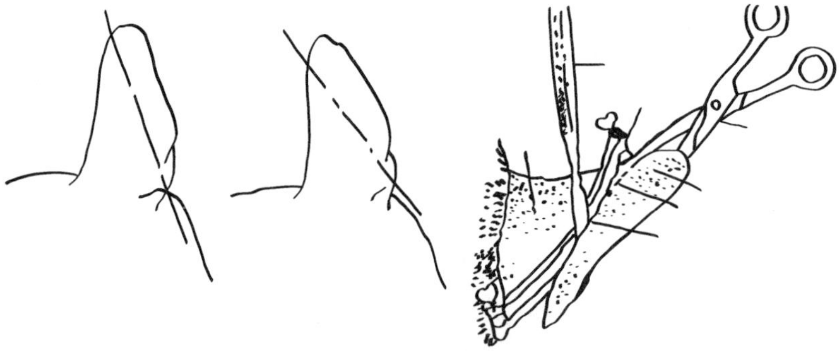

图 6.19　耳切割法

犬断耳术的一般方法:首先将犬耳廓分成三等份,然后根据犬的脸型或主人的要求和喜爱进行修整(图 6.20)。①从耳廓基部直接切到上 1/3 处,切后耳比较直、尖。②从基部到耳廓 1/2 等份处做一弧型切割,切后耳变得较短而钝。③从基部切到上 1/3 等份处,但切割曲线为下钝上尖。

(1)　(2)　(3)

图 6.20　犬断耳术的一般方法

不同品种犬进行断耳术时,采用的方式可能有所区别,详见图 6.21。

四、术后护理

术后 2～3 d 除去包扎绷带,术后 7～10 d 可以拆除缝线。按常规进行创伤处理。

五、注意事项

犬断耳的年龄以 8～12 周龄为佳。断耳过早,可造成双耳间形状差异加剧,出现明显的不对称外观,断耳过迟,耳软骨成形,常常无法改变耳的形状,且手术后耳形常不美观。

犬术前禁食 8 h、禁水 4 h,以避免麻醉相关的呕吐及相关并发症出现。为确保麻醉效果,可配合进行耳廓皮肤、皮下浸润麻醉,通常可选用 0.5%的盐酸普鲁卡因溶液。

耳廓切除部分的大小不得超过全部耳廓长度的 1/3,这是由于耳廓主要血管分布于耳廓

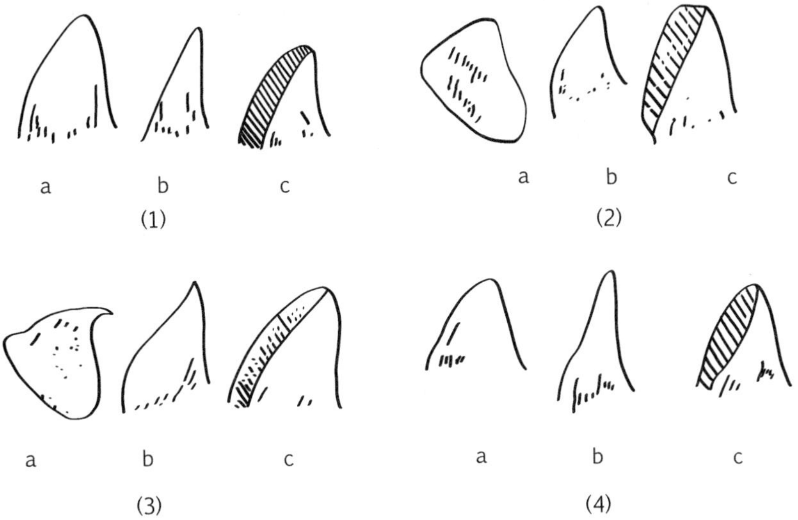

a为自然状态犬耳的形状，b为整形后犬耳的形态，c斜线部为犬耳切掉部。

(1)大丹犬 (2)杜宾犬 (3)波士顿犬 (4)斗牛犬

图6.21 几种犬的断耳模式和要领

近端2/3内。幼犬断耳术后通常出血量不大，可使用头绷带轻轻压迫止血。若出现较严重的动脉出血，则需要使用止血钳钳夹血管断端，捻转、结扎止血。

缝合切创时，耳尖处缝合线张力应适中，避免张力过大造成切口边缘皮肤和耳软骨变形向腹侧卷曲。但并不是每次都需要缝合法闭合切创，应视情况而定。

少数犬断耳后，耳廓突然发生自然下垂，可把脱脂棉塞于犬耳道内，用绷带在耳基部包扎，直到耳廓直立为止。有的犬切创呈肉芽性愈合，耳壳往往因瘢痕收缩而成为畸形，此时若软骨没有病理变化，可牵引瘢痕，随后用胶布或结节缝合法闭合耳廓断端，消除缺损。

任务20 声带切除术

一、适应证

犬常因吠叫，影响周围住户休息，而施行声带切除术。

二、局部解剖

声带位于喉腔中部的侧壁上，连于杓状软骨声带突与甲状软骨体之间，为一对黏膜褶，由声带韧带和声带肌组成。两侧声带之间间隙称声门裂。由于杓状软骨向腹内侧扭转，使声带内收，改变声门裂形状，由宽变狭，似菱形或“V”形。喉室黏膜有黏液腺体，分泌黏液以润滑声带。

喉腔在声门裂以前的部分称为喉前庭，其外侧壁较为凹陷，称为喉侧室，为吠叫提供声带振动的空间。在喉侧室前缘有喉室褶。喉室褶类似于声带，但比声带小。两侧室褶间称前庭裂,比声门裂宽。由于解剖上的原因,有些犬声带切除后会出现吠声变低或沙哑现象。

三、术前准备

全身麻醉。经口腔切除声带时,动物俯卧保定;经腹侧喉室切除声带时,仰卧保定。

四、术式

1.口腔内喉室声带切除术(图 6.22)

充分打开口腔,将舌拉出口腔外,并用喉镜镜片压住舌根和会厌软骨尖端,暴露喉室两条呈“V”形的声带。用一长柄鳄鱼式组织钳(其钳头具有切割功能)作为声带切除的器械。将组织钳伸入喉腔,抵于一侧声带的背侧顶端。活动钳头伸向声带内侧,非活动钳头位于声带外侧。握紧钳柄,钳压,切割。依次从声带背侧向下切除至其腹侧处。如果没有鳄鱼式组织钳,也可先用一般长柄组织钳依次从声带背侧钳压,再用长的弯手术剪剪除钳压过的声带。对手术中的出血可采用钳夹、小的纱布块压迫或电灼止血。另一侧声带采用同样方法切除。为防止血液流入气管深部,在切除声带后装气管插管,并将头放低,若已有血液流入气管内,可经临时气管插管内插入一根管子吸出。

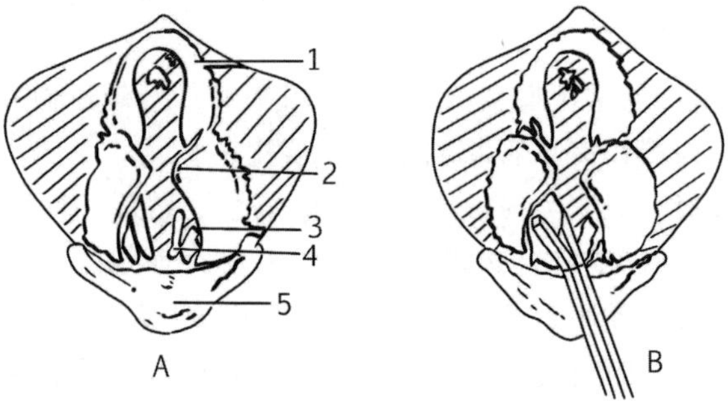

A.喉室局部解剖示意图　B.进行声带切除

1.环状软骨　2.甲状软骨　3.杓状软骨　4.声带　5.会厌软骨

图 6.22　口腔内喉室声带切除术

2.腹侧喉室声带切除术(图 6.23)

为防止犬术后呕吐,术前应禁食 10～12 h,2 h 内停止饮水。在麻醉前 15 min 用阿托品 0.05 mg/kg 肌内注射,以松弛平滑肌,抑制腺体分泌,减少呼吸道黏液和唾液腺的分泌,有利于保持呼吸道的畅通,抑制迷走神经,使心率加快,用以消除麻醉用药造成的副交感神经兴奋而引起的心血管系统和呼吸系统异常等副作用。在颈部保持紧张的前提下稳固头部,使喉结突出,有利于术部准确定位及切开甲状软骨后充分显露声带。不要使犬的颈部过高,否则会导致呼吸抑制,或术中出血流向气管深部。

以甲状软骨突起为切口中心,正中线切开皮肤 6 cm(可根据犬个体大小调整)。小心细致地分离胸骨舌骨肌,减少出血。对于一般体型的青年犬,甲状软骨硬度不大时,纵向切开甲状软骨约 3 cm。助手用小创钩将甲状软骨向两侧牵开,使声带充分显露。术者一手持弯头止血钳夹起一侧声带,另一手持弯钝头手术剪(不宜大),使剪刀的弯曲部顺甲状软骨的内腔壁彻底剪除声带。尽可能地剪除声带组织,包括声韧带和声带肌。要利用止血钳和剪刀的头部弯曲

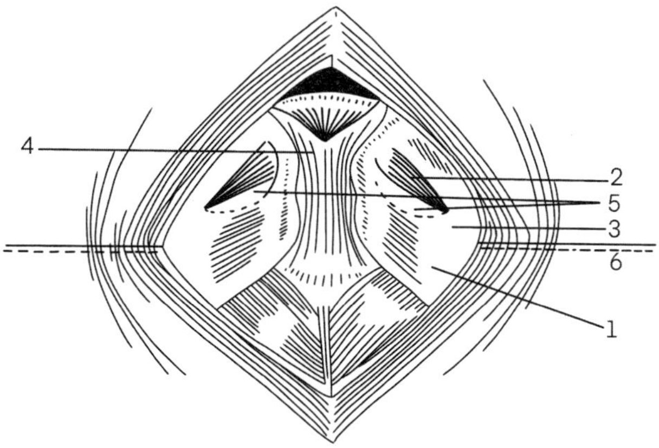

1.声带 2.外侧室 3.牵开甲状软骨创缘 4.喉动脉分支区域 5.声带切除范围 6.牵引固定线

图 6.23 腹侧喉室声带切除术

来分别钳夹和剪除声带,并避开喉动脉附近的分支。向喉室内喷 2%的利多卡因进行表面麻醉,能减少喉室内创面的刺激发应。切除声带后,用浸有 0.1% 肾上腺素的脱脂棉球压迫止血约 10 s。如出现喉动脉分支损伤等较严重的出血时,可采用烧烙止血法止血,并于术后做气管插管,使插管上的套囊内充气压迫出血部位止血。气管内如有血液或多量分泌物,应将犬的头部放低,便于气管内异物的排出,也可通过气管插管吸出。

在间断缝合甲状软骨创缘时,穿透全层和不穿透黏膜层两种缝合方法的效果差异并不显著,但做不穿透黏膜层的缝合更能减轻气管内部对创口的刺激及被感染的机会。缝合时软骨创缘对合要严密,防止因喉室气流冲出切口穿入皮下而造成感染。缝合一般选用 2/3 弧度的弯三棱针,4 号丝线(可吸收线更佳)。

3.口腔内喉室声带切除术与腹侧喉室声带切除术的利弊比较

口腔内喉室声带切除术的步骤简洁,省去了组织切开与缝合的相应程序,但有操作较困难、危险性大和消声不彻底的弊端。表现在易损伤喉动脉分支,难以止血。术中出血,术后需要做气管插管。此术需要一定的手术熟练程度和技巧。因为,“V”字形的声带位于喉腹面的基部,经口腔切除时需要先用长柄器械钳夹住它,再在喉室狭小的空间里将其剪除,操作须快速准确,以免因长时间反复夹捏会厌软骨导致喉头水肿,引起呼吸困难。有人还提出经口腔内用直接烧烙法来破坏声带,其消声效果有待进一步证实。

腹侧喉室声带切除术手术径路出血少,可充分显露声带,便于彻底切除,消声确实,去除声带后止血彻底。

4.注意事项

(1)麻醉要确实。麻醉过浅,犬在手术过程中挣扎,声带切除困难;麻醉过深,犬咳嗽反射消失,手术后喉腔中少量渗血或血凝块不易咳出。

(2)手术中注意止血,特别注意清除气管口及喉室的血液和血凝块。声带切除后的出血一般采用钳夹或小纱布块压迫止血即可,止血困难时,也可采用电烙铁烧烙止血。在止血操作时,应注意保持呼吸通畅,切勿使止血纱布块完全堵塞切口或气管口,以免使血液或血凝块吸入气管或肺内。清除喉腔血液、血块时,会出现咳嗽反射,但仍可继续手术操作。

(3)若偏离颈腹正中线切开甲状软骨时,一侧声带将被劈开。此时应注意辨认,并向颈腹中线方向切断部分声带,再暴露喉腔。

(4)声音的消除程度与声带切除程度有关,即声带切除越彻底,则消声效果越好。

(5)甲状软骨及表面筋膜缝合不严密时,偶尔在术后出现局部皮下气肿,严重时气肿可延至颈部和肩胛部。此时,应拆除1～2针皮肤缝合线,并用手挤压气肿部以排出气体。

(6)术后应密切监护,待动物苏醒。

五、术后护理

给犬松解保定后,使犬呈伏卧姿势,头部稍低,直至无血液流出。苏醒后的犬会把气管内过量分泌液或手术中流出的血液咳出,这对于排出气管内异物有一定作用。

术后尽可能使犬安静,减少外界刺激,避免引起犬的吠叫而影响创口愈合。为了减少吠叫和防止咳嗽,可用镇静剂和止咳剂。为预防感染给予抗生素,连用3 d。术后1～2 d内犬表现吞咽不适,宜喂流食。术后8～10 d拆线。

在喉室腹侧两侧声带联合处的1/4声带不宜被剪除。剪除后可以导致瘢痕组织增生,越过声门形成纤维性蹼,而引起喉室结构的机能性变化。为减少声带切除后瘢痕组织的增生,术后可用泼尼松(龙)2 mg/kg,连用2周。

犬消声后3个月,声带切除区创面已基本被上皮覆盖。从喉壁上会长出片状膜性组织,酷似声带,且随杓区活动而具有内收和外展的运动功能,我们称为声带重建现象。重建的声带主要由肉芽组织转化而来的结缔组织构成。成纤维细胞是此结缔组织中数量最多的细胞,其再生能力强,所以能对损伤迅速产生增殖和纤维形成反应,因而成为修复的主要因素。

任务21　颌下腺及舌下腺摘除术

一、适应证

唾液腺囊肿(颈部或舌下囊肿)的治疗,颌下腺及舌下腺慢性炎症反复发作等。

二、局部解剖(图6.24)

腮腺较小,呈不规则三角形;背侧端宽广,由一深切迹分成两部,切迹内容纳其基底部,腹侧端小,盖在颌下腺的外面;腮腺管自前缘的下部离开腺体,向前走横过咬肌表面,开口于与第三上臼齿相对应的颊黏膜上。此外,沿腮腺管的径路上,常有些小的副腮腺。颌下腺一般比腮腺大,体格大的犬,腺体长约5 cm,宽3 cm,呈圆形,黄白色,周围有纤维囊包被;上部有腮腺覆盖,其余部分在浅面,在颌外静脉与颈静脉的汇合角处;颌下腺管自腺体的深面离开腺体,沿枕颌肌及茎舌肌表面前走,开口于舌下阜。舌下腺呈粉红色,分前后两部:前部小,位于颌舌骨肌与口腔黏膜之间,约有10条短导管开口于口腔底黏膜,也称多口舌下腺;后部大,与颌下腺紧密结合,其导管与颌下腺管伴行,共同开口于舌下阜,也称单口舌下腺。

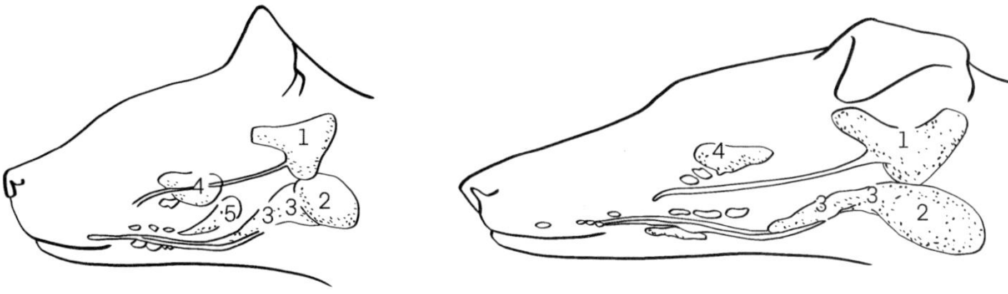

A.猫 B.犬

1.腮腺 2.颌下腺 3.舌下腺 4.颧腺 5.臼齿腺(猫)

图 6.24 犬、猫颌下腺及舌下腺局部解剖

三、术前准备

全身麻醉。侧卧保定。

四、术式

在舌面静脉、颌外静脉和咬肌后缘之间形成的三角区内对准颌下腺做皮肤切口(图 6.25),切开皮下组织、颈阔肌、脂肪,暴露位于舌面静脉和颌外静脉之间的颌下腺。切开覆盖颌下腺及舌下腺的结缔组织囊壁,露出腺体,颌下腺上缘的一部分被腮腺覆盖,前缘内侧与舌下腺结合,两腺体共用一个导管输出分泌液。用组织钳夹住颌下腺后缘并轻轻向头侧牵引,钝性分离颌下腺后缘及其下面的组织,双重结扎腮腺动脉分支和上颌下腺动脉并切断,分离整个腺体至二腹肌下面。钝性分离二腹肌和茎突舌骨肌,把腺体经二腹肌下拉向另一侧,再分离覆盖腺导管的下颌舌骨肌,露出围绕腺导管的舌下神经分支。双重结扎腺导管及舌静脉并切断,摘出腺体(图 6.26)。经二腹肌下插入引流管,并使其顶端位于腺导管断端,连续缝合颈阔肌及颌下腺、舌下腺的结缔组织囊壁,结节缝合皮下组织和皮肤。

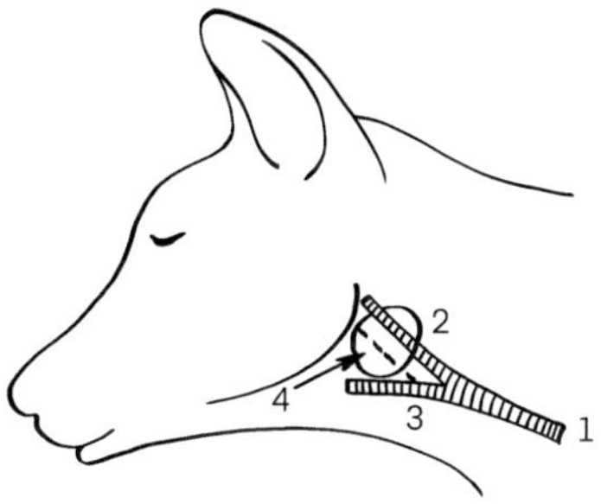

1.颈外静脉 2.颌外静脉 3.舌面静脉 4.切口

图 6.25 切口定位

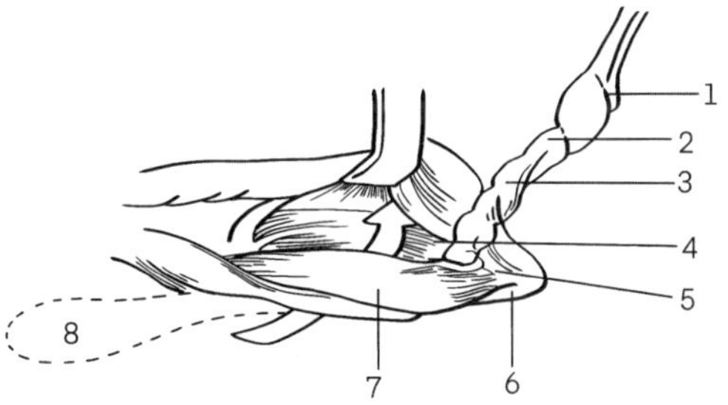

1.颌下腺 2.舌下腺前端 3.舌下腺后端 4.缝线 5.舌神经
6.下颌骨肌 7.二腹肌 8.下颌腺经二腹肌下面拉向对侧

图 6.26 颌下腺及舌下腺摘除术

五、术后护理

术后第3天拔除引流管，引流孔可不作处理，让其取第二期愈合，5～7 d内全身应用抗生素。

任务22 开 胸 术

一、适应证

适应于膈疝、膈破裂修补术，右主动脉弓残迹手术，食道憩室、坏死，支气管内异物取出及肺切除术等。

二、局部解剖

犬的胸腔比较宽阔，胸侧壁弯度很大，膈的肋骨附着缘比其他家畜低，胸容积显著增大。胸廓呈圆筒状，入口呈卵圆形，一般含有13对肋。肋骨体窄而厚，弯度大。胸骨长，两侧压扁，8个胸骨片，除老龄者外一般不完全愈合。膈呈强度弯曲状，中央腱质部较小，有食管裂孔，位于第12胸椎腹侧的左、右肺间。膈附着于第9肋的下部，到第10、11肋骨稍偏肋软骨结合部下方1～2 cm，至第12肋骨位于其腹侧端，到最后肋骨，则位于肋骨中央下方。

胸两侧有皮肤、皮下组织和肌肉覆盖，肋间隙有内、外肋间肌，在肌间有血管、神经束。肋骨表面有锯肌，腹侧是胸肌，背侧表面是背阔肌。胸内动、静脉在胸骨与肋骨结合的背侧，前后穿行。

三、术前准备

全身麻醉。开胸及呼吸：各种大的普通外科，可由于手术并发呼吸衰竭，其中非胸、腹腔手术发病率很低，腹腔手术由于影响膈的活动而并发呼吸衰竭概率较高，胸腔手术发生概率最高。其原因在于术前的镇静药和麻醉药对呼吸中枢的抑制作用，手术创的疼痛也直接影响胸廓的活动，使通气量减少。吸入麻醉剂能抑制肺泡表面活性物质，导致变应性减退、肺泡萎缩等引起病畜呼吸变浅而速、潮气量变低、无效腔/潮气量比率增大、减少通气量、氧/血比率失调，因而发生缺氧。而胸部外科除了上述的一般外科能引起呼吸衰弱之外，由于直接损伤胸壁、胸腔和肺组织，故呼吸衰竭率要高于一般外科手术。另外，胸腔暴露之后，引起一侧肺萎陷，出现反常的呼吸、纵隔摆动等。为了确保氧的供应和防止二氧化碳蓄积，建议在有条件的情况下采用间歇人工正压通气操作，有利于胸腔手术进行。

根据要求行侧卧、半仰卧或仰卧保定。开胸时正压间歇通气。

四、术式

1.侧胸切开(A)

动物侧卧保定，以肋间切口通向胸腔，两侧胸壁均可作为手术通路。前胸手术常选在第2、3肋间，心脏和肺门区手术选在第4、5肋间，尾侧食管和膈的手术选在第8肋间作为手术通路。肋间的确定以X射线拍照作为依据。如果病变在两肋间范围内，宁可选择前侧的肋间，因为肋骨向前牵引要比向后容易。

切口部位的确定，习惯从最后肋骨倒计数。切开皮肤之后，再一次核实肋间的位置，用剪刀剪开各层肌肉。背阔肌平行肋骨切开，尽量减少破坏背阔肌的功能，依次剪开锯肌或其腹侧的胸肌。肋间肌用剪分离，用剪时采取半开状态，沿肋间推进，而不是反复开闭，这样能减少不必要的损伤。剪开宜靠近肋骨前缘，避开肋间的血管和神经。肋间内肌的分离，不得损伤胸膜。接着在胸膜上做一 2～3 mm 的小切口，当呼气时空气流入胸腔，肺萎缩离开胸壁，不必担心延长胸膜切口时对肺造成损伤。若切口偏下接近胸骨，要避开胸内动、静脉，或做好结扎。

将湿的灭菌创巾放置在切口的边缘，安上牵拉器，扩开切口。

切口闭合用单股吸收或非吸收缝线，缝合 4～6 针将切口两侧肋骨拉紧并打结。在打结之前用肋骨接近器或巾钳使切口两侧肋骨靠近，要求切口密接又不要造成重叠，肋间肌用吸收缝线缝合。其他肌层用吸收缝线连续或间断缝合，背阔肌间断缝合。主要肌腱部分，各层肌肉要分别缝合，减少术后的机械障碍，皮肤常规缝合。

2. 侧胸切开(B)

侧胸切开(B)是胸侧壁切开的另一种方法。本法可得到充分暴露的大切口。先进行肋骨切除术，通过肋骨骨膜床切口，通向胸腔。有肋骨切除与肋骨横切两种方法。

(1)肋骨切除　通过肋骨切除而得到通路，皮肤、皮下组织及肌肉切开同前。在肋骨表面切开并剥离骨膜，切断肋骨并将肋骨取出。在暴露的肋骨骨膜床上切口，通过骨膜和胸膜切口进入胸腔，比肋间切开能更多地暴露胸腔器官。

创口闭合先在骨膜、胸膜和肋间肌上进行，用吸收缝线，单纯间断或连续缝合，各层肌肉和皮肤缝合同前(图 6.27)。

(2)肋骨横切　能获得比肋骨切除还要大的胸腔显露。在肋骨切除的基础上，对邻近的肋骨的背侧和腹侧两端横切，两端各切除 4～5 mm 并去掉，只靠软部组织连接。这样的肋骨能重新愈合，动物呼吸时不会产生摩擦，术后疼痛也减少。本方法利用靠近前后的两个肋骨，不会有并发症，也不需要金属丝固定肋骨断端，切口闭合或愈合之后，不影响胸部机能。肌肉、皮肤的闭合按常规进行。

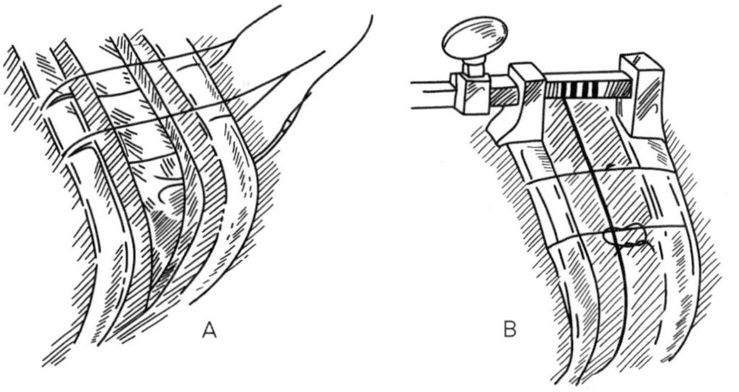

A. 缝合　B. 打结

图 6.27　肋间切口闭合

3.头侧胸壁瓣

图 6.28　头侧胸壁瓣手术切开线

前胸被前肢覆盖，将胸骨切开和胸壁切开相结合，能广泛地暴露前部胸腔器官。犬半仰卧保定，前肢抬高并屈肘，显露胸和侧壁。腹中线切开，从胸骨柄向后伸延到第 4 或 5 胸骨节片，侧胸做皮肤切口使肋间与胸中线切口连接，胸内动静脉进行双重结扎（图 6.28）。胸骨切开用骨锯或骨刀分离，为了防止误伤胸内脏器，宜先侧胸切开，用手伸入胸腔保护胸内器官。切口向前伸延到颈腹侧肌之间，可减少开胸时肌肉收缩的抵抗。

两切口开张后，湿纱布或创巾垫在创口边缘。本通路能暴露 2/3 的食道和气管、胸纵隔和前侧的大血管。切口闭合，将分开的胸骨靠近，用结实的单股缝线间断缝合，缝合针要进入胸骨片及其软骨部分，侧胸的肋间闭合同前。术后犬常常处于胸卧位，胸下的压力相当大，为了防止缝合破裂，要充分利用皮下组织的缝合，皮肤按常规闭合。

4.胸骨切开

全部胸骨纵切，以显露胸腔脏器。犬背侧卧，切口从胸骨柄延至腹部白线，部分膈被腹背方向切开，是一种最大的开胸。除背侧脏器不易接近之外，胸和腹的部分脏器均被显露。闭合方法同前，注意皮下组织的缝合。

五、术后护理

胸腔切开时注意空气流入，胸腔内检查时要小心谨慎，严禁粗暴，胸膜闭合时要严密，既防止空气流入，也防止造成大面积皮下气肿。在闭合胸壁的过程中，由闭合的创口不断将气体抽出，这样可减少危机，加快恢复。另外，为了防止化脓性胸膜炎，在抽气之后，经针头向胸腔注入抗生素。

术后全身给予抗生素治疗 1 周，防止伤口感染，禁止剧烈运动，警犬停止训练，给予丰富的蛋白质饲料。术后创口 10～15 d 后拆线。

任务 23　断　尾　术

一、适应证

某些品种犬为了美观，有断尾整形的要求而进行本手术。手术根据犬种不同，断尾的部位和形状也不同（图 6.29）。尾部疾病，如肿瘤、溃疡等，需要进行断尾治疗。新生幼犬 7～10 日龄时断尾为宜，成年犬随时可行断尾术。

1.幼犬断尾术

（1）适应证　新生幼犬在 7～10 日龄时，断尾出血少且应激反应小。断尾长度根据不同品种的建议标准（表 6.2）及畜主的选择来决定。

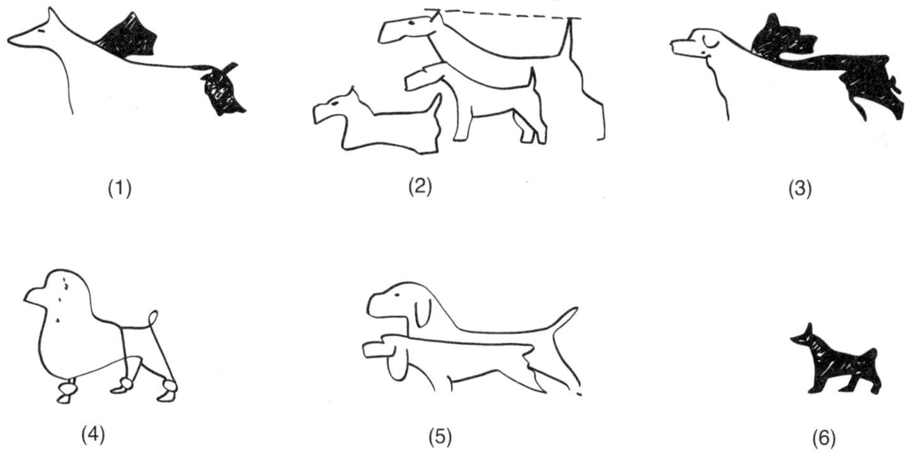

(1)拳师犬、杜宾犬 (2)苏格兰㹴、猎狐㹴、爱尔兰㹴 (3)罗维那犬、刚毛㹴
(4)贵宾犬 (5)可卡犬 (6)玩具型㹴

图 6.29 各种犬断尾后的形状

表 6.2 不同品种犬建议断尾保留的长度

犬的品种	保留尾椎的长度
拳师犬	2～3 尾椎
杜宾犬	2～3 尾椎
罗维那犬	1～2 尾椎
大刚毛犬	1～2 尾椎
玩具型㹴	2～3 尾椎
苏格兰㹴	留 1/3 长
猎狐㹴	留 1/3 长
可卡犬	留 2/5 长(母)、留 1/2 长(公)
匈牙利猎犬(维兹拉猎犬)	留 1/2 长
贵宾犬	留 1/2～2/3 长
得兰特犬(德国刚毛指猎犬)	留 1/2～2/3 长

(2)术前准备　0.25%盐酸普鲁卡因局部浸润麻醉或不麻醉。

(3)术式　尾局部常规剪毛消毒后，用橡皮筋扎住尾根。在预定截断处前约 0.2 cm 环形切开皮肤及皮下软组织。然后向尾根移动皮肤及皮下组织约 0.2 cm，用剪刀齐尾根侧皮缘剪断尾椎。对合背、腹侧皮肤后，做 3～4 针结节缝合。除去止血带，用灭菌纱布轻轻挤压并擦去创口的血液，每日涂擦碘酊。术后 7～8 d 拆除皮肤缝线。若为可吸收缝线，一般可在术后被吸收或被母犬舐掉。

2.成年犬断尾术

(1)术前准备　全身麻醉或硬膜外腔麻醉。

(2)术式(图 6.30)　尾术部剪毛消毒，尾根部用橡皮筋结扎止血。用手指触及预定截断部位的椎间隙。在截断处做背、腹侧皮肤瓣切开，皮肤瓣的基部在预定截断的尾椎间隙处。结扎截断处的尾椎侧方和腹侧的血管。横向切断尾椎肌肉,从椎间隙截断尾椎。稍松开橡皮筋,根据出血点找出血管断端,用可吸收性缝线穿过其周围肌肉、筋膜进行结扎止血。对合截断断端背、腹侧皮瓣,覆盖尾的断端。然后应用非吸收缝线做间断皮肤缝合。

幼犬断尾术与成年犬断尾术基本相同。

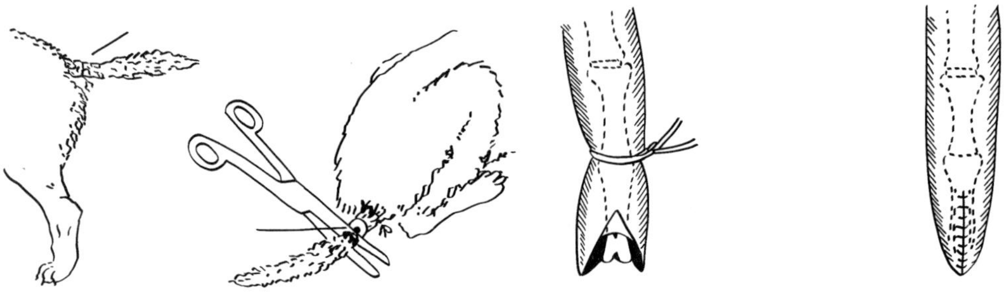

图 6.30　犬断尾示意图

二、术后护理

术后应用抗生素 4～5 d,保持尾部清洁,10 d 后拆除皮肤缝线。

任务 24　股骨干骨折内固定术

一、适应证

适应于股骨骨干中部和远端骨干骨折的治疗。

二、术前准备

全身麻醉。侧卧或半仰卧保定,患肢在上,游离,另 3 肢固定。

三、术式

手术通路在大腿外侧,皮肤切开方向是大转子向股骨外髁之间的连线,切口沿股骨外轮廓的弯曲和平行股二头肌的前缘切开,皮下组织在同一线切开(图 6.31)。在股筋膜板上造一个 2～3 mm 的小切口,接着在股二头肌上扩延,把股二头肌向后方牵拉,同时将股筋膜拉向前方,则使股骨或骨折区明显暴露。为充分显露骨干的远端,将股外侧直肌和股二头肌用拉钩分别拉向前后,找到股动脉分支并进行结扎(图 6.32)。

先对患部进行检查和清理,除去凝血块、挫灭组织及骨碎片。利用骨钳将骨断端复位,再用抓骨钳或巾钳把整复的两断段骨暂时固定。

在大转子的顶端内侧后部做一皮肤小切口,骨钻从此钻孔并将髓内针引入,沿大转子的内侧进入股骨大转子窝,针的方向是沿着后侧皮质向下伸延,其尖端从骨折近端骨的远端露出(图 6.33)。然后将近端骨与远端骨整复在同一线上,用手或抓骨钳固定,髓内针沿近端骨远端,插入远端骨近端,针尖一直达到远端骨远端骨松质内。

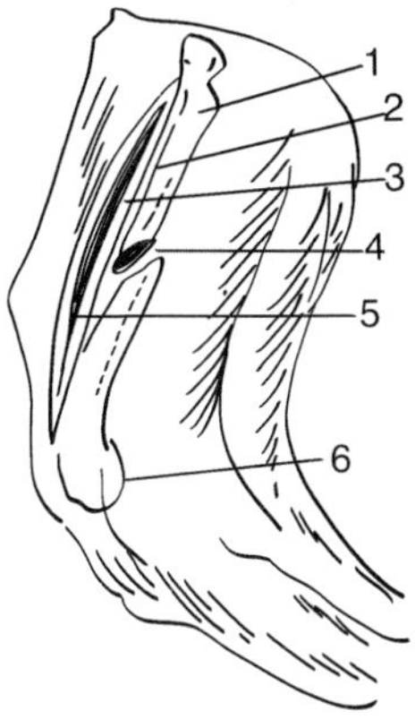

1.大转子 2.皮肤切口 3.肌膜切口 4.股骨骨干骨折
5.股外侧直肌 6.股骨外侧髁

图 6.31 股外侧手术通路

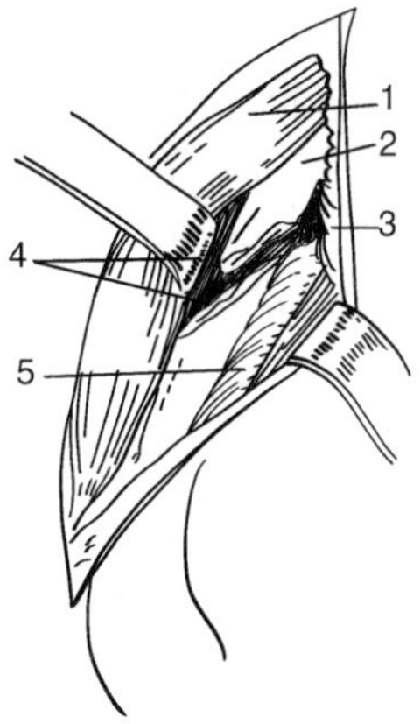

1.股外侧直肌 2.股骨干 3.股二头肌
4.骨折部位 5.内收肌

图 6.32 股外侧手术通路深层解剖

髓内针也可先在近端骨逆行插入，再改顺行插入远端骨。

补充固定用矫形半环金属丝。将骨断端复位，在钻入髓内针之前，在骨折线的两侧，距骨折线 0.5 cm 钻孔，穿过金属丝，先从一孔穿入，再从另孔穿出，在骨髓腔内形成一套状。待髓内针从金属丝套穿过后，在骨折整复的基础上，金属丝做半环结扎。髓内针则被金属丝牢固控制，使骨折断端保持规定的角度和长度，减少转动（图 6.34）。

斜骨折也可用全环结扎金属丝辅助固定。应用全环结扎时，骨折的斜长应是骨折部直径的 2 倍，否则将降低金属丝的固定效果。

骨干骨折也可用骨板和骨螺钉固定（图 6.35）。显露骨折部位后，清除骨碎片和血肿，先将骨折断端整复到正常解剖位置，用延迟螺钉或环扎金属丝固定，再装接骨板。装接骨板一般没有必要剥离骨膜，因为这样将更有利于骨的愈合。

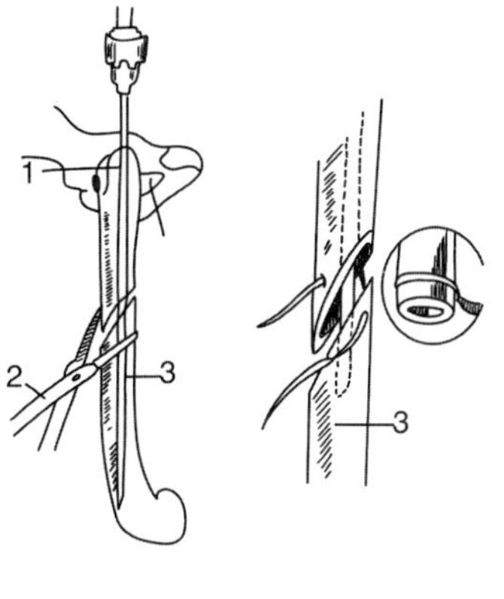

1.大转子 2.复位钳 3.髓内针

图 6.33 髓内针和矫形金属丝固定骨折

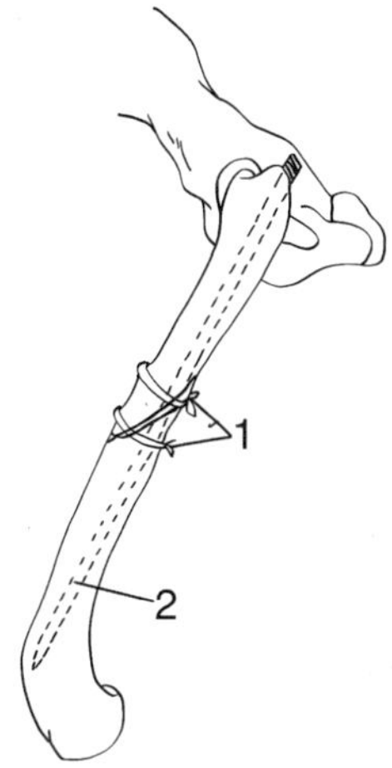

1.全环金属丝结扎 2.髓内针

图 6.34 骨全环金属丝固定骨折

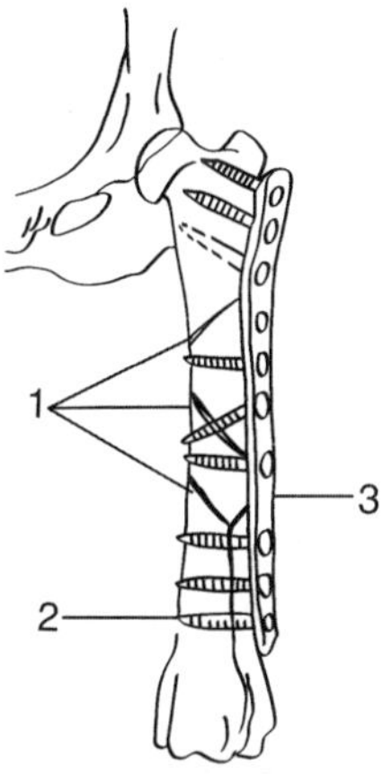

1.粉碎性骨折 2.骨螺钉 3.骨板

图 6.35 骨板固定骨折

接骨完毕，清理创口和切口闭合。股二头肌的前缘与股外侧直肌的后缘缝合，用吸收缝线或非吸收缝线间断缝合。筋膜、皮下组织和皮肤常规缝合。

股骨其他类型骨折的处理方法：

股骨干的粉碎性骨折常使用髓内针、金属丝和骨螺钉相结合的方法。髓内针从股骨大转子与股骨头之间的凹陷插入骨髓腔，直到股骨远端的松质骨，然后分别用金属丝或/和骨螺钉将骨折碎片整合。有时粉碎性骨折也可采用接骨板和金属丝结合的方法，其具体操作是，先用接骨板将股骨近、远两断面固定，再用金属丝将碎片整合，但这种方法的治疗效果不如前一种的治疗效果确实。

股骨远端的骨折常采用髓内针与接骨板相结合的方法。这是因为股骨远端骨折部以松质骨为主，单纯用一种方式固定不是十分确实，将髓内针与接骨板相结合起来比较好。

股骨大转子骨折和股骨头骨折通常应进行内固定术，内固定方法常常为骨螺钉和髓内针联合使用。使用时将骨螺钉与髓内针从大转子外侧通过股骨颈钉入股骨头，应避免骨螺钉和髓内针暴露于髋关节内，影响关节的运动。需要注意的是，对于小于 5 个月的幼犬，内固定后容易造成髋关节的变形和退变，如髋内翻，股骨颈变短等。

四、术后护理

骨折整复之后，在骨愈合期间，早期限制关节活动，在屈膝关节的同时使跗关节伸展，并使胫骨近端后侧呈现下沉位置。用改良托马斯夹板绷带，或一般的夹板绷带包扎，直至骨连接为止。注意早期活动，防止关节僵硬。

任务 25　猫断爪术

一、适应证

猫断爪术适用于爪的外伤和交通事故伤。此外，该术也是猫的外科整形术，主要是避免家养宠物猫锐利的钩爪伤人，抓破衣服及陈列物品，应主人要求拔除猫爪。

二、术前准备

1.局部解剖

猫的爪从侧方看呈压扁的圆锥形，弯曲，前端尖锐，爪型属于钩爪。爪壁呈圆锥形，爪鞘基部称冠状缘，在皮下与末节骨基部的轮状沟嵌合。

猫的远端指(趾)节骨，即第三指(趾)节骨，由爪突和爪嵴两个主要部分组成。爪突是一个弯的锥形突，伸入爪甲内，爪嵴是一个隆凸形骨，构成第 3 指(趾)节骨的基础，其近端接第 2 指节骨的远端。指(趾)深屈腱附着于爪嵴的掌(跖)侧，指(趾)总伸肌腱附着于爪嵴的背侧。

爪的生发层在近端爪嵴，是切断爪的部位，只有将生发层全部除去，方能防止爪的再生长(图 6.36)。若有残留生发层存在，在几周或 1 个月，能长出不完全的或畸形的角质。

2.麻醉

全身麻醉。

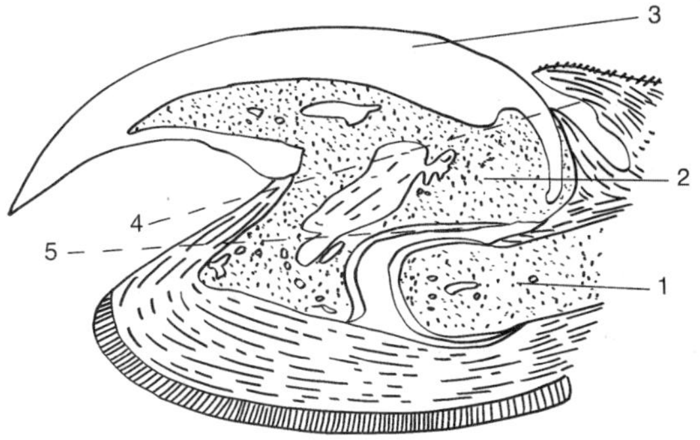

1.中间指(趾)节骨　2.远端指(趾)节骨　3.爪甲　4.不正确断爪位置　5.正确断爪位置

图 6.36　猫断爪位置

3.保定

侧卧保定。

三、术式

手术方法有两种,即切开肌肉剥离趾甲法和烧烙法。

切开肌肉剥离趾甲法　先剪毛,避免出血,用橡皮筋扎住腕骨上 1/3,消毒,顺序切开每个趾甲的皮肤、肌肉,剥离、拔除趾甲及端骨,止血,撒上抗生素粉剂,结节缝合每个趾甲腔,碘酊消毒后,包扎压迫绷带。

烧烙法　用趾甲剪修趾甲到肉芽部,再用烙铁烧入趾甲深部胚细胞及端骨,破坏其生长点、神经,致使整个趾甲脱落。每个趾都涂上康复新或抗生素软膏,然后完全解除保定。

四、术后护理

术后 2～3 d 除去包扎绷带,进行开放疗法,7～10 d 可以拆除缝线。按常规护理,烧烙的趾甲每天必须涂康复新直到结痂。全身给以青霉素治疗 5～7 d,术后将猫放在干燥清洁的地方,防止污染。

课程思政

本节内容要求学生将所学知识进行临床实践,并根据不同病例的特征进行操作方案的优化、调整,不断拓展临床应用场景。

二十大报告指出:紧跟时代步伐,顺应实践发展,以满腔热忱对待一切新生事物,不断拓展认识的广度和深度,敢于说前人没有说过的新话,敢于干前人没有干过的事情,以新的理论指导新的实践。

二维码 6-1 **犬猫常见外科手术 1**	**二维码 6-2** **犬猫常见外科手术 2**	**二维码 6-3** **项目六图片**

参 考 文 献

[1] 林德贵.兽医外科手术学[M].5 版.北京:中国农业出版社,2011.
[2] Theresa Welch Fosslim,等著.小动物外科学[M].2 版.张海彬,夏兆飞,林德贵译.北京:中国农业大学出版社,2008.
[3] Theresa Welch Fosslim,等著.小动物外科手术学[M].5 版.袁占奎译.武汉:湖北科学技术出版社,2021.
[4] Sara J. Busch 著.小动物外科手术护理技术与概念[M].李林,赵玉军译.沈阳:辽宁科学技术出版社,2010.
[5] 袁占奎,徐晓林,张婷婷,等.犬猫麻醉前用药[J].中国兽医杂志,2010(9),58-62.
[6] 徐晓林,袁占奎,张婷婷,等.犬麻醉病例 5441 例分析[J].中国兽医杂志,2013(12),63-65.
[7] 梁永春.犬猫注射麻醉[J].动物医学进展,2009(1),123-126.
[8] 傅雪莲,张欣珂,张迪,等.犬猫口腔局部麻醉概述[J].中国兽医杂志,2016(12),59-62.
[9] 谢光洪,周昌芳,靳朝,等.浅谈兽医外科医师的三大素养[J].黑龙江畜牧兽医,2004(2),77-78.
[10] 黄风瑞.熟练掌握外科手术操作基本功[J].前卫医药杂志,2000(3),190-192.
[11] 王量.小动物腹腔手术的术后护理[J].上海畜牧兽医通讯,2011(3),77-79.
[12] Jeff KO. A Color Handbook of Small Animal Anesthesia and Pain Management[M]. Manson Publishing Ltd.
[13] Hall LW, Clarke KW, Trim CM, et al. Veterinary anesthesia[M], 10th edition. W.B. Saunders.
[14] Luis C, Matt RR. Small Animal Regional Anesthesia and Analgesia[M]. Wiley-Blackwell.
[15] Theresa WF, Donald AH, Cheryl SH, et al. Small Animal Surgery[M], 5th Edition. Elsevier,2019.
[16] Karen MT, Spencer AJ, et al. Terinary Surgery: Small Animal[M], 1st edition. Elsvier, 2012.
[17] Theresa WF, Donald AH, Cheryl SH, et al. Small Animal Surgery[M], 2nd edition. Mosby, 2002.
[18] Sheilah AR, Susan MG, Peter P, et al. AAFP Feline Anesthesia Guidelines[J]. J Am Anin Hosp Assoc, 2018(20), 602-634.
[19] Tamara G, Jennifer S, James SG, et al. 2020 AAHA Anesthesia and Monitoring Guidelines for Dogs and Cats[J]. J Am Anin Hosp Assoc, 2020(5), 1-24.

实训指导

宠物外科手术
操作技能考核

任务 1　犬吸入麻醉

步骤	任务	工作流程	设备、药品与其他材料	备注
1	麻醉前检查	1. 基本信息登记：种类、品种、性别、年龄、体重、动物主人信息等 2. 病史调查：就诊原因、现病史、既往病史、免疫驱虫史、遗传病史等 3. 体格检查：TPR、胸部听诊、腹部触诊、从头到尾的系统检查等 4. 其他检查：心电图检查、血压检查、基础的实验室检查（全血细胞计数、血清生化 6 项等）、其他必要检查（根据动物情况选择检查其他检查项目）等 5. 根据检查结果，进行 ASA 分级	麻醉前检查单 听诊器、体温计、心电图机、血压计、血球仪、血清生化分析仪等	ASA 分级标准见补充材料
2	麻醉前用药	1. 埋置静脉留置针 2. 根据 ASA 分级进行静脉补液，调整动物状态 3. 麻醉前 15 min 使用抗胆碱药物、止痛药物和镇静药物	静脉留置针、2 mL 注射器 生理盐水、0.5%硫酸阿托品、美洛昔康注射液、地西泮注射液、右美托咪定注射液等	

续表

步骤	任务	工作流程	设备、药品与其他材料	备注
3	诱导麻醉	1. 准备气管插管、咽喉镜、开口器等气管插管用品 2. 检查麻醉机、呼吸回路等吸入麻醉设备 3. 按照 5 mg/kg. BW 准备丙泊酚注射液 4. 助手进行动物俯卧保定，保持静脉留置针通畅 5. 按照剂量 1/3 静脉给快速予丙泊酚注射，然后边观察动物咽喉反射边注射药物，至咽喉反射消失，停止用药	气管插管、咽喉镜、开口器、麻醉机、呼吸回路 丙泊酚注射液	
4	气管插管	1. 诱导麻醉完成后，助手快速打开口腔，拉出舌头 2. 麻醉师右手使用咽喉镜压住会厌软骨，左手持合适型号气管插管快速插入气管内 3. 按压胸部，根据气管插管内气流，检查气管插管是否在气管内 4. 确认气管插管位置无误后，以 5 mL 注射器将空气注入气囊内，固定气管插管 5. 再次确认气管插管位置、深度和气囊的压力	至少 3 个型号的气管插管、咽喉镜、开口器、5 mL 注射器，固定绷带 利多卡因凝胶	至少需要 1 名助手、1 名麻醉师
5	维持麻醉与麻醉监护	1. 气管插管连接呼吸回路 2. 打开麻醉机氧气流量计，氧流量在 200 mL 3. 打开挥发罐，药物浓度选择 4% 4. 连接监护仪 5. 根据麻醉深度和手术需要，调整麻醉机呼吸回路模式、氧流量、麻醉浓度等 6. 麻醉师每 15 min 进行一次 TPR、血压、血氧饱和度、麻醉深度等记录	麻醉机、呼吸回路、监护仪、听诊器、体温计等 麻醉监护表	
6	麻醉苏醒护理	1. 手术结束后，关闭挥发罐，继续给予氧气 2. 动物有吞咽反射，抽空气管插管气囊，拆除气管插管与呼吸回路连接，并关闭氧流量 3. 动物有吞咽反射、咳嗽等表现，拔出气管插管 4. 动物出现翻正反射，拆除监护仪连接，继续进行人工监护 5. 动物正常站立后，将动物移至住院部进行护理	5 mL 注射器 保温用毛巾	

任务2 术前准备(以母犬绝育术为例)

步骤	任务	工作流程	设备、药品与其他材料	备注
1	术前检查	1. 术前检查:病史调查、体格检查、实验室检查、特殊检查等 2. 根据 ASA 分级进行风险评估 3. 客户交流,解释麻醉风险、手术预后、潜在并发症、术后注意事项、费用等信息,并签署相关协议	麻醉与手术同意书	同麻醉前检查
2	动物准备	1. 埋置静脉留置针,进行必要的输液治疗 2. 根据动物状态进行相应其他治疗 3. 术前禁食 8 h,禁水 4 h,并进行胃肠道清理 4. 与手术相关治疗,如预防性给予抗生素、止痛治疗等 5. 动物进行备皮、皮肤清洁 6. 动物仰卧保定,按照酒精—碘酒—酒精三个步骤,如图所示进行手术部位消毒 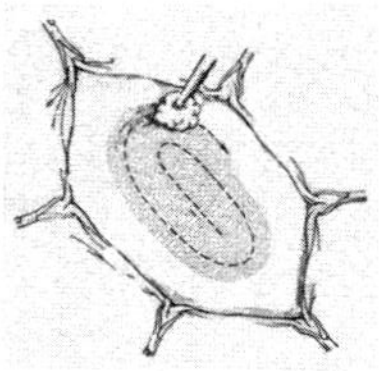	静脉留置针、生理盐水、止疼药物、抗生素、剃毛器、碘酒、酒精等皮肤消毒液	可在麻醉后进行术部备皮、消毒
3	手术室消毒	1. 手术室进行常规卫生清理 2. 术前 2 h,进行手术区域紫外线消毒,要求紫外线灯距离手术区域高度不超过 1 m,消毒时间不少于 30 min	紫外线灯	手术室准备可在术前 2 h 完成

续表

步骤	任务	工作流程	设备、药品与其他材料	备注
4	手术器械准备与消毒	1. 清点手术器械，准备腹腔外科手术包，至少包括：1 把刀柄、1 把持针器、2 把剪刀，2 把手术镊，2 把组织钳，4 把止血钳，4 把创巾钳，1 块手术创巾，1 块纱布块等 2. 手术包包裹完成后，置于高压灭菌器中进行 128℃、30 min 消毒 3. 准备灭菌 PGA 手术缝线、灭菌敷料	外科手术器械 手术缝线 手术用敷料	手术器械打包消毒可在术前 3 d 完成 手提式高压灭菌锅使用流程： 1. 在外层锅内加适量的水，将需要灭菌的物品放入内层锅，盖好锅盖并对称地扭紧螺旋 2. 加热使锅内产生蒸气，当压力表指针达到 33.78 kPa 时，打开排气阀，将冷空气排出，此时压力表指针下降，当指针下降至零时，即将排气阀关好 3. 继续加热，锅内蒸气增加，压力表指针又上升，当锅内压力增加到所需压力时，使蒸气压力维持所需压力 30 min 4. 将灭菌器断电或断火，压力下降后，再慢慢打开排气阀以排除余气，然后才能开盖取物
5	手术人员准备	1. 至少需要 3 名医疗人员：1 名术者、1 名助手、1 名麻醉师 2. 术前 15 min，术者与助手戴口罩与手术帽，穿刷手服，按照“七步法”进行刷手 3. 刷手完成后，术者与助手穿手术衣 4. 手术衣穿戴完成后，术者与助手戴手术手套	手术帽、口罩、手术手套、手术衣	可在动物麻醉后进行准备

任务3　公猫去势术

步骤	任务	工作流程	设备、药品与其他材料	备注
1	手术前准备	1. 麻醉前检查 2. 手术前动物准备 3. 手术室、手术器械准备 4. 手术人员分工与准备	麻醉前检查单 麻醉与手术同意书	
2	麻醉流程	1. 埋置静脉留置针，并进行麻醉前用药 2. 诱导麻醉，并进行气管插管，连接麻醉机 3. 使用异氟烷气体进行维持麻醉，术中进行麻醉监护	静脉留置针、麻醉机、气管插管、麻醉药物 麻醉监护表	
3	术部消毒准备	1. 侧卧保定，两后肢向腹前方伸展固定，猫尾向背侧固定，充分暴露阴囊 2. 阴囊拔毛，消毒。用新洁尔灭浸湿纱布，剪洞，铺设创巾	一次性手术创巾	
4	阴囊切开	1 术者右手依次握止血钳、尖剪和组织钳 3 把器械 2 左手拇指、食指和中指固定一侧睾丸，绷紧皮肤，右手持刀片在一侧阴囊中部平行阴囊缝由腹侧切开 3 依次切开肉膜和总鞘膜，显露睾丸	止血钳、尖剪和组织钳、手术刀片	

续表

步骤	任务	工作流程	设备、药品与其他材料	备注
5	睾丸切除	1. 组织钳夹住附睾尾,暴露三角区,剪断总鞘膜 2. 用止血钳将精索自体打结,剪掉睾丸与附睾,推紧结,剪掉多余残端,如图所示 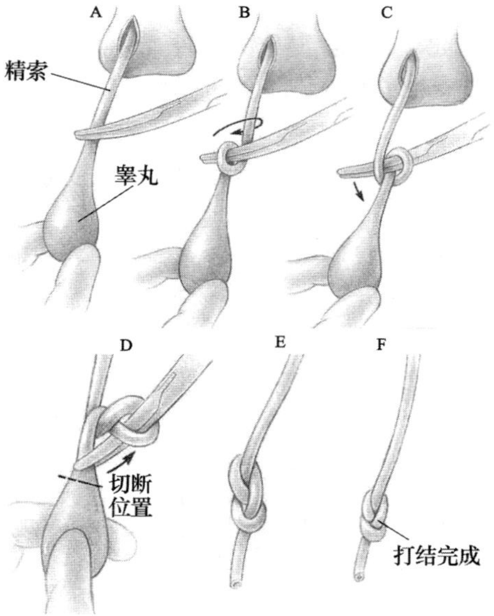 3. 提拉阴囊,使打结的精索残端回缩 4. 同法摘除另一侧睾丸		务必保证打结确实
6	伤口保护	1. 对合皮肤切口,碘酊消毒,无需缝合 2. 术后佩戴脖圈,防止舔舐伤口	伊丽莎白项圈	
7	术后护理	1. 术后 2 h 逐渐恢复饮水,4 h 逐渐恢复饮食 2. 防止动物舔咬伤口	抗生素	

任务 4　公犬去势术

步骤	任务	工作流程	设备、药品与其他材料	备注
1	手术前准备	1. 麻醉前检查 2. 手术前动物准备 3. 手术室、手术器械准备 4. 手术人员分工与准备	麻醉前检查单 麻醉与手术同意书	
2	麻醉流程	1. 埋置静脉留置针，并进行麻醉前用药 2. 诱导麻醉，并进行气管插管，连接麻醉机 3. 使用异氟烷气体进行维持麻醉，术中进行麻醉监护	静脉留置针、麻醉机、气管插管 麻醉药物麻醉监护表	
3	术部消毒准备	1. 仰卧保定 2. 后腹部和会阴部剃毛、消毒、铺设创巾	一次性手术创巾	
4	阴囊切开	1. 术者左手推动一侧睾丸至阴囊缝前端中线上，绷紧皮肤 2. 右手持手术刀沿长轴一次性切开皮肤、肉膜和总鞘膜，挤出睾丸，如图所示 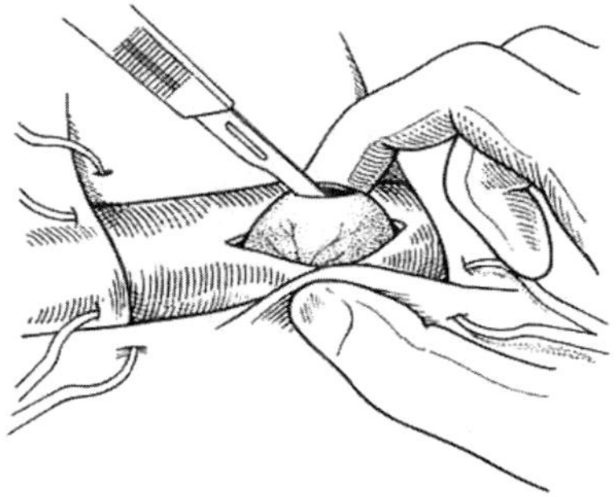	腹腔手术包	

续表

步骤	任务	工作流程	设备、药品与其他材料	备注
5	睾丸切除	1. 组织钳夹住附睾尾，暴露三角区，剪断总鞘膜 2. 左手用纱布抓住睾丸，右手持止血钳夹住附睾尾韧带，将其钝性撕开，如图所示 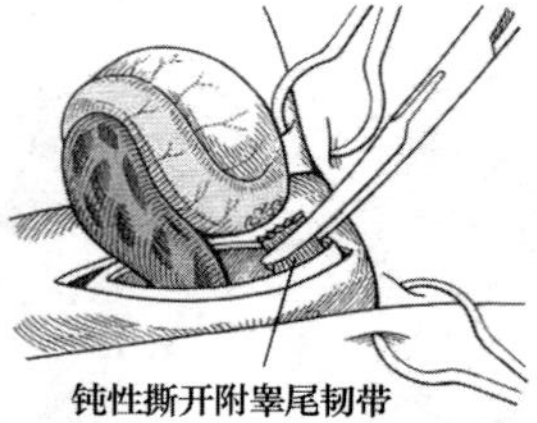 3. 丝线双重结扎精索，摘除睾丸，如图所示 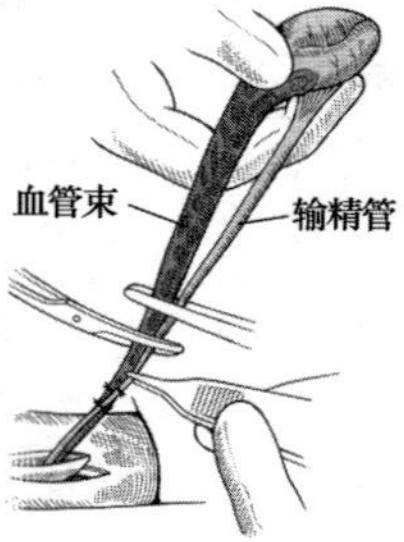 4. 对总鞘膜上的血管进行捻转止血，将其还纳阴囊 5. 由同一切口摘除另一侧睾丸		务必保证打结确实
6	皮肤缝合	1. 结节缝合皮下组织和阴囊中隔 2. 对合皮肤切口，穿透皮肤、皮下组织和阴囊中隔结节缝合创口 3. 碘酊消毒，进行无菌纱布包扎		
7	术后护理	1. 术后佩戴脖圈，保护创口，防止舔舐 2. 生理性手术时，7～10 d 拆线 3. 病理手术术后积极治疗，纠正体况，防止并发症。术后 10～14 d 视愈合情况拆线	伊丽莎白项圈、抗生素	

任务5　犬腹腔切开术

步骤	任务	工作流程	设备、药品与其他材料	备注
1	手术前准备	1. 麻醉前检查 2. 手术前动物准备 3. 手术室、手术器械准备 4. 手术人员分工与准备	麻醉前检查单 麻醉与手术同意书	
2	麻醉流程	1. 埋置静脉留置针，并进行麻醉前用药 2. 诱导麻醉，并进行气管插管，连接麻醉机 3. 使用异氟烷气体进行维持麻醉，术中进行麻醉监护	静脉留置针、麻醉机、气管插管、麻醉药物 麻醉监护表	
3	腹腔切开	1. 动物仰卧保定，以脐孔为中心，从剑状软骨后方至耻骨前缘进行剃毛消毒 2. 助手打开手术包，进行器械整理 3. 铺设手术创巾，并以创巾钳固定 4. 由剑状软骨至耻骨前缘，使用手术刀沿腹中线紧张切开皮肤（切开部位如图所示，A 为雌性犬切开位置，B 为雄性犬切开部位） 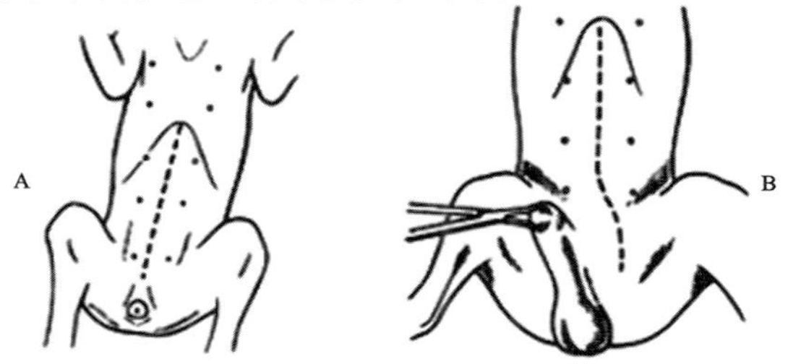 A　B 5. 使用手术剪或组织镊钝性分离皮下组织，至腹白线清晰显示 6. 助手使用手术镊提起腹白线，术者以手术刀切开一小切口，然后使用手术剪（圆头）剪开腹白线，暴露腹腔	腹腔手术包、手术刀片	切开腹白线时，避免损伤腹腔内器官；切开过程中，注意及时止血，防止血液污染术部

续表

步骤	任务	工作流程	设备、药品与其他材料	备注
4	腹腔内检查	1. 向一侧牵拉开腹前部镰状韧带和腹中部网膜 2. 前腹部检查肝脏、胆囊、胃；中腹部检查肾脏、肠管、脾脏；后腹部检查膀胱和降结肠。雌性动物在肾脏后方检查卵巢，膀胱与降结肠之间检查子宫角；雄性动物需检查膀胱后方前列腺 3. 检查完成后，将器官轻柔复位	腹腔手术包	
5	腹腔缝合	1. 确认腹腔内无出血，即可准备关闭腹腔 2. 选择 PGA3/0 缝线，使用 3/8 圆针由头侧向尾侧连续缝合腹白线和腹膜，保证腹白线对合严密 3. 使用 PGA3/0 缝线，3/8 圆针对腹壁皮下组织进行 3～5 个简单结节缝合，减轻腹壁压力 4. 使用 PGA3/0 缝线，3/8 三棱针结节缝合腹壁皮肤	腹腔手术包 PGA3/0 缝线、3/8 圆针、3/8 三棱针	缝合腹白线，需和腹膜一起缝合； 如腹壁压力较大，需在腹白线增加 2～3 针结节缝合进行减压
6	包扎	1. 缝合完成后，对合皮肤伤口 2. 使用聚维酮碘软膏，进行伤口消毒 3. 使用灭菌纱布进行伤口保护，并粘抗过敏胶带 4. 根据动物体型，进行手术衣保护，并佩戴伊丽莎白项圈	聚维酮碘软膏 灭菌纱布、手术衣(自制) 伊丽莎白项圈	
7	术后护理	1. 术后 2 h 逐渐恢复饮水，4 h 逐渐恢复饮食 2. 防止动物舔咬伤口，术后第 3 天检查伤口 3. 未出现伤口感染时，术后 7～10 d 拆线 4. 出现感染时，需在术后给予抗生素治疗	抗生素	

任务6　母犬/猫绝育术

步骤	任务	工作流程	设备、药品与其他材料	备注
1	手术前准备	1. 麻醉前检查 2. 手术前动物准备 3. 手术室、手术器械准备 4. 手术人员分工与准备	麻醉前检查单，麻醉与手术同意书	
2	麻醉流程	1. 埋置静脉留置针，并进行麻醉前用药 2. 诱导麻醉，并进行气管插管，连接麻醉机 3. 使用异氟烷气体进行维持麻醉，术中进行麻醉监护	静脉留置针，麻醉机、气管插管、麻醉药物 麻醉监护表	
3	腹腔切开	1. 动物仰卧保定，从剑状软骨后方至耻骨前缘进行剃毛消毒 2. 助手打开手术包，进行器械整理 3. 母犬选择脐后腹中线切开 3～10 cm，母猫选择脐后 0.5 cm 向下腹中线切开约 2 cm。铺设手术创巾，并以创巾钳固定 4. 钝性分离皮下组织，由腹白线剪开腹壁	腹腔手术包 手术刀片	切开腹白线时，避免损伤腹腔内器官
4	结扎子宫角与卵巢	1. 手指或者卵巢拉钩紧贴腹壁进入腹腔，将一侧子宫拉出切口。 2. 用止血钳夹住卵巢固有韧带，由助手向上提拉，暴露卵巢悬吊韧带，如图所示 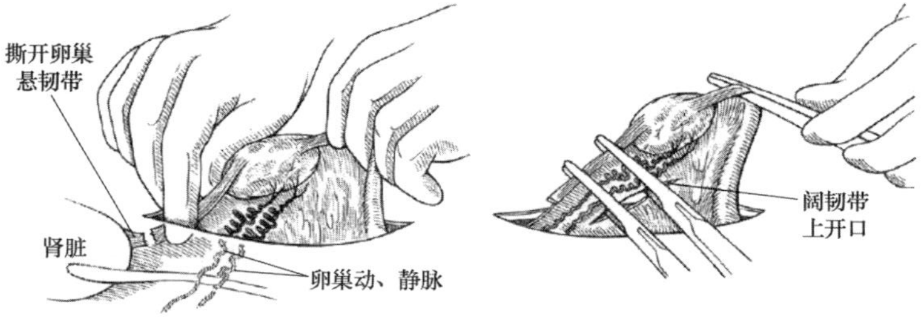 	腹腔手术包	

续表

步骤	任务	工作流程	设备、药品与其他材料	备注
		3. 在卵巢系膜无血管区穿出小孔，用丝线双重结扎卵巢悬吊韧带、卵巢动脉和卵巢静脉。在结扎线与卵巢之间剪断 4. 将子宫角拉出切口，在子宫动脉外钝性分离子宫阔韧带后撕断。为防止出血，可用可吸收线进行结扎。同法分离另一侧卵巢和子宫角，如图所示 5. 将两侧子宫角牵拉出切口，暴露子宫体，丝线双重结扎子宫体和伴行的子宫动静脉，在结扎线前端剪断，摘除两侧的子宫和卵巢 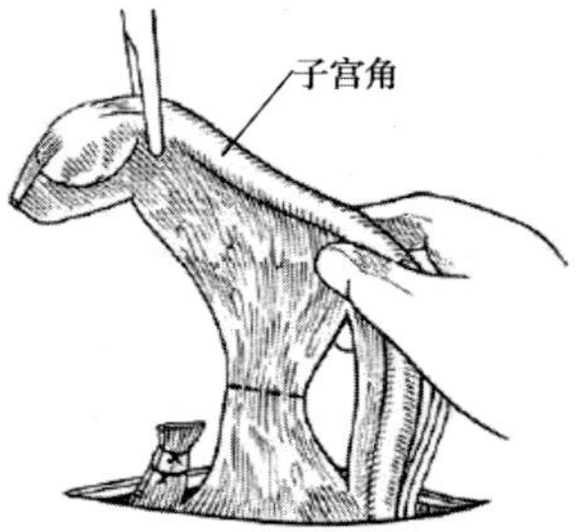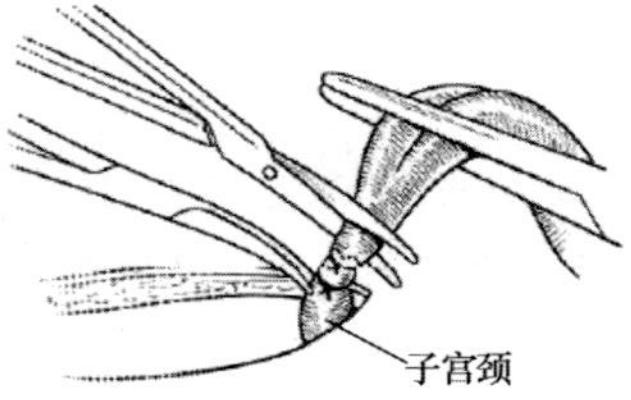		
5	腹腔缝合	1. 确认腹腔内无出血，即可准备关闭腹腔 2. 选择 PGA3/0 缝线，使用 3/8 圆针由头侧向尾侧连续缝合腹白线和腹膜，保证腹白线对合严密 3. 使用 PGA3/0 缝线，3/8 三棱针结节缝合腹壁皮肤	腹腔手术包 PGA3/0 缝线 3/8 圆针 3/8 三棱针	缝合腹白线，需和腹膜一起缝合
6	包扎	1. 缝合完成后，对合皮肤伤口 2. 使用聚维酮碘软膏，进行伤口消毒 3. 使用灭菌纱布进行伤口保护，并粘抗过敏胶带 4. 根据动物体型，进行手术衣保护，并佩戴伊丽莎白项圈	聚维酮碘软膏 灭菌纱布 手术衣（自制） 伊丽莎白项圈	
7	术后护理	1. 术后 2 h 逐渐恢复饮水，4 h 逐渐恢复饮食 2. 防止动物舔咬伤口，术后第 3 天检查伤口 3. 生理手术术后 7～10 d 拆线 4. 病理手术术后积极治疗，纠正体况，防止并发症，术后 8～14 d 拆线	抗生素	

任务 7　犬膀胱切开与缝合术

步骤	任务	工作流程	设备、药品与其他材料	备注
1	手术前准备	1. 麻醉前检查 2. 手术前动物准备 3. 手术室、手术器械准备 4. 手术人员分工与准备	麻醉前检查单，麻醉与手术同意书	
2	麻醉流程	1. 埋置静脉留置针，并进行麻醉前用药 2. 诱导麻醉，并进行气管插管，连接麻醉机 3. 使用异氟烷气体进行维持麻醉，术中进行麻醉监护	静脉留置针，麻醉机、气管插管、麻醉药物 麻醉监护表	
3	腹腔切开	1. 动物仰卧保定，由耻骨前缘向前进行不少于 10 cm 区域进行剃毛消毒 2. 腹壁切口定位(图 1、图 2)：母犬由脐孔下至耻骨前缘腹中线切开，公犬由阴茎旁皮肤切开，至耻骨前缘 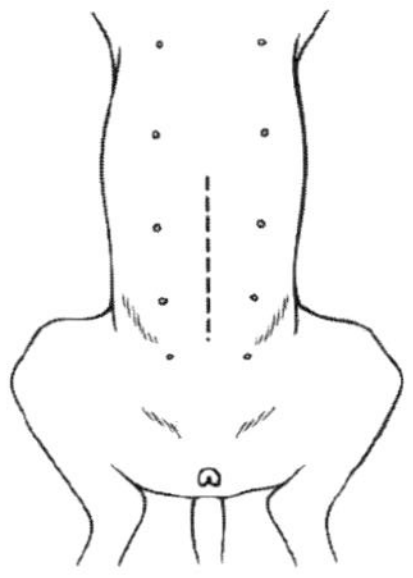 图 1　母犬切口定位 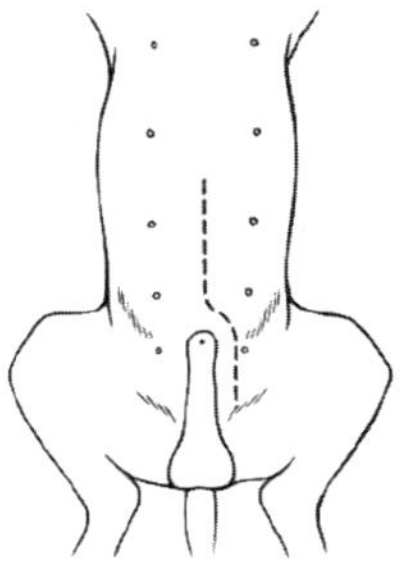 图 2　公犬切口定位 3. 助手打开手术包，进行器械整理 4. 铺设手术创巾，并以创巾钳固定 5. 分离皮下组织后，牵拉皮肤，暴露腹白线，由腹白线切开腹壁	腹腔手术包，手术刀片	切开腹白线时，避免损伤腹腔内器官；公犬切开时，可能会切断 1～2 根小动脉，需认真分离，提前结扎

续表

步骤	任务	工作流程	设备、药品与其他材料	备注
4	膀胱切开	1. 用组织钳将膀胱拉出皮肤切口，用无菌纱布与腹腔隔离 2. 由膀胱背侧至膀胱顶无血管处预留 2 根掉线，然后进行皱襞切开 3. 有结石或血凝块时，需用组织钳夹出结石 4. 由尿道插入导尿管，用大量生理盐水逆向冲洗，冲出结石残渣，保证尿道和膀胱内无残留	腹腔手术包	
5	膀胱缝合	1. 使用 PGA3/0 缝线，3/8 圆针进行第一层简单连续缝合，缝合黏膜层和肌层 2. 使用 PGA3/0 缝线，3/8 圆针进行第二层连续内翻缝合肌层和浆膜层（伦伯特或库兴氏缝合） 3. 缝合后检查伤口是否对合良好，并用无菌生理盐水进行冲洗 4. 撤除隔离巾，将膀胱还纳腹腔	腹腔手术包 PGA3/0 缝线 3/8 圆针	
6	腹腔缝合	1. 确认腹腔内无出血，即可准备关闭腹腔 2. 选择 PGA3/0 缝线，使用 3/8 圆针由头侧向尾侧连续缝合腹白线和腹膜，保证腹白线对合严密 3. 使用 PGA3/0 缝线，3/8 圆针对腹壁皮下组织进行 3～5 个简单结节缝合，减轻腹壁压力 4. 使用 PGA3/0 缝线，3/8 三棱针结节缝合腹壁皮肤	腹腔手术包 PGA3/0 缝线 3/8 圆针 3/8 三棱针	缝合腹白线，需和腹膜一起缝合； 如腹壁压力较大，需在腹白线增加 2～3 针结节缝合进行减压
7	包扎	1. 缝合完成后，对合皮肤伤口 2. 使用聚维酮碘软膏，进行伤口消毒 3. 使用灭菌纱布进行伤口保护，并粘抗过敏胶带 4. 根据动物体型，进行手术衣保护，并佩戴伊丽莎白项圈 5. 将双腔导尿管充盈气囊，并固定在手术衣上；末端连接尿袋	聚维酮碘软膏 灭菌纱布 手术衣（自制） 伊丽莎白项圈 双腔导尿管、尿袋	
8	术后护理	1. 术后补液，维持水、电解质和酸碱平衡 2. 术后 2 h 逐渐恢复饮水，4 h 逐渐恢复饮食 3. 若留置导尿管和尿袋，注意监测每日尿量和尿液的性状。保证尿管畅通，保持创口干燥 4. 术后 3～5 d 拆除导尿管 5. 防止动物舔咬伤口，术后第 3 天检查伤口 6. 术后 10～14 d 视创口愈合情况拆线	抗生素	

任务8　犬胃切开与缝合术

步骤	任务	工作流程	设备、药品与其他材料	备注
1	手术前准备	1. 麻醉前检查 2. 手术前动物准备 3. 手术室、手术器械准备 4. 手术人员分工与准备	麻醉前检查单 麻醉与手术同意书	
2	麻醉流程	1. 埋置静脉留置针，并进行麻醉前用药 2. 诱导麻醉，并进行气管插管，连接麻醉机 3. 使用异氟烷气体进行维持麻醉，术中进行麻醉监护	静脉留置针，麻醉机、气管插管、麻醉药物 麻醉监护表	
3	腹腔切开	1. 动物仰卧保定，以脐孔为中心，从剑状软骨后方至耻骨前缘进行剃毛消毒 2. 助手打开手术包，进行器械整理 3. 切口定位：腹中线剑状软骨至脐孔。铺设手术创巾，并以创巾钳固定 4. 使用手术刀沿腹中线紧张切开皮肤，钝性分离皮下组织，常规切开腹腔，进行腹内探查	腹腔手术包 手术刀片	切开腹白线时，避免损伤腹腔内器官； 切开过程中，注意及时止血，防止血液污染术部
4	胃壁切开	1. 用手或组织钳将胃牵拉出腹壁切口，用数块温生理盐水纱布填塞在胃和腹壁切口之间，起隔离作用 2. 在胃的预定切开线两端，通过浆膜肌层穿入两条牵引线，助手提拉 3. 胃的切口位于胃腹面的胃体部，胃大弯和胃小弯之间的无血管区，如图1所示 4. 先用手术刀刺穿胃壁戳一小口（图2），然后用手术剪扩大切口至理想大小（图3） 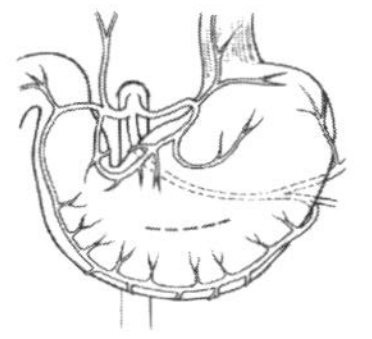 图1 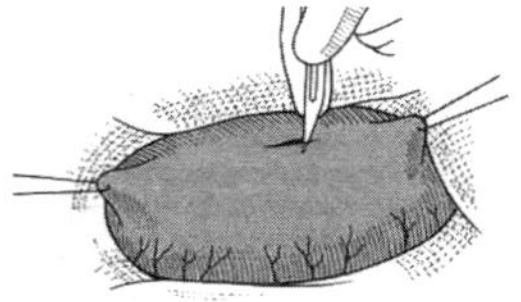 图2 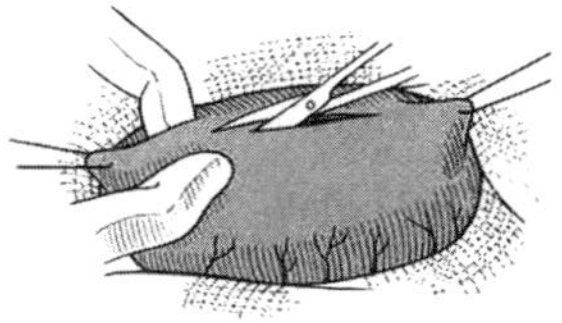 图3	腹腔手术包	

续表

步骤	任务	工作流程	设备、药品与其他材料	备注
		5. 切开后，进行异物取出或其他操作时，注意不要让胃内容物污染手术区域		
5	胃壁缝合	1. 使用 PGA3/0 缝线，3/8 圆针进行第一层缝合黏膜层和黏膜下层库兴氏或简单连续缝合（图 4） 2. 用温生理盐水冲洗 3. 更换新的 PGA3/0 缝线，3/8 圆针进行第二层伦伯特或库兴氏缝合（浆膜和肌层）（图 5）  图 4 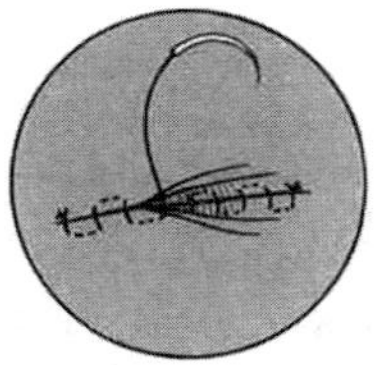 图 5	腹腔手术包 PGA3/0 缝线 3/8 圆针	
6	腹腔缝合	1. 用温生理盐水冲洗胃壁，保证无污染发生 2. 拆除牵引线，撤除隔离巾，将胃还纳腹腔 3. 更换无菌器械，常规闭合腹壁切口	腹腔手术包 PGA3/0 缝线 3/8 圆针 3/8 三棱针	
7	包扎	1. 缝合完成后，对合皮肤伤口 2. 使用聚维酮碘软膏，进行伤口消毒 3. 使用灭菌纱布进行伤口保护，并粘抗过敏胶带	聚维酮碘软膏 灭菌纱布 手术衣（自制）	
8	术后护理	1. 术后加强护理，积极治疗原发病 2. 术后禁食 24～48 h，开始饮食时，应少量多次，以易消化的流食逐渐向正常饮食过渡 3. 在未恢复正常饮食前，给予支持疗法 4. 术后 10～14 d 拆线	抗生素	

任务9 犬肠管切开与缝合术

步骤	任务	工作流程	设备、药品与其他材料	备注
1	手术前准备	1. 麻醉前检查 2. 手术前动物准备 3. 手术室、手术器械准备 4. 手术人员分工与准备	麻醉前检查单 麻醉与手术同意书	
2	麻醉流程	1. 埋置静脉留置针，并进行麻醉前用药 2. 诱导麻醉，并进行气管插管，连接麻醉机 3. 使用异氟烷气体进行维持麻醉，术中进行麻醉监护	静脉留置针，麻醉机、气管插管、麻醉药物 麻醉监护表	
3	腹腔切开	1. 动物仰卧保定，从剑状软骨后方至耻骨前缘进行剃毛消毒 2. 助手打开手术包，进行器械整理 3. 切口定位：脐后腹中线切口。铺设手术创巾，并以创巾钳固定 4. 使用手术刀沿腹中线紧张切开皮肤，钝性分离皮下组织，常规切开腹腔，进行腹内探查	腹腔手术包 手术刀片	切开腹白线时，避免损伤腹腔内器官
4	肠管切开	1. 探查病变的肠管 2. 将病变的肠管小心牵拉至切口外，并在肠管和腹腔之间衬垫用灭菌生理盐水浸湿的隔离巾，防止肠切开后内容物流出，污染腹腔 3. 判断肠管是否有活力，以决定实施肠切开缝合术还是肠切除吻合术 4. 在健康肠管处肠系膜对侧，沿肠管纵轴方向切开肠壁，如图所示，切口的长度根据肠阻塞物的大小形状而定，取出阻塞物	腹腔手术包	如果阻塞处前端有液体或气体积聚，也由此切口排出

续表

步骤	任务	工作流程	设备、药品与其他材料	备注
		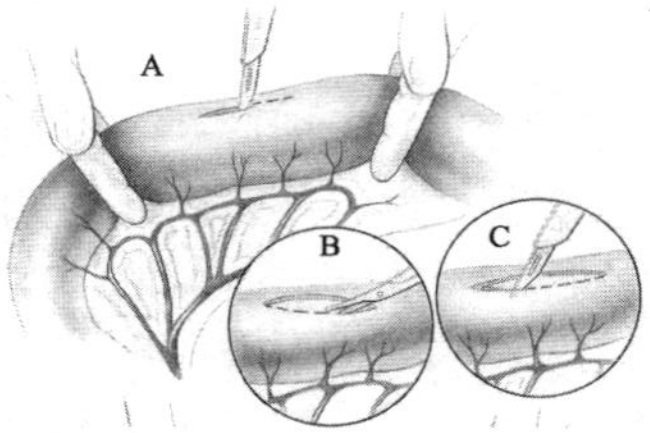		
5	肠管缝合	1. 清洁肠壁切口 2. 使用 PGA3/0 缝线，3/8 圆针进行结节缝合肠壁，如图所示 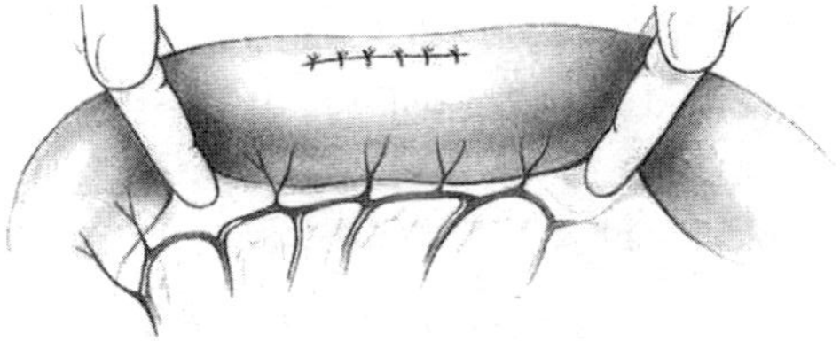 3. 用温生理盐水冲洗干净后，用大网膜包裹肠管，还纳腹腔	PGA3/0 缝线 3/8 圆针腹腔手术包	肠管还纳腹腔时，注意进行肠管的整理和复位，防止肠管扭转
5	腹腔缝合	1. 用温生理盐水冲洗术部，保证无污染发生 2. 更换无菌器械，常规闭合腹壁切口	腹腔手术包 PGA3/0 带针缝线	
6	包扎	1. 缝合完成后，对合皮肤伤口 2. 使用聚维酮碘软膏，进行伤口消毒 3. 使用灭菌纱布进行伤口保护，并粘抗过敏胶带	聚维酮碘软膏 灭菌纱布 手术衣（自制）	
7	术后护理	1. 术后加强护理，积极治疗原发病 2. 术后禁食 24～48 h，开始饮食时，应少量多次，以易消化的流食逐渐向正常饮食过渡 3. 在未恢复正常饮食前，给予支持疗法 4. 术后 10～14 d 拆线	抗生素	

任务 10　犬肠管切除与端端吻合术

步骤	任务	工作流程	设备、药品与其他材料	备注
1	手术前准备	1. 麻醉前检查 2. 手术前动物准备 3. 手术室、手术器械准备 4. 手术人员分工与准备	麻醉前检查单 麻醉与手术同意书	
2	麻醉流程	1. 埋置静脉留置针，并进行麻醉前用药 2. 诱导麻醉，并进行气管插管，连接麻醉机 3. 使用异氟烷气体进行维持麻醉，术中进行麻醉监护	静脉留置针，麻醉机、气管插管、麻醉药物 麻醉监护表	
3	腹腔切开	1. 动物仰卧保定，从剑状软骨后方至耻骨前缘进行剃毛消毒 2. 助手打开手术包，进行器械整理 3. 切口定位：脐后腹中线切口。铺设手术创巾，并以创巾钳固定 4. 使用手术刀沿腹中线紧张切开皮肤，钝性分离皮下组织，常规切开腹腔，进行腹内探查	腹腔手术包 手术刀片	切开腹白线时，避免损伤腹腔内器官
4	肠管切开	1. 探查病变的肠管 2. 将病变的肠管小心牵拉至切口外，并在肠管和腹腔之间衬垫用灭菌生理盐水浸湿的隔离巾，防止肠切开后内容物流出，污染腹腔 3. 判断肠管是否有活力，对于发生坏死的肠管进行切除。保留两端足够的健康肠管，在预切除的肠管两侧以肠钳夹住，切除，如图所示 4. 展开肠系膜，在相应的肠系膜上做 V 形切除，血管双重结扎	腹腔手术包 肠钳	注意内容物不要污染术野

续表

步骤	任务	工作流程	设备、药品与其他材料	备注
		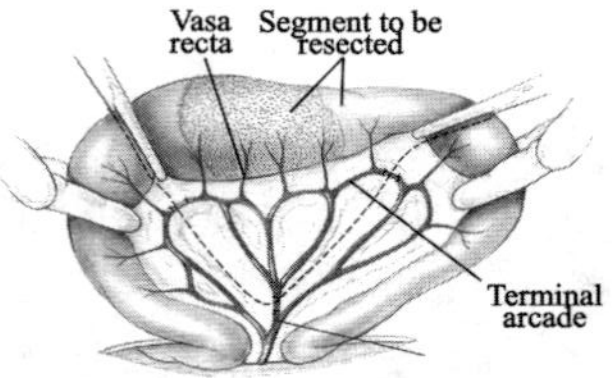		
5	肠管端端吻合	1. 清洁肠壁切口 2. 使用 PGA3/0 缝线，3/8 圆针进行缝合。较细的肠管采用穿透全层的简单间断缝合技术（如图）。较粗的肠管，第一层简单连续缝合，第二层伦伯特缝合 3. 肠系膜缺损处用可吸收线间断缝合 4. 检查无漏点后，用温生理盐水冲洗干净肠管，用大网膜包裹，还纳腹腔 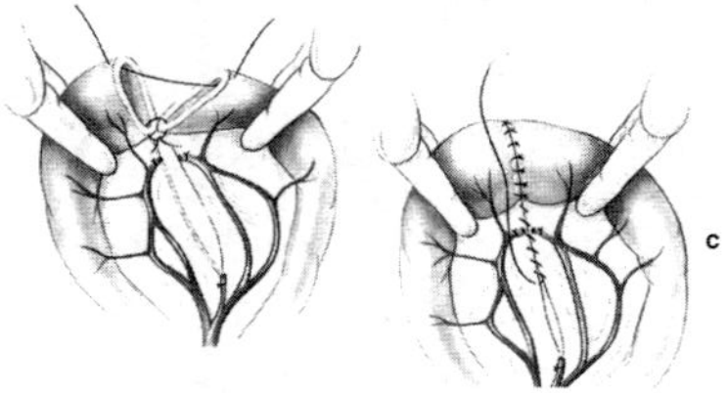	PGA3/0 缝线 3/8 圆针腹腔手术包	肠管还纳腹腔时，注意进行肠管的整理和复位，防止肠管扭转
5	腹腔缝合	1. 取下周围隔离巾，根据需要冲洗腹腔，保证无污染发生 2. 更换无菌器械，常规闭合腹壁切口	腹腔手术包 PGA3/0 带针缝线	
6	包扎	1. 缝合完成后，对合皮肤伤口 2. 使用聚维酮碘软膏，进行伤口消毒 3. 使用灭菌纱布进行伤口保护，并粘抗过敏胶带	聚维酮碘软膏 灭菌纱布 手术衣（自制）	
7	术后护理	1. 术后加强护理，积极治疗原发病 2. 术后禁食 24～48 h，开始饮食时，应少量多次，以易消化的流食逐渐向正常饮食过渡 3. 在未恢复正常饮食前，给予支持疗法 4. 术后 10～14 d 拆线	抗生素	

附　录

附录1　麻醉前检查表

一、基本信息							
主人姓名		联系电话		紧急联系人与电话			
动物姓名		种类		品种		特征	
性别		年龄		体重		BCS	
二、病史信息							
麻醉原因				麻醉方式			
既往病史	0　1～2次　3～5次　更多；是否存在并发症（是　否）						
其他病史							
三、整体状态							
整体外观	正常　不对称　畸形　跛行　不协调　其他（　　）						
精神状态	警觉　抑郁　应激过度　麻痹　昏迷　其他（　　）						
水合状态	小于5%　5%～8%　8%～10%　10%～12%　大于12%						
四、一般检查							
体温		心率		脉搏		呼吸次数	
可视黏膜	CRT：<2 s　2～3 s　>3 s；粉红　苍白　潮红　发绀；湿润　干燥　黏腻						
心脏听诊	节律正常　与脉搏节律不一致　心律不齐　心动过速　心动过缓 心杂音：0级　1级　2级　3级　4级　5级　6级						

续表

肺部听诊	胸腹式呼吸　胸式呼吸　腹式呼吸 节律正常　呼气延长　吸气延长　呼吸困难 呼吸音正常　湿啰音　干啰音　摩擦音　其他杂音(　　)
五、系统检查	
头颈部	正常　眼部异常　鼻部异常　口腔异常　耳部异常　颈部异常 异常说明：
躯干四肢	正常　左前肢异常　左后肢异常　右前肢异常　右后肢异常　骨盆异常 异常说明：
皮肤被毛	正常　脱毛　无光泽　寄生虫　爪部异常 异常说明：
胸部	正常　肋骨异常　胸骨异常　胸廓异常　腋下异常 异常说明
腹部	正常　前腹部异常　中腹部异常　后腹部异常 异常说明：
外生殖器	正常　睾丸异常　阴茎异常　附睾异常　乳腺异常　阴门异常 异常说明：
会阴	正常　肛门异常　肛门周围异常　会阴异常 异常说明：
神经检查	正常　脑神经反射异常　脊神经反射异常　外周神经反射异常　癫痫 异常说明：
其他说明	
总结	ASA 分级：Ⅰ　Ⅱ　Ⅲ　Ⅳ　Ⅴ

附录 2　麻醉监护表

动物基本信息				
种类：	品种：	年龄：	性别：	体重：

麻醉前用药		签名：	
名称：	剂量：	使用方法：	使用时间：

麻醉		签名：	
药物名称	剂量	使用方法	使用时间

麻醉过程与监护						签名：			
时间									
麻醉分级									
生命体征	体温								
	脉搏								
	呼吸								
	心率								
	CRT								
	SPO_2								
	血压								

麻醉苏醒过程						签名：			
时间									
生命体征	体温								
	脉搏								
	呼吸								
	心率								
	CRT								
	SPO_2								
	血压								

麻醉意外处置	签名：
发生时间：	发生问题：
结果：	处理方法：
备注：	

时间：　　　　　　　　签名：

附录3　麻醉知情同意书

____________________动物医院

动物主人姓名：　　　　　　联系方式：　　　　　　紧急联系方式：
动物姓名：　　　　种类：　　　　品种：　　　　性别：　　年龄：　　体重：
病历号：　　　　　诊断：　　　　　　　　　　　手术类型：

麻醉前该动物已进行：病史调查、体格检查、全血细胞计数检查、全项血清生化检查、尿液检查、血气分析、X射线检查、超声检查、凝血检查、其他检查（　　）。

根据上述检查结果，该动物体况属于ASA____级。

拟定按照下列方案进行麻醉：

（　　）诱导麻醉　　　　药物名称和剂量：

（　　）注射麻醉　　　　药物名称和剂量：

（　　）吸入麻醉　　　　药物名称和剂量：

任何药物在积极治疗的同时，均具有不同程度的副作用。由于动物个体的差异，即使按照规范化操作流程使用各种药物和进行各项操作，仍无法避免麻醉意外和并发症，由此可能导致不良后果如麻醉失败停止手术、迷走神经反射心跳呼吸骤停、误吸、急性呼吸循环衰竭、药物反应、苏醒延迟、喉头水肿损伤、低氧血症、神经血管损伤、肺水肿等甚至死亡。

医院承诺会尽可能地通过相关检查和麻醉前准备降低麻醉风险，并进行术中严格的麻醉监测预防意外发生，对已发生的不良反应进行全力救治和处理。

作为动物监护人，我已详细阅读并理解上述说明，同意医生为我的动物进行麻醉处理。如发生上述麻醉意外，我愿意承担所有非操作失误所发生的风险和责任（如有争议，由双方协商解决，协商不成由动物医院所在地管辖机构仲裁）。

动物监护人：　　　　　　麻醉医生：

日期：　　　　年　　　月　　　日

附录4 手术知情同意书

____________________动物医院

动物主人姓名：_______________ 物种：____________ 品种：__________________

动物年龄：_____ 性别：_____ 体重：_______ kg 病例号：__________________

主治医生：___________________ 诊断：_____________________________________

手术：______________________________ 手术医生：__________________________

动物经检查后，根据病情需要，施行手术。手术作为治疗动物疾病的方法之一，有其特定的使用范围以及术后并发症。医生与动物主人双方应本着相互信任的原则开展积极的救治。现将术中及术后可能出现的意外情况、并发症及由此导致的不良后果告知如下，请认真细致阅读理解以下相关内容，以便您考虑并做出选择。

1. 动物受年龄、体质、病程、性格等因素的影响，或存在大的创伤、感染、肿瘤和强应激等，手术的危险性加大，可能在术中或术后发生呼吸和心跳骤停、休克与死亡。若伴发慢性疾病和目前动物医学水平诊断不清的疾病，会诱发和加重意外与并发症。

2. 手术常规并发症：

(1)术后创口感染、肿胀、裂开、出血、延迟愈合和不愈合等，甚至由此导致全身感染。

(2)内置物(如不可吸收的多股丝线)发生排异反应，术后可能感染或形成瘘道和肉芽肿，间歇性排带血液体或脓汁。

(3)体内脏器或组织粘连，造成下次手术难度加大或无法手术。

(4)因动物自残和动物主人护理不当造成的并发症。

(5)不可预料的并发症。

3. 其他：

作为该动物的监护人，我已详细阅读并充分理解以上内容，且愿意承担相应的并发症。我授权手术医生根据术中情况改变手术方案或进行其他必要的操作，并承担所需费用。我会积极配合医生的工作，充分履行对动物的监护责任，以期动物早日康复。

请动物主人认真阅读以上信息，签字即认可以上信息。

动物主人签名：

日期：

附录5 手术计划书

一、基本信息

动物姓名：	种类：犬、猫、其他	品种：	性别：	年龄：	体重：

主人姓名：	联系电话：

手术原因：

二、人员分工

术者：	助手：	麻醉师：

其他人员：

三、麻醉方案

ASA 分级：

麻醉前用药	名称	剂量	使用方案	注意事项
诱导麻醉	名称	剂量	使用方案	注意事项
诱导麻醉	名称	剂量	使用方案	注意事项

四、手术流程

手术通路：

续表

手术过程：
五、术后护理

扩展学习——动物外科手术教学大纲(执业兽医)

扩展学习——动物外科手术试题库